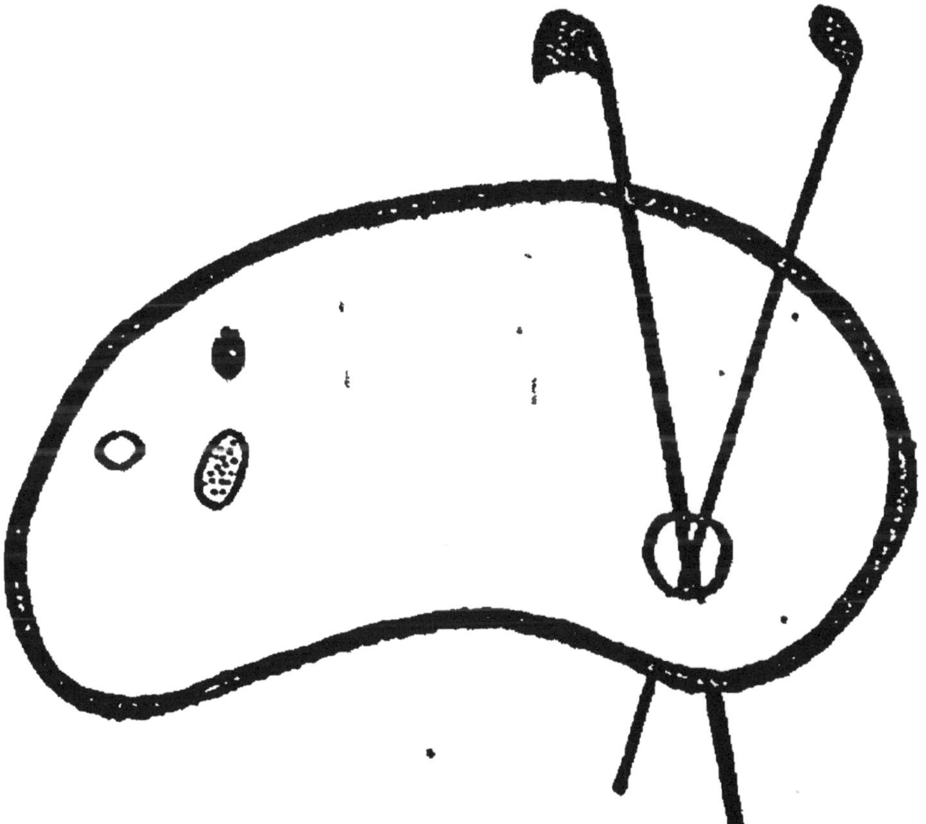

DEBUT D'UNE SERIE DE DOCUMENTS
EN COULEUR

PREMIÈRE ÉDITION

GUIDES ROUTIERS RÉGIONAUX

A L'USAGE

des Cyclistes et des Automobilistes

LA PROVENCE

STATIONS HIVERNALES
ET PLAGES DE LA MÉDITERRANÉE
VALLÉE DU VAR ET GORGES DU VERDON

PAR

A. DE BARONCELLI

Prix : 2 fr. 50

PARIS

—

E CHEZ TOUS LES LIBRAIRES

TABLE DES PRINCIPALES LOCALITÉS

*Les hôtels précédés d'un * sont particulièrement recommandés.*

Paris. — Imprimerie G. Maurin, 71, rue de Rennes.

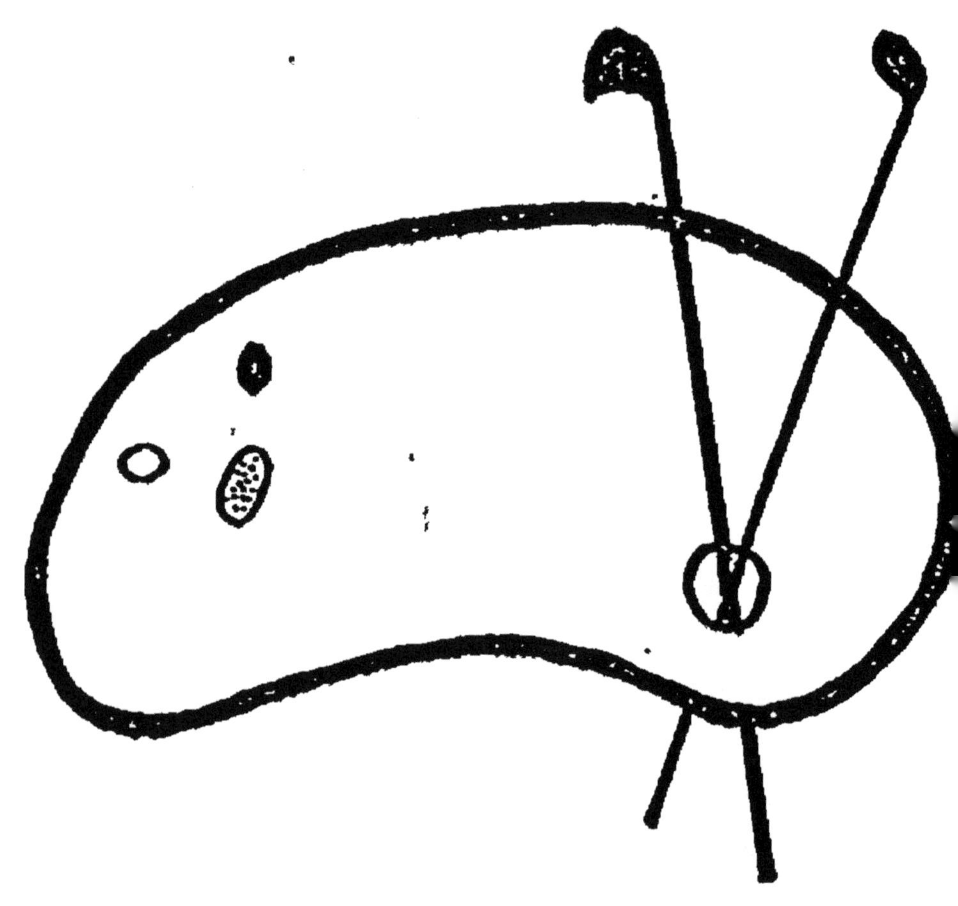

FIN D'UNE SERIE DE DOCUMENTS
EN COULEUR

GUIDES ROUTIERS RÉGIONAUX
A L'USAGE
des Cyclistes et des Automobilistes

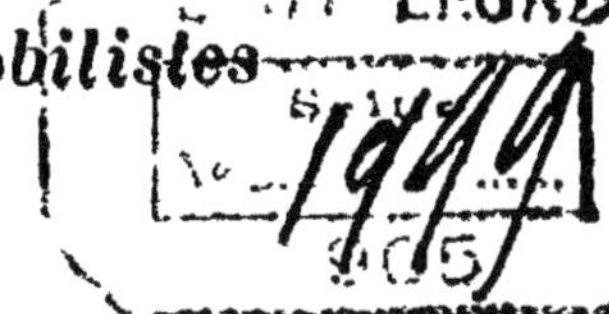

LA PROVENCE

STATIONS HIVERNALES ET PLAGES DE LA MÉDITERRANÉE
VALLÉE DU VAR ET GORGES DU VERDON

PAR

A. DE BARONCELLI

Prix : 2 fr. 50

PARIS

EN VENTE CHEZ TOUS LES LIBRAIRES

GUIDES BARONCELLI

LES ENVIRONS DE PARIS, dans un rayon moyen de 140 kilomètres, avec les itinéraires détaillés des forêts de Rambouillet, de Fontainebleau, de Chantilly et de Compiègne, 18e édition. . . . . . 5 fr. »

LA FRANCE, guide routier à l'usage des cyclistes et de la locomotion automobile, indicateur des distances avec annotations, contenant la nomenclature générale des routes qui relient tous les Chefs-Lieux de Département et d'Arrondissement, nouvelle édition. 5 fr. »

LE JURA ET LA SUISSE, l'Oberland Bernois. . . . . 2 fr. 50

LA PROVENCE, stations hivernales et plages de la Méditerranée, vallée du Var et gorges du Verdon. . . . . 2 fr. 50

L'AUVERGNE ET LES CAUSSES DES CÉVENNES. . . . . 2 fr. »

LE MORVAN ET LA BOURGOGNE, vallées de la Cure et du Cousin, la Côte-d'Or, 2e éd. 2 fr. »

LE DAUPHINÉ ET LA SAVOIE, rives du lac de Genève, 2e édition . . . . 2 fr. »

LES ARDENNES françaises et belges et **LE GRAND-DUCHÉ DE LUXEMBOURG,** 2e édition. . . . . 2 fr. »

LES PYRÉNÉES, de Bayonne à Perpignan, 2e édition. . . . . 2 fr. »

LA BRETAGNE, plages bretonnes, 3e édit. 2 fr. »

LA NORMANDIE, plages normandes, 3e édit. 1 fr. 75

LES VOSGES, région française des lacs et des stations thermales, 2e édition. . . . . . 1 fr. 75

LA TOURAINE ET L'ANJOU, châteaux des bords de la Loire, 4e édition. . . . . . 1 fr. 75

En préparation :

LA VENDÉE ET LA CHARENTE INFÉRIEURE, plages de l'Océan.

PRÉFACE

Ayant souvent constaté combien de cyclistes et d'automobilistes, à la veille d'entreprendre une excursion un peu prolongée, sont embarrassés sur le choix du voyage et pour établir d'avance leurs étapes, nous espérons pouvoir les aider en publiant un itinéraire spécial pour chacune des principales régions les plus intéressantes de la France et des pays limitrophes.

C'est dans cette intention que nous présentons aujourd'hui, aux touristes cyclistes et automobilistes, le guide de la **Provence**, *le onzième de la série en cours de publication.*

Afin de rendre accessible notre itinéraire en venant le rejoindre de n'importe quelle direction, nous l'avons tracé circulaire, de telle sorte que si l'on prend pour point de départ une ville quelconque située sur son parcours, on puisse revenir à cette ville, après avoir fait le voyage entier et visité les curiosités de la région.

Toutefois, voulant rendre l'ouvrage très portatif, nous nous sommes bornés à donner la description de la route au point de vue purement vélocipédique, à indiquer les distances exactes qui séparent les localités, à signaler les bons hôtels (toujours se présenter avec notre guide) et enfin à partager les étapes journalières de la façon qui nous a paru la plus rationnelle.

Quant aux longueurs des côtes et des espaces pavés, nous adopterons, pour les mesurer, le temps de marche à pied nécessaire pour franchir ces passages, à raison d'environ 4 ou 5 kilomètres à l'heure, aussi exprimerons-nous leur durée en minutes et en heures.

Néanmoins, beaucoup de cyclistes, légèrement chargés, pourront gravir en machine plusieurs des rampes ainsi mentionnées; le renseignement du temps, pour les monter à pied, s'adressant particulièrement aux touristes peu entraînés.

Pour des renseignements plus complets concernant les villes, les monuments et les musées, nous conseillons aux touristes de se munir du **Guide Joanne** *correspondant à la contrée qu'ils visitent.*

Le cycliste, préférant bien voir en détail et sans fatigue, désirant séjourner quelques heures dans les localités qui offrent de l'intérêt et voulant conserver de son excursion un souvenir durable, saura ne pas aller vite et suivra à la lettre nos étapes; cependant, s'il se sent de force, rien ne l'empêchera de les doubler, mais nous ne saurions l'y engager, à moins qu'il se contente d'impressions fugitives, résultat inévitable d'un voyage fait trop à la hâte.

TABLE MÉTHODIQUE

PLAN DU VOYAGE

AVIGNON

Vaucluse, Cavaillon, Saint-Remy, Les Baux,
Salon, Rognac,

MARSEILLE.

ou **Avignon, Tarascon, Beaucaire, Arles,**
Saint-Chamas, Rognac, Marseille.
La Ciotat, Bandol, La Seyne,
Toulon.
ou **Marseille, Aubagne, La Sainte-Baume, Aubagne,**
Le Beausset, Toulon.
Hyères, La Mole, La Chartreuse de La Verne, La Mole,
Cogolin, La Foux, Saint-Tropez.
ou **Hyères, Le Lavandou, La Croix, La Foux, St-Tropez.**
La Foux, Sainte-Maxime, Fréjus.
ou **Toulon, Solliès-Pont, La Chartreuse de Montrieux,**
Pignans, Le Luc, Fréjus.
Saint-Raphaël, Agay, Cannes.
ou **Fréjus, L'Estérel, Cannes.**
Antibes, Cagnes,

NICE,

La Turbie, Menton, Monaco, Nice,
Cagnes, Vence, Le Loup, Grasse, Draguignan,
Brignoles, Saint-Maximin, Aix, Cavaillon,
Avignon.
ou **Nice, Puget-Théniers, Castellane,**
Moustiers-Sainte-Marie, Riez, Gréoulx,
Pertuis, Cavaillon,
Avignon.

(Pour ce voyage, consulter les feuilles de la carte de France du Ministère de la Guerre, au 200.000e, portant les nos 66, 67, 68, 73, 74 et 75).

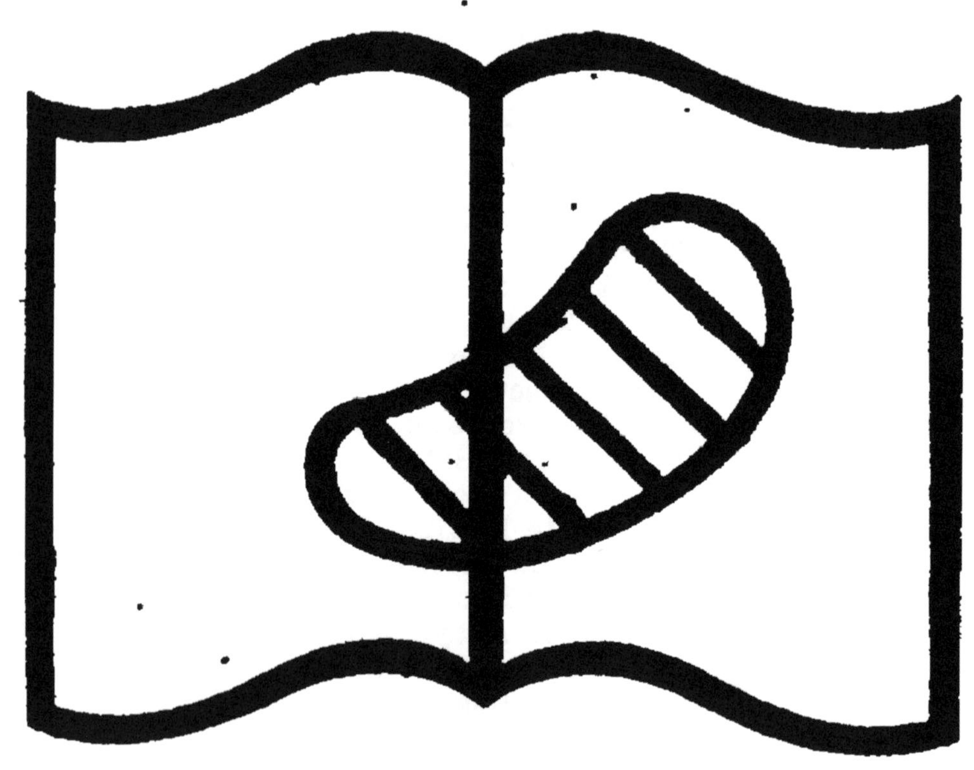

Illisibilité partielle

Nota. — Le cycliste venant de Paris se rendra à Avignon, soit par le chemin de fer (83 fr. 10; 56 fr. 10; 36 fr. 55), soit par la route. Dans ce dernier cas, il devra suivre l'un des deux itinéraires ci-dessous.

DE PARIS A AVIGNON

Itinéraire A. — Par le Morvan et, depuis Lyon, soit par la route sur la rive gauche, soit par la route sur la rive droite du Rhône : **696** ou **714** kil.

Par **Charenton-le-Pont** (2), Maisons-Alfort (2), Villeneuve-Saint-Georges (8), Montgeron (3 — Hôt. de la *Chasse*), Lieusaint (11), **Melun** (13 — Hôt. du *Grand-Monarque*), Sivry (7), **Le Châtelet-en-Brie** (4 — Hôt. du *Châtelet*), Panfou (8), Valence-en-Brie (2), **Montereau** (9 — Hôt. du *Grand-Monarque*), Cannes (4), **Villeneuve-la-Guyard** (7 — Hôt. de la *Souche et de la Poste*), Champigny (5), La Chapelle-Champigny (2), Villemanoche (2), **Pont-sur-Yonne** (3 — Hôt. de l'*Ecu*), Saint-Denis (8), **Sens** (4 — Hôt. de *Paris*), Rosoy (5), **Villeneuve-sur-Yonne** (9 — Hôt. du *Dauphin*), Armeau (5), Villevallier (3), Villecien (3), Saint-Aubin (1), **Joigny** (4 — Hôt. de la *Poste*), Epineau-les-Voves (8), Charmoy (1), Bassou (3), Appoigny (5), **Auxerre** (11 — Hôt. de la *Fontaine*), Champs (9), Vincelles (5), Cravant (5), **Vermenton** (5 — Hôt. du *Commerce*), Lucy-sur-Cure (4), Arcy-sur-Cure (3), Saint-Moré (3), Voutenay (3 — Hôt. *Picard*), Sermizelles (5 — Hôt. de la *Gare*), Valloux (5 — Aub. du *Cheval-Blanc*), Vermoiron (1), Vault-de-Lugny (1), Pontaubert-en-Morvan (2), Cousin-le-Pont (4), **Avallon** (2 — Hôt. de la *Poste et des Voyageurs*), La Tuilerie-de-Cercé (5), Cussy-les-Forges (5), Sainte-Magnance (4), Rouvray (4 — Hôt. de la *Poste*), La Croisée (3), La Roche-en-Brénil (5), La Croix-Molphey (4), Chanteau (3), Le Péron (3), **Saulieu** (2 — Hôt. de la *Poste*), Alligny-en-Morvan (12 — Aub. *Cordet*), Goix (5), Buis (4), Chissey-en-Morvan (2), Souvert (2), **Lucenay-l'Évêque** (3), Sommant (5), La Croix-Jean-Naudin (7), **Autun** (7 — Hôt. *Saint-Louis et de la Poste*), Marmagne (16 — Hôt. *Desboires*), **Montcenis** (6 — Hôt. du *Midi*), Blanzy (12 — Hôt. du *Centre*), Sailly (27), Sallornay-sur-Guye (3 — Hôt. du *Soleil-d'Or*), **Cluny** (12 — Hôt. de *Bourgogne*), La Croix-Blanche (10), **Mâcon** (15 — Hôt. du *Sauvage*), Crèches (8), Pontaneveaux (4), Saint-Jean-d'Ardières (11), La Croisée (2), Saint-Georges-de-Reneins (5 — Hôt. *Meunier*), **Villefranche-sur-Saône** (9 — Hôt. de l'*Europe*),

Anse (**6** — Hôt. du *Lion-d'Or*), Les Chères (**6**), **Limonest** (**7** — Hôt. *Burny*), **Lyon** (**11** — Hôt. des *Négociants*).

ou **Anse**, Ambérieux (**2**), Grand-Veicieux (**2**), Quincieux (**2**), Saint-Germain-au-Mont-d'Or (**4**), **Neuville-sur-Saône** (**3** — Hôt. du *Lion-d'Or*), Albigny (**1**), Couzon (**2**), Saint-Rambert (**7**) et Lyon (**8**).

Saint-Pons (**8**), Feyzin (**4**), **Saint-Symphorien-d'Ozon** (**4** — Hôt. du *Louvre*), **Vienne** (**13** — Hôt. de la *Poste*), Vaugris (**5**), Auberive (**8**), Le Péage-de-Roussillon (**6** — Hôt. du *Commerce*), la gare de Salaise (**4**), Saint-Rambert-d'Albon (**5** — Hôt. de la *Croix-d'Or*), Le Creux-de-la-Tinc (**3**), **Saint-Vallier** (**9** — Hôt. des *Voyageurs*), Ponsas (**2**), Serves (**3**), Erôme (**2**), **Tain** (**6** — Hôt. de la *Poste* à Tournon), Pont-de-l'Isère (**9**), **Valence** (**8** — Hôt. du *Louvre et de la Poste*), Portes (**6**), la gare d'Etoile (**4**), Livron (**8** — Hôt. de l'*Univers*), **Loriol** (**3** — Hôt. de la *Croix de Malte*), Saulce (**6**), Congourde (**6**), **Montélimar** (**11** — Hôt. de la *Poste*), Donzère (**14** — Hôt. du *Commerce*), **Pierrelatte** (**7** — Hôt du *Palais*), La Palud (**8**), La Croisière (**4**), Mondragon (**4**), Mornas (**4**), Piolenc (**4**), **Orange** (**7** — Hôt. de la *Poste et des Princes*), Courthézon (**8** — Hôt. *Cumin*), **Bédarrides** (**5** — Hôt. de la *Gare*), Sorgues (**4** — Hôt. du *Midi*), Le Pontet (**6**) et **Avignon** (**4** — *Grand-Hôtel*).

ou depuis **Lyon**, par la route sur la rive droite du Rhône, par La Mulatière (**3**), Pierre-Bénite (**4**), Vernaison (**7**), La Tour-de-Millery (**2**), Grigny (**2**), **Givors** (**5** — Hôt. de *Provence*), la gare de Loire (**4**), Saint-Romain-en-Gal (**5**), Sainte-Colombe (**2** — Hôt. de la *Poste* à Vienne), Saint-Cyr-sur-le-Rhône (**2**), Ampuis (**4**), Tupin (**2**), **Condrieu** (**3** — Hôt. du *Commerce*), Le Vérin (**2**), Chavanay (**4** — Hôt. de l'*Amitié*), Saint-Pierre-du-Bœuf (**4** — Hôt. du *Midi*), Limony (**4**), **Serrières** (**4** — Hôt. *Ravont*, Peyrand (**3**), Champagne (**3**), **Andance** (**4** — plusieurs auberges), Sarras (**6**), Arras (**5**), la gare de Vion (**4**), Saint-Jean-de-Muzols (**3**), **Tournon** (**2** — Hôt. de la *Poste et de l'Assurance*), Mauves (**4**), Glun (**3**), Châteaubourg (**2**), Cornas (**4**), **Saint-Péray** (**2** — Hôt. du *Nord*), Guilherand (**2**), Soyons (**3**), Charmes (**3**), Beauchastel (**5**), **La Voulte** (**4** — Hôt. du *Musée*), Le Pouzin (**6** — Hôt. du *Commerce*), Baix (**6**), Cruas (**6**), Meysse (**6**), **Rochemaure** (**3** — Hôt. *Cavard*), Le Teil (**4** — Hôt. du *Commerce*), **Viviers** (**9** — Hôt. *Alignol*), **Bourg-Saint-Andéol** (**14** — Hôt. *Moderne*), Saint-Just (**9**), **Pont-Saint-Esprit** (**6** — Hôt. de l'*Europe*), Saint-Nazaire (**7**), **Bagnols** (**4** — Hôt. du *Louvre*), L'Ardoise (**11**), Saint-Geniès-de-Camolas (**4**), **Roquemaure** (**4** — Hôt. *Cappeau*), Villeneuve-lès-Avignon (**12**) et **Avignon** (**2**).

Itinéraire B. — Par le Bourbonnais et, depuis Andance, soit par la route sur la rive droite, soit par la route sur la rive gauche du Rhône : **674** ou **668** kil.

Par **Melun** (**30** — *V.* page XII), **Fontainebleau** (**17** — Hôt. du *Cadran-Bleu*), Bourron (**7** — Hôt. de la *Paix*), **Nemours** (**9** — Hôt. de l'*Ecu-de-France*), Glandelles (**6**), Souppes (**5**), La Croisière (**3**), Dordives (**2**), Fontenay (**3**), Puy-la-Lande (**7**), **Montargis** (**7** — Hôt. de la *Poste*), Mormant (**6**), Nogent-sur-Vernisson (**11** — Hôt. du *Puy-de-Dôme*), La Bussière (**11**), **Briare** (**13** — Hôt. de la *Poste*), Bonny-sur-Loire (**12** — Hôt. des *Voyageurs*), Neuvy-sur-Loire (**6** — Hôt. de la *Paix*), La Celle-sur-Loire (**7**), Myennes (**3**), **Cosne** (**4** — Hôt. du *Grand-Cerf*), Maltaverne (**8**), **Pouilly-sur-Loire** (**7** — Hôt. de l'*Ecu-de-France*), Mesves (**5**), **La Charité-sur-Loire** (**8** — Hôt. du *Grand-Monarque et de la Poste*), La Marche (**4**), **Pougues-les-Eaux** (**9** — Hôt. de *France*), **Nevers** (**11** — Hôt. de l'*Europe*), Plagny (**4**), Magny-Cours (**8**), **Saint-Pierre-le-Moutier** (**11** — Hôt. du *Cheval-Blanc*), la gare de Chantenay (**8**), Villeneuve-sur-Allier (**10**), **Moulins** (**13** — Hôt. du *Dauphin*), Toulon (**5**), Bessay (**9**), Saint-Loup (**10**), Chazeul (**3**), **Varennes-sur-Allier** (**3** — *Nouvel-Hôtel*), Saint-Gérand-le-Puy (**11**), Perrigny (**3**), **La Palisse** (**6** — Hôt. de l'*Ecu*), Saint-Prix (**2**), Saint-Martin-d'Estréaux (**14** — Hôt. *Burlier*), **La Pacaudière** (**8** — Hôt. *Besançon*), Changy (**4**), Saint-Germain-l'Espinasse (**7**), **Roanne** (**12** — Hôt. du *Nord*), Parigny (**5**), L'Hopital (**4**), Vendranges (**4**), Neulise (**7**), Balbigny (**12**), **Feurs** (**8** — Hôt. de la *Poste*), Montrond (**11** — Hôt. du *Forez*), La Gouyonnière (**14**), La Fouillouse (**4**), Moulineaux (**2**), **Saint-Étienne** (**8** — Hôt. de *France*), La République (**12**), **Bourg-Argental** (**16** — Hôt. de *France*), Saint-Marcel-les-Annonay (**7**), Boulieu (**3**), Davezieux (**3**), **Andance** (**6**) et **Avignon** (**167**) par la route sur la rive droite du Rhône (*V.* page XIII); ou par la route sur la rive gauche (**161** kil. depuis Andance) en traversant le Rhône à Andance pour rejoindre la route nationale, à un kil. de cette ville, et sept kil. avant Saint-Vallier (*V.* page XIII).

DIVISION DU TEMPS

Le voyage de la Provence demande vingt-huit jours environ. On pourrait l'abréger en le commençant au départ de Marseille ou de Toulon, si l'on désirait visiter seulement la Côte.

Dans le nombre des journées d'étapes, ne sont pas comprises plusieurs des excursions recommandées au départ des villes; ces excursions, facultatives, exigeant des journées supplémentaires.

1er Jour. — Visite de la ville d'Avignon. Déjeuner, dîner et coucher à Avignon.

2e Jour. — Départ d'Avignon. Déjeuner à l'Isle-sur-Sorgue ou à Vaucluse. Visite de la Fontaine de Vaucluse; excursion aux ruines du château des évêques de Cavaillon. Arrivée à Cavaillon. Visite de la ville de Cavaillon. Dîner et coucher à Cavaillon.

3e Jour. — Départ de Cavaillon. Déjeuner à Saint-Remy. Visite de la ville de Saint-Remy et du plateau des Antiquités. Départ de Saint-Remy. Arrivée aux Baux. Visite des ruines des Baux. Dîner et coucher aux Baux.

4e Jour. — Départ des Baux. Déjeuner à Salon. Visite de la ville de Salon. Dîner et coucher à Salon.

5e Jour. — Départ de Salon. Déjeuner au buffet de la gare de Rognac. Dîner et coucher à Marseille.

> *ou 2e Jour.* — Départ d'Avignon. Déjeuner à Beaucaire. Visite de la ville de Beaucaire. Départ de Beaucaire. Visite de la chapelle et de la tour Saint-Gabriel. Visite des ruines de l'abbaye de Montmajour. Dîner et coucher à Arles.
>
> *3e Jour.* — Visite de la ville d'Arles. Déjeuner, dîner et coucher à Arles.
>
> *4e Jour.* — Départ d'Arles après le déjeuner. Dîner et coucher à Saint-Chamas.
>
> *5e Jour.* — Départ de Saint-Chamas. Déjeuner au buffet de la gare de Rognac. Dîner et coucher à Marseille.

6e Jour. — Visite de la ville de Marseille. Déjeuner, dîner et coucher à Marseille.

7e Jour. — Visite de la ville de Marseille. Déjeuner, dîner et coucher à Marseille.

8e Jour. — Départ de Marseille. Déjeuner à Cassis. Arrivée à La Ciotat. Visite des ateliers de la Compagnie des Messageries Maritimes. Dîner et coucher à La Ciotat.

9e Jour. — Départ de La Ciotat. Déjeuner à Bandol. Arrivée à La Seyne. Visite des Forges et Chantiers de la Seyne. Dîner et coucher à Toulon.

ou 8e Jour. — Départ de Marseille. Arrivée à Aubagne. Excursion à la Sainte-Baume, déjeuner à la Sainte-Baume. Dîner et coucher à Aubagne.

9e Jour. — Départ d'Aubagne. Déjeuner au hameau du Camp. Dîner et coucher à Toulon.

10e Jour. — Visite de la ville de Toulon. Déjeuner, dîner et coucher à Toulon.

11e Jour. — Départ de Toulon. Déjeuner à Hyères. Visite de la ville d'Hyères.

12e Jour. — Départ d'Hyères. Déjeuner à la cantine du Dom. Excursion à la Chartreuse de La Verne (*facultatif*). Dîner et coucher à Cogolin.

ou 12e Jour. — Départ d'Hyères. Déjeuner au Lavandou. Dîner et coucher à La Croix.

13e Jour. — Départ de Cogolin ou de La Croix. Déjeuner à Saint-Tropez. Visite de la ville de Saint-Tropez. Dîner et coucher à Fréjus.

ou 13e Jour. — Départ de Cogolin. Déjeuner au Plan-de-la-Tour. Arrivée au Muy. Dîner et coucher à Fréjus.

ou 11e Jour. — Départ de Toulon. Déjeuner à Solliès-Pont ou à Montrieux-le-Vieux. Dîner et coucher à Pignans ou au Luc.

12e Jour. — Départ de Pignans ou du Luc. Déjeuner à Vidauban. Dîner et coucher à Fréjus.

14e Jour. — Dans la matinée, visite de la ville de Fréjus. Départ de Fréjus après le déjeuner. Dîner et coucher à Agay.

15e Jour. — Départ d'Agay. Déjeuner à Cannes. Visite de la ville de Cannes. Dîner et coucher à Cannes.

ou 14e Jour. — Dans la matinée, visite de la ville de Fréjus. Départ de Fréjus après le déjeuner. Passage à l'Estérel. Dîner et coucher à Cannes.

15e Jour. — Visite de la ville de Cannes. Déjeuner, dîner et coucher à Cannes.

16e Jour. — Départ de Cannes. Déjeuner à Antibes. Visite de la ville d'Antibes. Passage à Cagnes. Visite du château de Cagnes. Dîner et coucher à Nice.

17e Jour. — Visite de la ville de Nice. Déjeuner, dîner et coucher à Nice.

18e Jour. — Départ de Nice. Visite de l'Observatoire du Mont-Gros. Déjeuner à La Turbie. Visite du village de La Turbie; excursion au monastère de Laghet et au col de Guerre (*facultatif*). Passage à Roquebrune. Dîner et coucher à Menton.

19e Jour. — Visite de la ville de Menton. Déjeuner, dîner et coucher à Menton.

20e Jour. — Départ de Menton. Déjeuner à Monaco. Visite de la Principauté. Dîner et coucher à Monaco.

21e Jour. — Départ de Monaco. Passage à Beaulieu et à Villefranche. Déjeuner à Nice. Départ de Nice après le déjeuner. Trajet de Nice à Cagnes, soit en machine, soit en chemin de fer. Dîner et coucher à Vence.

22e Jour. — Départ de Vence. Déjeuner au Loup. Visite des gorges du Loup. Arrivée à Grasse. Visite de la ville de Grasse. Dîner et coucher à Grasse.

23e Jour. — Départ de Grasse. Déjeuner au pont de la Siagne. Dîner et coucher à Draguignan.

24e Jour. — Départ de Draguignan. Déjeuner à Lorgues. Dîner et coucher à Brignoles.

25e Jour. — Départ de Brignoles. Déjeuner à Saint-Maximin. Dîner et coucher à Aix.

26e Jour. — Visite de la ville d'Aix. Déjeuner, dîner et coucher a Aix.

27e Jour. — Départ d'Aix. Déjeuner à Lambesc. Dîner et coucher à Cavaillon.

ou 21e Jour. — Départ de Monaco. Déjeuner, dîner et coucher à Nice.

22e Jour. — Départ de Nice. Déjeuner à Saint-Martin-du-Var. Dîner et coucher à Puget-Théniers.

23e Jour. — Départ de Puget-Théniers. Déjeuner aux Scaffarels. Dîner et coucher à Castellane.

24e *Jour.* — Départ de Castellane. Déjeuner à La Palud. Diner et coucher à Moustier-Sainte-Marie.

25e *Jour.* — Départ de Moustier-Sainte-Marie. Déjeuner à Riez. Diner et coucher à Gréoulx.

26e *Jour.* — Départ de Gréoulx après le déjeuner, ou déjeuner à Mirabeau. Diner et coucher à Pertuis.

27e *Jour.* — Départ de Pertuis après le déjeuner, ou déjeuner à Cadenet. Diner et coucher à Cavaillon.

28e Jour. — Départ de Cavaillon. Retour à Avignon.

SIGNES ET ABRÉVIATIONS

Alt.	Altitude.	Fg.	Faubourg.
Aub.	Auberge.	G.	Gauche.
Bd	Boulevard.	H.	Heure.
Ch.	Chemin.	Hab.	Habitant.
Ch.-l. d'arr.	Chef-lieu d'arrondissement.	Hôt.	Hôtel.
		Kil.	Kilomètre.
Ch.-l. de c.	Chef-lieu de canton.	M.	Mètre.
Ch.-l. de dépt	Chef-lieu de département.	Min.	Minute.
		R.	Route.
Dr.	Droite.	*V.*	*Voyez.*

Les chiffres suivis du signe '
indiquent un *nombre de minutes.*
Exemple : 12', soit douze minutes.

Les chiffres, entre parenthèses, indiquent les *distances kilométriques* séparant les localités.
Exemple : (20.6), soit vingt kilomètres six cents mètres.

GUIDE DE LA PROVENCE

VILLE D'AVIGNON

Avignon, autrefois capitale du Comtat-Venaissin, siège de la Papauté de 1309 à 1377, aujourd'hui chef-lieu du département de Vaucluse, une des plus intéressantes cités du midi de la France, compte 46.896 habitants.

Hôtel recommandé : — *Grand-Hôtel d'Avignon*, 24, rue de la *République*.

Cafés : — des *Négociants*, 13, rue de la *République*; de *Paris et Février*, place de l'*Hôtel-de-Ville*; *Rich-Tavern*, 2, rue *Viala*.

Arrivée à Avignon. — Le cycliste, arrivant par le chemin de fer, se rendra au *Grand-Hôtel d'Avignon* (**0.5** — Pavé : 5') en suivant l'itinéraire ci-dessous :

A la sortie de la gare, on contourne le rond-point sur lequel s'élève la *statue de Philippe de Girard*, puis, après avoir franchi la ligne des fameux remparts d'Avignon, on entre aussitôt, vis-à-vis, en ville. Successivement on suit le cours de la *République*, ombragé de magnifiques platanes, laissant à dr. le *square Saint-Michel* (*monument de Roumanille*), voisin de l'église du même nom (aujourd'hui temple protestant), ensuite la rue de la *République*. Dans cette dernière se trouve le *Grand-Hôtel d'Avignon*, situé à g., au n° 24, presque en face de l'église du Lycée.

Visite de la ville d'Avignon (environ 5 h. 1/2). — Sortant du *Grand-Hôtel*, suivre à g. la rue de la *République* jusqu'à la place de l'*Hôtel-de-Ville*, centre de la ville.

Dans la rue de la République, la rue de l'*Anguille*, à g., mène à la rue *Dorée*, où se trouve à dr., au n° 5, le vieil **Hôtel de Sade**, occupé par l'École professionnelle (belle cour).

Du même côté de la rue de la République, un peu avant d'atteindre la place de l'Hôtel-de-Ville, se détache, également à g., la courte rue *Argentière*, prolongée par l'étroite rue du *Collège-du-Roure*. Dans cette dernière on peut voir à g., au n° 3, l'antique **Hôtel de Baroncelli-Javon**, curieux spécimen de l'architecture du XIVe s. Cet hôtel, qui appartient depuis l'an 1430 à la famille, est encore aujourd'hui la demeure du marquis Folco de Baroncelli-Javon. A l'extérieur, beau portail gothique orné de sculptures en forme de clochetons et de meneaux du style flamboyant; à l'intérieur, vastes appartements peints par Vernet, Parrocel, Salvator-Rosa, Baptiste et Oudry.

La place de l'Hôtel-de-Ville est bordée à g. par l'**Hôtel de Ville**, surmonté d'un beffroi gothique avec un Jacquemart (du haut de la tour, vue superbe; pour monter, s'adresser au concierge; gratification) et le **Théâtre**; à dr., par de beaux cafés. Au fond de la place s'élève le **Monument du Centenaire** de l'annexion du Comtat-Venaissin à la France.

A l'entrée de la place, prendre à g. la rue *Saint-Agricol* (à g., au n° 23, l'hôtel du *Louvre* renferme une salle à manger qui occupe une ancienne chapelle des Templiers), où l'on rencontre à dr. l'**église Saint-Agricol**.

Plus loin, parvenu à la rue transversale *Joseph-Vernet*, tourner à g., en passant devant la chapelle de l'Oratoire, et se rendre au **Musée Calvet**, situé au n° 65 de la rue Joseph-Vernet, dans l'élégant *Hôtel de Villeneuve-Martignan*. Au Musée Calvet (antiquités diverses, galeries de peinture) est joint le **Musée Requien** (histoire naturelle, archéologie, ethnographie), tous deux ouverts au public le dimanche, de midi à 4 h., et, sur la demande des visiteurs, tous les jours, de 9 h. à midi et de 1 h. à 5 h.).

Revenir sur ses pas par la rue Joseph-Vernet, qu'on suivra dans toute sa longueur; mais, un peu avant d'atteindre l'extrémité de cette rue, au fond de laquelle apparaît la façade de l'ancien *Palais de la reine Jeanne*, on tournera à g. dans l'amorce de rue conduisant à la place *Crillon*.

Traverser la place Crillon et sortir de la ville par la *porte de l'Oulle*, vis-à-vis le pont suspendu sur le Rhône (direction de Villeneuve-lès-Avignon (*V.* page 22).

Ici, suivant à dr la r. au pied des remparts, on passe sous la première des quatre seules arches qui subsistent de l'antique **pont d'Avignon**, si célèbre par la ronde enfantine que tout le monde connaît. Sur la deuxième pile de ce pont s'élève la chapelle Saint-Bénézet (pour visiter, s'adresser au gardien du pont, dont la demeure se trouve après le pont, à dr., au n° 27; pourboire).

Au delà du pont, continuer la r. pendant encore deux cents m., et, arrivé à hauteur d'un portail avec grille en fer, gravir à dr. les escaliers en pierre qui conduisent au sommet du **Rocher des Doms**. Parvenu à une sorte de plate-forme, d'où la vue est déjà superbe, on incline à dr. pour atteindre, par un autre escalier, le plateau du rocher. Sur ce plateau, transformé en une jolie promenade ombragée, deux petites terrasses, à dr. et à g., offrent de magnifiques points de vue sur la vallée du Rhône, Villeneuve-lès-Avignon et le Mont-Ventoux, dont la cime se distingue à dr.

Traversant la promenade du N. au S., on descendra, du côté opposé, par l'une des deux rampes qui mènent devant l'entrée de l'**église de Notre-Dame-des-Doms** (tombeaux des papes Benoit XII et Jean XXII, trône papal en marbre, pierre tombale du « brave Crillon »; pour visiter le tombeau du pape Jean XXII, s'adresser au sacristain).

L'église Notre-Dame-des-Doms est précédée d'une plate-forme, avec grand calvaire, qui domine l'imposante place du *Palais*. Sur celle-ci on remarque : à dr., le Petit-Séminaire et la *statue du capitaine Crillon*; à g., le colossal **Palais des Papes** et, vis-à-vis de ce dernier, la façade curieusement sculptée du **Conservatoire de Musique.**

Descendant sur la place du Palais, on se dirigera à g. vers l'entrée du Palais des Papes.

Le Palais des Papes, véritable forteresse, un des plus beaux modèles de l'architecture militaire du moyen âge, sert aujourd'hui de caserne (pour visiter, s'adresser au portier; gratification). Prochainement, les troupes doivent être évacuées du palais et le merveilleux monument, entièrement restauré aux frais de l'Etat et de la ville, sera le digne pendant des reconstitutions des remparts de Carcassonne et du château de Pierrefonds.

A la sortie du palais, traverser la place, et se diriger, on face, vers le bâtiment du Conservatoire de musique; ici, se retourner pour admirer l'ensemble grandiose du palais des Papes. Descendre ensuite à dr. à la place de l'*Hôtel-de-Ville*, par une courte rue et la placette du *Puits-des-Bœufs*.

Ayant traversé la place de l'Hôtel-de-Ville dans toute sa longueur, on prendra à g. la rue des *Marchands*. Parvenu à un carrefour, appelé place *Carnot*, orné d'un réverbère avec cadran, on remarquera : dans la rue à dr., la lourde construction de la Synagogue, et, à g., le chevet de l'**église Saint-Pierre**, dont l'élégante façade se trouve sur la petite place *Saint-Pierre*, voisine.

Continuer par la rue *Carnot*, que prolonge la rue du *Portail-Mathéron*, jusqu'à hauteur de la place des *Carmes*. Ici, à dr., au n° 20, se dresse le clocher isolé, avec horloge, de l'ancien couvent des Augustins; à g., sur la place des Carmes, s'élève un marché couvert derrière lequel apparaît une jolie fontaine monumentale, située devant l'**église Saint-Symphorien.**

Revenant sur ses pas par les rues du Portail-Mathéron et Carnot, on prendra la cinquième rue à g., la rue *Sainte-Garde*, qui borde le Palais de Justice, à g., et qui aboutit à la place *Pie*.

Traverser la place Pie en remarquant à dr. une tour crénelée, ayant appartenu autrefois à une commanderie de Saint-Jean-de-

Jérusalem, puis longer la Halle à dr. A l'extrémité de la halle, prendre à g. la rue *Bonneterie*, qui coupe plusieurs rues et qui laisse à dr., presque à sa fin, la rue de la *Masse*. Plus loin, arrivé au croisement des rues *Philonarde* et des *Lices*, continuer vis-à-vis par la rue des *Teinturiers*, en bordure d'un petit canal dont les eaux proviennent de la fontaine de Vaucluse (*V.* page 31).

Ici, à l'entrée de la rue des Teinturiers, on voit à dr., encastrés dans un pâté de maisons, le clocher et la nef latérale de g. seuls restes de l'ancienne église des Cordeliers, où Laure de Noves, l'amie de Pétrarque, fut ensevelie en 1348.

Revenant encore sur ses pas par la rue Bonneterie, on prendra ensuite à g. la rue tortueuse de la *Masse* qu'il faut suivre dans toute sa longueur.

A dr., au n° 7, l'ancien **Hôtel de Crillon**, aujourd'hui au marquis Théodule de Gramont, possède une cour et un escalier qui méritent d'être vus.

La rue de la Masse aboutit à la place *Saint-Didier*, au chevet de l'église du même nom. Passant à côté du *monument de T. Aubanel*, puis longeant la partie g. de l'église, par la petite rue *Prévot*, on regagnera la rue de la *République*.

Les vieux quartiers d'Avignon, percés de ruelles sinueuses et pittoresques, renferment une quantité considérable de maisons des XIIIe, XIVe, XVe et XVIe s., rappelant les styles du moyen âge ou de la Renaissance.

Excursions recommandées au départ d'Avignon. — Villeneuve-lès-Avignon (6 kil., aller et retour; terrain médiocre — Côtes : 8' — Pavé : 16' — Cette excursion peut se faire aussi en tramway; départ toutes les demi-heures de la place de l'*Hôtel-de-Ville* d'Avignon; prix, 15 c.; trajet en 25 min.).

Itinéraire : Sortant du *Grand-Hôtel*, suivre à g. la rue de la *République* (Pavé : 8') jusqu'à la place de l'*Hôtel-de-Ville*. Ici, prendre à g. la rue *Saint-Agricol* qui conduit à la rue *Joseph-Vernet*, où l'on tourne à dr. Un peu avant d'atteindre l'extrémité de la rue Saint-Agricol, s'engager à g. dans l'avant-dernière rue amorce de la place *Crillon*, voisine. Traverser cette place et sortir de la ville par l'ancienne *porte de l'Oulle* (**O.7**).

On franchit les deux bras du *Rhône*, séparés par l'*île de Piot*, pointe S. de l'*île de la Barthelasse* (nombreuses guinguettes), sur un pont suspendu auquel succède un pont de bois (belle vue d'Avignon). A l'extrémité du pont, abandonnant la r. de Nîmes (*V.* page 24), suivre à dr. la chaussée en bordure du fleuve. Cent m. plus loin, on néglige à g. la r. qui monte à la gare de *Pont-d'Avignon*, de la *ligne de Nîmes*, pour continuer à dr. (Côte : 2').

On passe au pied de la *tour de Philippe-le-Bel*, massif donjon qui défendait jadis une des extrémités du vieux pont d'Avignon, et l'on arrive dans Villeneuve vis-à-vis le chevet de l'église paroissiale de Notre-Dame (**2.3**), là ou s'arrêtent les tramways qui font le service entre Avignon et Villeneuve.

Ici, déposer sa machine en garde au café *Saint-Marc* et aller visiter les curiosités de la vieille petite ville (à pied : environ 2 h.) dont la splendeur passée se révèle par les nombreux restes d'anciens hôtels d'évêques et de cardinaux et des maisons des XIVe, XVe et XVIe s.

Passant à g. de l'église, on suivra, encore à g., la rue bordée de maisons à arcades. A l'extrémité des arcades se trouve à dr. le bâtiment de l'*Hospice-hôpital* (pour visiter, sonner à la porte latérale, à g. de la porte cochère, et s'adresser à la religieuse concierge. A l'intérieur de l'hospice on voit la *chapelle*, renfermant le tombeau d'Innocent VI, ensuite le *musée municipal* qui contient une collection de tableaux, de sculptures, d'objets d'art et d'antiquités diverses. A la sortie de l'hospice il est d'usage de déposer une offrande dans le tronc).

De l'hospice, revenir à l'église paroissiale : puis, passant devant le café *Saint-Marc*, suivre à g. la *Grande-Rue*. Cinquante m. plus loin on atteint la place *Neuve*, où s'élève à dr. une fontaine décorée de sujets en bronze vert. Ici, gravir à dr. la ruelle du *Mont-Andaon* qui conduit au sommet que couronne l'ancien château, dit le *fort Saint-André*.

On pénètre dans l'enceinte du fort par une imposante porte, flanquée de deux énormes tours, qui ne défend plus aujourd'hui qu'une agglomération de pauvres maisons, la plupart en ruines. Au point culminant de la forteresse, qu'on gagne par une ruelle escarpée, se trouve à g. la *chapelle de Notre-Dame-de-Belvezet* d'où l'on jouit d'une vue remarquable sur Avignon et ses environs.

Du fort Saint-André, redescendre dans Villeneuve et suivre encore à dr. la Grande-Rue pendant deux cents m. (à g. *Hôtel de Conti*, puis, du même côté, le palais cardinalice de *Pierre de Thury*) pour atteindre à dr. le portail de l'ancienne *Chartreuse du Val-de-Bénédiction*, fondée en 1356.

Les curieux restes du monastère forment actuellement un véritable dédale de ruelles et de passages, en partie habités par plusieurs familles, où il serait difficile de se diriger si des enfants ne se proposaient pour conduire (petite gratification) aux ruines de l'église, des deux cloîtres, de la salle capitulaire et enfin de la fontaine Saint-Jean, celle-ci encore assez bien conservée.

De la Chartreuse, regagner le café *Saint-Marc*, dans Villeneuve, où l'on reprendra soit sa machine, soit le tramway, pour revenir à Avignon (**3** — Côtes : 4′ et 2′ — Pavé : 8′).

La fontaine de Vaucluse, *V.* l'itinéraire de la page 28.

Pour mémoire. — D'Avignon à Nîmes (**43** kil.), par La Bégude (**11**), **Remoulins** (**12** — Ch.-l. de c. — 1.323 hab. — Hôt. du *Nord*), La Foux (**0.5**), Saint-Bonnet (**1.5**), Besouce (**6**), Saint-Gervasy (**2**) et Nîmes (**10** — Ch.-l. du dép^t du Gard — 74.601 hab. — Hôt. du *Cheval-Blanc; Manivet;* du *Midi*. Cafés *Tortoni;* de l'*Univers*. — A voir : les Arènes, la Maison-Carrée, la fontaine de Nîmes, le temple de Diane, la Tour-Magne, la porte d'Auguste, le Musée lapidaire et le Muséum d'histoire naturelle, le Musée de peinture, la Cathédrale, les églises Saint-Paul, Saint-Charles et Saint-Baudile).

D'Avignon au pont sur le Rhône, *V.* page 22.

A l'extrémité du pont, négligeant à dr. le ch. de Villeneuve-lès-Avignon, on passe sous la *ligne de Nîmes* pour gravir une série de coteaux et atteindre la partie S. d'une plaine, que recouvrait autrefois l'*étang de Pujaut*, aujourd'hui retiré dans la direction du N.

Après le hameau de La Bégude, la r. s'engage entre deux monticules ; puis, longeant plus loin le chaînon de la *Crompe*, à dr., gagne le village de Remoulins, sur le bord du *Gardon*. Ayant traversé cette rivière, on se trouve au hameau de La Foux, où se détache à dr. le ch. d'Uzès.

> Le ch. d'Uzès mène au fameux aqueduc antique du **pont du Gard**, situé sur le Gardon, à deux kil. et demi de La Foux. Le pont du Gard, dont la construction est attribuée à Agrippa, gendre d'Auguste, est considéré comme un des chefs-d'œuvre de la voierie romaine.

La r. de Nîmes incline vers le S.-O. ; elle se dégage des collines et vient longer, au pied de coteaux, à dr., la large plaine qui s'étend à g. jusqu'à Nîmes.

D'Avignon à Digne (**149** kil. **900** m.), par **L'Isle-sur-Sorgue** (**22.7**), Les Beaumettes (**14**), Notre-Dame-de-Lumières (**3**), **Apt** (**15** — Ch.-l. d'arr. — 5.851 hab. — Hôt. du *Louvre* — A voir : l'église, la tour de l'Horloge), Le Griffon (**12**), Céreste (**7**), Les Granons (**7**), Mane (**12.5**), **Forcalquier** (**3.5** — Ch.-l. d'arr. — 3.018 hab. — Hôt. *Lardeyret* — A voir : la Terrasse, l'église Notre-Dame-du-Marché), Niozelles (**6.5**), La Brillanne (**5.2**), Oraison (**2.5**) et Digne (**39** — V. page 202).

D'Avignon à L'Isle-sur-Sorgue, V. page 28.

La r., parcourant une grande plaine, longe un moment la rive g. de la *Sorgue*, franchit le *canal de Carpentras*, puis se rapproche du *Calavon*. On remonte la rive dr. de cette rivière, resserrée entre le *Mont-Luberon*, à dr., et les *Monts de Vaucluse*, à g. La vallée se rétrécit de plus en plus. On passe devant le *sanctuaire de Notre-Dame-de-Lumières*, très vénéré en Provence, ensuite on laisse à g. le village de Goult, à l'entrée d'un vallon.

Plus loin, s'étendent à g. des collines rougeâtres, tandis qu'à dr. apparaissent le *château de Beau-Report* et la *chapelle de Saint-Véran*. Dans ces parages, le *pont Julien*, à trois arches, date de l'occupation romaine. On atteint Apt, sur la rive g. de la rivière, dans un entourage de collines plantées d'oliviers et d'arbres fruitiers.

La r. continue à remonter la vallée du Calavon, entre le Luberon, à dr., et une succession de terrasses cultivées en gradins, à g.; on longe et croise alternativement la voie ferrée. Après avoir franchi le Calavon, qui s'éloigne au N. vers les *gorges d'Oppedette*, la r. traverse un défilé pittoresque de rochers et débouche vis-à-vis de Céreste. Ce joli bourg, environné de coteaux tapissés de vignes et d'oliviers, s'étale sur le versant S. d'une vallée fertile arrosée par l'*Aiguebelle* et l'*Encrême*.

La r. suit la vallée de prairies de l'Encrême et coupe, au hameau des Granons, le ch. de Reillanne à Manosque. Elle continue ensuite accidentée pour traverser la vallée du *Largue*, ainsi que le plateau intermédiaire qui sépare le bassin du Largue de celui de la *Laye*. Sur ce plateau, remarquer à dr. la curieuse église du *prieuré de Notre-Dame-de-Salagon* et l'important *château de Sauvan*, copie du Grand-Trianon de Versailles. La r. descend, franchit la Laye, puis monte vers Mane et Forcalquier, cette dernière ville bâtie en amphithéâtre sur le penchant d'une colline calcaire conique.

Ayant contourné Forcalquier, on descend la vallée du *Buveron*, ruisseau affluent du *Lauzon*, celui-ci traversé entre Niozelles et La Brillanne.

Au village de La Brillanne, dans la vallée de la *Durance*, on rejoint la r. de Manosque à Sisteron. Ici, tourner à dr., puis, presque aussitôt, à g., pour franchir la Durance. Deux kil. et demi plus loin, on aboutit, en deçà d'Oraison, à la r. des *Hameaux à Digne*.

D'Oraison à Digne, *V.* page 211.

D'Avignon au Mont-Ventoux (61 kil. 600 m.), par Saint-Véran (**2.6**), Le Pontet (**3**), Le Logis de Sainte-Anne (**4**), Entraigues (**3** — Hôt. du *Pont*), Monteux (**7** — Ruines d'un château papal), **Carpentras** (**5** — Ch.-l. d'arr. — 10.797 hab. — Hôt. de l'*Univers*. — A voir : l'Hôtel-Dieu, le Musée, l'église Saint-Siffrein, le Palais de Justice, l'Arc de triomphe, l'Aqueduc), le col d'Aurès (**13.5** — Alt.: 384 m.), **Malaucène** (**4.5** — Ch.-l. de c. — 2.215 hab. — Hôt. *Fabre*. — A voir : l'Hôtel-Dieu, l'Eglise, la tour du Beffroi, les restes d'un château fort, la source du Groseau), Baraque de Pramayelles (**8**) et le Mont-Ventoux (**11** — Alt.: 1.912 m. — Hôtel. — A voir : l'Observatoire).

ou **Carpentras.** Bédoin (**15** — Hôt. du *Mont-Ventoux*), Sainte-Colombe (**4**), Saint-Estève (**2**), la fontaine de la Grave (**11**) et le Mont-Ventoux (**5** — V. page 25).

L'ascension proprement dite du Mont-Ventoux commence au départ : soit de Malaucène, soit de Bédoin. Si l'on fait cette excursion, il sera préférable de monter au Ventoux par Malaucène et la *r. forestière*, la plus pittoresque (large de 2 m. 50, en bon état mais sans parapets ; rampe régulière n'excédant pas 10 0/0 ; praticable aux voitures légères), et de descendre du Ventoux par la grande r. de Bédoin (large de 6 m., rampe de 4 et 7 0/0 n'excédant pas 10 0/0 ; praticable aux automobiles).

En voiture particulière : de Malaucène au Mont-Ventoux, 15 fr. ; de Bédoin au Mont-Ventoux, 12 fr. pour une personne ou 20 fr. pour deux ou trois personnes.

Au sommet du Mont-Ventoux se trouve un hôtel (ouvert l'été. Chambres depuis 2 fr. ; repas, depuis 3 fr.) où l'on peut coucher si l'on désire assister au lever du soleil (très recommandé).

D'Avignon à la bifurcation du hameau de Saint-Véran, *V.* page 28.

Négligeant à dr. la r. d'Apt, on prend à g. la r. d'Orange. On abandonne cette dernière, à trois kil. de là, au hameau du Pontet, pour continuer devant soi dans la direction de Carpentras.

La r., s'éloignant du Rhône, parcourt une plaine fertile et très habitée ; à dr., petite colline *Sainte-Anne*. Après le bourg industriel d'Entraigues, on franchit successivement deux bras de la *Sorgue*, en laissant à dr. les groupes d'habitations d'Althen-les-Paluds, dont le nom rappelle celui du persan Althen qui importa dans le Comtat la culture de la garance.

Dépassé Monteux, la r. se rapproche de la rive g. du *Lauzon* et atteint la ville de Carpentras, pittoresquement située sur une colline.

De Carpentras au Mont-Ventoux, on a le choix entre deux itinéraires : soit par Malaucène, soit par Bédoin. Il est préférable de monter par Malaucène et de descendre par Bédoin (*V.* page 27).

La r. de Malaucène sort de Carpentras par la *porte d'Orange*, puis, ayant croisé le *canal de Carpentras*, laisse à g. le ch. de Beaumes-de-Venise ; on franchit la *Mède*. Après avoir traversé sur un viaduc de quatre arches le ravin, on pénètre dans le beau défilé rocheux du *Gourdon*, ruisseau qu'on franchit à diverses reprises. A g., apparaît le village de Barroux, bâti sur un mamelon, que dominent les imposantes ruines d'un château.

La r. gravit le *col d'Aurès* (vue superbe, à dr., sur le Mont-Ventoux), puis descend, très sinueuse, entre des bois, jusqu'au bourg de Malaucène, au pied du Mont-Ventoux.

— —

Malaucène est le point de départ de la belle r. *forestière* qui conduit au sommet du Mont-Ventoux.

Cette r. s'amorce à dr. sur la *promenade du Cours* et monte très durement au milieu des champs, laissant à g. la *chapelle du Groseau* et le ch. de la *source du Groseau* (toute proche, dans un site merveilleux). On atteint une sorte de plateau, d'où l'on domine le quartier Saint-Jean, et l'on passe au pied d'une curieuse paroi de granit dont le relief imite un grand portail. La r. s'élève ensuite sur la montagne, en contournant le promontoire rocheux, et fait un immense lacet; points de vue splendides sur la plaine de Carpentras, la vallée du Rhône et Avignon. On se rapproche de la crête, en décrivant de nombreux circuits; puis l'on franchit deux fois cette crête pour aborder tour à tour les versants N. et S.-O. de la montagne. De ces parages, le regard plonge sur deux régions absolument disparates : la première, avec ses massifs de la Drôme, hérissés de crêtes et de pics; la seconde, déployant la richesse de sa plaine, parsemée de villages et d'habitations.

Trois kil. après la baraque forestière inhabitée de Pramayelles, la r. abandonne la ligne de crête, à un endroit où l'horizon se découvre de trois côtés à la fois, et attaque la montée du *Petit-Ventoux* par une succession de grands lacets. Ayant dépassé la bifurcation du ch. du Contrat, située à six kil. et demi de distance de l'Observatoire, on regagne de nouveau la crête en gravissant une rampe très dure. La montée se prolonge en de larges circuits, tracés sur le flanc de la montagne; puis l'on rejoint la grande r. de Bédoin. Quelques m. plus loin, on atteint le sommet du Ventoux (le paradis des vents), l'une des plus superbes cimes des Alpes, où s'élèvent la petite *chapelle de Sainte-Croix*, l'observatoire et l'hôtel. Panorama féerique sur un océan de montagnes.

La r. de Carpentras au Mont-Ventoux, par Bédoin, traverse une plaine, plantée de vignes et d'oliviers, et laisse à g. les villages de Modène et de Saint-Pierre-de-Vassols; elle franchit ensuite une chaîne de petites collines dans un court défilé où coule la *Mède* ; vis-à-vis, se dresse la masse grandiose du Mont-Ventoux.

Au delà de Bédoin, bâti en amphithéâtre au pied de la montagne, la r. serpente à travers une fertile campagne, complantée de chênes séculaires, et dépasse le hameau de Sainte-Colombe.

Après le hameau suivant de Sainte-Estève, la r., tracée au milieu des bois de chênes et de hêtres, longe la *combe Rolland* et attaque une rampe très dure. Celle-ci décrit une longue courbe jusqu'à la *fontaine de la Grave*, d'où l'on gagne, en ligne droite, l'étroite arête qui forme le sommet du Ventoux (*V.* ci-dessus).

D'Avignon à **Marseille**, par **Arles** et Saint-Chamas. *V.* les itinéraires des pages 43, 54 et 56.

D'AVIGNON A CAVAILLON

Par Saint-Véran, Realpanier, Morières, Châteauneuf-de-Gadagne, Le Thor, L'Isle-sur-Sorgue, Vaucluse et Petit-Palais.

Distance : **12** kil. **800** m. *Côtes :* **31** min.
Pavé: **8** min.

Nota. — Cet itinéraire en partie plat, ou faiblement ondulé, ne présente qu'une côte un peu longue, de treize cents m., après Morières.

La route directe d'Avignon à Cavaillon (**24.9**) passe par Caumont (*V*., en sens inverse, l'itinéraire de la page 192).

La route directe d'Avignon à Salon (*V*. page 39), si l'on ne veut pas visiter la fontaine de Vaucluse (*V*. page 31) et les Baux (*V*. page 36), passe par le pont suspendu de Bonpas (**11.7** — *V*., en sens inverse, page 192), Saint-Andéol (**7**), La Chapelle-du-Plan-d'Orgon (**5.7**), Orgon (**4.4**), Senas (**6.2**) et Salon (**11.9** — *V*. page 38).

Pour l'emploi de chaque journée, se reporter à la *Division du Temps*, page XV.

Du *Grand-Hôtel d'Avignon* on a le choix entre deux itinéraires pour gagner l'entrée de la r. d'Orange, début également de la r. de Vaucluse, soit qu'on traverse toute la ville, soit qu'on la contourne en partie.

Le premier itinéraire, tout pavé (20'), mais qui raccourcit de quatre cents m., suit, à g. du *Grand-Hôtel*, la rue de la *République* conduisant à la place de l'*Hôtel-de-Ville*, où l'on prend à dr. la rue des *Marchands*. Parvenu au carrefour de la place *Carnot*, on continue à g. par les rues *Carnot*, du *Portail-Mathéron* et de la *Carreterie*; celle-ci aboutit à la *porte Saint-Lazare*, où l'on sort de la ville. Ici, tournant à dr., après un parcours de cent m., on trouve la r. d'Orange, à g.

Le second itinéraire, préférable, suit, à dr. du *Grand-Hôtel*, la rue, puis le cours de la *République* (Pavé : 8') jusqu'à la porte de la ville, vis-à-vis la gare. Ici, tourner à g. sur le boulevard extérieur qui longe les remparts. Successivement on laisse à dr. (**0.5**) la r. de Montclar, ensuite, devant la *porte Saint-Michel* (**0.1**), la **route de Rognonas** (direction de Tarascon) et, devant la *porte Limbert* (**0.5**), la r. de Saint-Andéol et de Caumont (direction de Marseille), voisine du ch. de Montfavet. De ce même côté, ayant dépassé les nouvelles casernes, on néglige encore un second ch. vers Montfavet, puis l'on atteint l'entrée (**0.8**) de la r. d'Orange, qui s'ouvre à dr., cent m. avant la *porte Saint-Lazare*.

Prenant la r. d'Orange, à dr., on passe sous la *ligne de Lyon;* arrivé à la bifurcation du hameau de **Saint-Véran** (**0.7**), on abandonnera la r. d'Orange pour s'engager à dr. sur celle d'Apt. La chaussée se déroule à travers la plaine verdoyante et fertile de la Provence, tandis que des haies touffues, des rideaux de cyprès ou de belles avenues d'arbres abritent tour à tour et par places de l'ardeur du soleil.

Au hameau de Realpanier (**2.4**) se détachent à g. les deux r. d'Orange (25.7) et de Mazan (28.5), puis, à dr., le ch. de Montfavet (1.5). On franchit le petit *canal Crillon* (montée et descente) un peu avant Morières (**4.1**).

Après ce village, la r. franchit une chaine de collines, plantée de mûriers et de figuiers. Deux côtes de treize cents et de trois cents m. (17' et 3') offrent de leurs sommets une vue étendue vers les montagnes qui limitent l'horizon. Belle et rapide descente en lacets sur le versant où s'étage le village de Châteauneuf-de-Gadagne (**4.1** — château ruiné). Au bas de la pente, on retrouve la plaine, coupée par le passage à niveau (**2.2**) de la *ligne d'Avignon à Cavaillon ;* à dr., se détache (**1.6**) la r. de Caumont (5).

En arrivant au Thor (**0.6**), la r. tourne brusquement à dr., en laissant à g. une porte fortifiée, surmontée d'un beffroi, qui donne accès dans le pittoresque bourg.

Si l'on dispose de tout son temps, on pourra aller visiter la jolie **grotte de Thouzon**, située à deux kil. six cents m. au N. du Thor. Pour s'y rendre, on passe à g. sous la porte fortifiée et l'on traverse tout le bourg, en laissant l'église à g. De l'autre côté du Thor, on franchit la Sorgue; puis, parvenu à l'extrémité de l'avenue, négligeant à dr. la r. de Velleron, on prend à g. celle de Bédarrides. Vingt m. plus loin, un écriteau, placé sur une colonne, indique la direction de la grotte, à dr. On parcourt encore quatre cents m., ensuite on continue à g. par la r. de Bédarrides se dirigeant vers un mont isolé que couronnent des ruines. Bientôt on atteint le hameau de Thouzon (**2.3**). Aux dernières maisons, abandonnant la r., on prendra le ch. de chars, à g., qui mène (à pied : 4') près des carrières, à un abri rustique avec tables. De cet abri, un sentier de quelques m. conduit à la porte de la grotte de Thouzon (**0.3**), auprès de laquelle se tient le gardien qui fait visiter.

La grotte, creusée au milieu d'une carrière, a été rendue très praticable. Elle offre une grande variété de stalagmites et de stalactites (visite, 20'; gratification, 50 c.).

Retour au Thor et à la r. d'Apt (**2.6**).

La r. d'Apt tourne encore presque aussitôt, à angle droit, à g., devant une petite chapelle élevée à *Notre-Dame-de-Pitié*, et parcourt de nouveau la plaine. On traverse le passage à niveau de la *ligne de Cavaillon à Carpentras* (**3.5**).

A l'entrée de **L'Isle-sur-Sorgue** (Ch.-l. de c. — 6.266 hab. — Hôt. *Saint-Martin*; de *Pétrarque et Laure* — A voir : l'église — Fabrique de tapis, dits d'Avignon), on contourne la ville par de superbes cours ombreux que borde la Sorgue.

Le cours *Emile-Zola* laisse à g., à hauteur de la gare (**0.9**), la r. de Carpentras (17), puis, cent m. plus loin (**0.1**), à dr., la r. de Cavaillon (9.5). Continuant par les cours *Voltaire* et *Trarieux*, on passe successivement devant les deux hôtels pour atteindre, à l'angle de l'hôtel de *Pétrarque et Laure* (**0.6**), l'embranchement des r. d'Apt et de Carpentras.

Ici, quittant la r. d'Apt (32 — *V.* page 24), suivre à g. la r. de Carpentras. Elle traverse la Sorgue, ensuite se dirige à dr. avec le cours *Salviati*, à l'extrémité duquel s'élève une pyramide. Ayant franchi un second bras de la rivière, à quelques m. au delà du pont, il faudra encore abandonner (**1**) la r. de Carpentras (16) et s'engager à dr. sur le ch. de Vaucluse.

Ce ch., qui se déroule à travers une campagne complantée d'oliviers, de figuiers, de muriers et de peupliers, mène vers les *monts de Vaucluse* au pied desquels jaillit la célèbre *fontaine de Vaucluse*; à g., se détache (**3.7**) le ch. de Saumanes (3 — château jadis demeure du trop fameux marquis de Sade). Petite descente pour passer sous l'*aqueduc de Gallas* et pénétrer dans le vallon agreste où la Sorgue alimente plusieurs usines.

Après une côte (3'), une courte descente rapide conduit au village de Vaucluse, situé à la base des rochers rougeâtres et dénudés qui environnent la source de la Sorgue. S'arrêter à dr. à l'hôtel de *Pétrarque et Laure*, sur la place de la *Colonne* (**2.1**), vis-à-vis le pont.

Pour se rendre à la **fontaine de Vaucluse** (à pied : 30', aller et retour), on ne devra pas traverser le pont mais suivre à g. le bon ch., bordé de buvettes, qui longe la rive dr. de la rivière. On pénètre ainsi dans la gorge en passant au pied d'une énorme roche dont la paroi à g. est percée d'une série de curieuses cavernes superposées. A dr., les ruines du *château des évêques de Cavaillon* (*V.* ci-dessous) dominent le paysage, malheureusement gâté par la bâtisse brutale d'une papeterie.

Plus loin, deux cafés-restaurants (10') ont des tonnelles très ombragées sur le bord de l'eau. La gorge se resserre et vient atteindre la gigantesque masse rocheuse, taillée à pic, au-dessus du gouffre qui forme la fontaine de Vaucluse, source de la Sorgue.

La fontaine de Vaucluse a été immortalisée par le poète florentin Pétrarque, l'ami de la belle Louise de Noves, qui s'était fixé à Vaucluse en 1337, où il composa une partie de ses poésies.

Revenu à Vaucluse, on pourra encore voir l'ancienne *villa de Pétrarque* et monter aux ruines du château (à pied : 50', aller et retour).

Pour cette promenade, il faut, à la place de la *Colonne*, traverser le pont sur la Sorgue. De l'autre côté de la rivière, on aperçoit devant soi un petit tunnel creusé dans le roc. C'est à l'extrémité opposée de ce tunnel que se trouvent, à g., la villa et le jardin de Pétrarque.

A l'entrée du tunnel, l'escalier à dr. s'élève sur le rocher et contourne des habitations. Au faîte de l'escalier, prendre le sentier à dr. ; puis, parvenu à un nouveau groupe de maisons, se renseignant pour ne pas manquer le ch., on gravira un autre sentier, cette fois à g., qui, tracé en zigzags au milieu des roches, conduit jusqu'au château.

Au point culminant des ruines, faire attention de ne pas trop s'approcher au bord de l'abîme. Vue magnifique sur Vaucluse, sur le vallon et la gorge de la Sorgue, et, au delà de l'aqueduc de Gallas, sur toute la plaine provençale.

Au départ de Vaucluse, laissant à g. la colonne, érigée en l'honneur de Pétrarque, on traverse le pont sur la Sorgue, puis l'on tourne à dr., devant le petit tunnel qui mène à la villa de Pétrarque (*V.* page 31).

La r. de Cavaillon décrit un gracieux circuit dans le fond du val de Vaucluse et suit la rive g. de la rivière. Un peu après avoir dépassé la *borne 1*, remarquer sur la rive opposée la curieuse *grotte de la Baume* abritant une petite villa; montée, puis descente. On repasse sous le viaduc de Gallas; à dr., se détache (**2.3**) le ch. de Saumanes; à g., sur un tertre, la *chapelle Saint-Nicolas* tombe en ruines.

La r. s'éloigne de la rivière et ondule en plaine. Celle-ci est limitée, au S., par la *chaine des Alpilles* et, à l'E., par des collines rocheuses; une côte (4'). On laisse successivement à g. deux ch. (**1.3**) dans la direction de Lagnes (1); légère montée terminée en côte (3').

Après le croisement (**1.6**) de la r. de L'Isle (5.5) à Apt (26), on franchit un ruisseau; à g., la vallée du *Coulon* s'ouvre largement entre les *Monts de Vaucluse* et le *Mont-Luberon*.

Parvenu à l'extrémité de l'avenue de platanes du hameau de Petit-Palais, au croisement (**2.7**) du ch. de Caumont (11) à Apt (26), tourner à dr.; puis, après avoir parcouru cinq cents m. sur ce ch., l'abandonner pour reprendre à g. celui de Cavaillon. On traverse le torrent du Coulon (petite montée: 1'), ensuite le passage à niveau de la *ligne d'Apt*, avant d'entrer dans **Cavaillon** (Ch.-l. de c. — 9.405 hab.), au pied du *Mont-Saint-Jacques*, par le *fs de Condamines*.

Arrivé aux boulevards qui entourent la ville d'une ceinture de verdure, suivre à g. le cours *Gambetta* et s'arrêter : soit à l'hôtel *Arnaud*, situé à g., au n° 12 (**5.4**), ou, un peu plus loin, à l'hôtel *Moderne*, aussi à g., sur la place *Gambetta*.

Visite de la ville de Cavaillon (environ 1/2 h.). — Sur la place *Gambetta*, prendre à dr. la rue *Gambetta* qui mène dans l'intérieur de la ville à la place *Castil-Blaze*. Ici, tourner à g. dans la rue *Saint-Étienne*. A la place du *Commerce*, continuer à dr. par la rue du même nom aboutissant à la place *Aux Herbes* où s'ouvre, encore à dr., la rue *Notre-Dame* qui débouche devant le chevet de l'**église Saint-Véran**.

Pénétrer dans l'église par le petit cloître, à g.; puis sortir de l'église par le grand portail, situé sur la place *Saint-Véran*. A g., le b[d] *Carnot* conduit à la place *François-Tourel*, où l'on voit à dr. les restes de deux arcades, débris d'un arc de triomphe romain.

Au delà des ruines de l'arc de triomphe, en prenant, dans l'angle droit de la place, un escalier puis un ch., en partie taillé dans le roc, on peut monter au sommet du **Mont-Saint-Jacques** (45', aller et retour), occupé par une petite chapelle en ruine; vue étendue sur Cavaillon, les plaines de la Haute-Provence, le cours de la Durance, la montagne de Luberon, à l'E., et la chaîne des Alpilles au S.

De la place François-Tourel, le cours *Bournissac*, à g., ensuite le cours de la *Charité*, ramènent à la place *Gambetta*.

DE CAVAILLON A SALON

2 ITINÉRAIRES

Itinéraire A. — Par La Chapelle-le-Plan-d'Orgon, Saint-Remy, Les Baux, Maussane, Mouriès, Le Mas-de-Payan, le carrefour de La Samatane et Le Merle.

Distance : **63** kil. *Côtes :* **1** h. **21** min.

Nota. — Cet itinéraire peut être fait en une étape, mais si l'on désire visiter tranquillement les ruines du plateau des Antiquités, près Saint-Remy, et les ruines des Baux, deux des principales curiosités de la Provence, il sera préférable de le scinder en couchant aux Baux, où l'on trouve une auberge modeste mais propre. Sur le parcours, la traversée de la chaîne des Alpilles présente une côte de quatre kil., suivie d'une descente rapide de même longueur. Après Mouriès on rencontre une autre côte d'un kil. Le reste de la route est plat.

Au départ de Cavaillon, à la place *Gambetta*, continuer par le cours de la *Charité*. Un peu plus loin, au tournant du cours, s'ouvre devant vous le fg de la *Tour-Neuve*, début de la r. de Tarascon, dans laquelle on s'engage. A g., se détachent l'avenue de la *Gare*, puis (**0.5**) le ch. du Cheval-Blanc (4.8); suivre à dr.

On traverse sur un pont suspendu (**1**) la *Durance*, dont le large lit est parsemé d'îlots et de bancs de sable; ensuite la r., plate, se déploie toute droite. On néglige à g. un premier ch. (**1.3**) vers Orgon, peu recommandable, puis un **second chemin** (**0.6**), vers la même localité, qu'il faudrait prendre si l'on se rendait directement de Cavaillon à Salon (*V.* page 38).

Plus loin, au hameau de La Chapelle-le-Plan-d'Orgon (**2**), on croise la voie ferrée ainsi que la r. nationale d'Avignon à Marseille, par Salon.

La r. de Tarascon, devant soi, longe la *ligne du ch. de fer régional*. A dr., s'étend une vaste plaine bien cultivée; à g., la *chaîne des Alpilles*, aux cimes arides et dentelées, se rapproche.

Successivement, on dépasse la gare de Mollèges-Eygalières (**4**), puis la halte de Saint-Didier (**2.2**). Après avoir franchi une branche (**6.1**) du petit *canal des Alpines*, on atteint le b^d^ *Mirabeau*, vis-à-vis une fontaine surmontée d'une pyramide, à l'entrée de **Saint-Remy** (**1.5** — Ch.-l. de c. — 5.976 hab.).

Ici, tourner à g. et monter (1') le b^d^ Mirabeau, prolongé par le b^d^ *Victor-Hugo*, où se trouve le *Grand-Hôtel de Provence* (**0.1**).

Visite de la ville de Saint-Remy (environ 1 h. 1/4 en comprenant l'excursion au *plateau des Antiquités*, qui demande 40 min.).

Dépassant le *Grand-Hôtel de Provence* on monte encore le b^d^ *Victor-Hugo*, pendant cinquante m., pour arriver à hauteur de la r. de Maussane, à g. (direction du *plateau des Antiquités*, *V.* ci-dessous), et de la rue *Thiers*, à dr., celle-ci précédée d'une arcade.

Pénétrer en ville, à dr., par la rue Thiers, qui conduit à la place *Jules-Pellissier*, où se trouvent le Marché et l'Hôtel de Ville. A g. de cette place, la rue *Lafayette* mène à la place de la *République*, occupée à dr. par l'église paroissiale.

De la place de la République regagner l'entrée de la rue *Thiers* et, ayant traversé le b^d^ *Victor-Hugo*, monter vis-à-vis la r. de Maussane, dite aussi avenue *Pasteur*.

Cette r., bordée de murs à son début, atteint, à douze cents m. de Saint-Remy, le petit **plateau des Antiquités**. Sur ce plateau, a dr. de la r., s'élevait autrefois la ville de *Glanum Livii*, dont les habitants vinrent au VIe s. fonder Saint-Remy. De l'antique cité il ne reste plus qu'un bel *arc de triomphe*, dont l'entablement est détruit, et un superbe *mausolée*, tous deux sur une sorte de plate-forme circulaire, dominant la fertile campagne d'oliviers, qui s'étend au pied des rochers chauves des Alpilles.

Au delà du *Grand-Hôtel de Provence*, le bd *Victor-Hugo* laisse successivement à g. la r. de Maussane (direction du plateau des Antiquités, *V.* page 31), puis l'avenue *Durand-Maillance*. On incline ensuite à dr. par le bd *Marceau* pour descendre à la place de la *République*.

Sur cette place, parvenu vis-à-vis le portique à colonnes de l'église, suivre la r. à g.; deux cents m. plus bas, arrivé, devant l'Hospice, au premier embranchement (**0.5**), on quittera la r. de Tarascon (10) pour s'engager sur le ch. à g.

Ce ch., entre des haies, traverse des champs de fleurs et atteint un croisement de r. à l'angle du café champêtre de La Massane (**3**). Ici, prendre à g. la r. des Baux qui se dirige vers la chaine aride et déchirée des Alpilles. Bientôt on pénètre dans un vallon sauvage où la montée s'accentue (Côte : 50'). La r., bordée de garde-fous en pierre, décrit plusieurs lacets pour gagner un col (**1.8**), près d'un passage ouvert dans le roc; à dr., belle vue sur le versant S. de la chaine et, au loin, sur la vaste *plaine de la Crau*.

Descente rapide en zigzags, au milieu d'un site étrange, formant un vaste cirque hérissé d'énormes roches parmi lesquelles s'entr'ouvrent de nombreuses carrières précédées de portails aux formes babyloniennes (Montée : 3'). On traverse plusieurs tranchées, taillées perpendiculairement à la scie; tandis qu'à g. la curieuse cité morte des Baux, dominée par les ruines d'un château, s'accroche au flanc de la montagne.

On quitte momentanément la r. de Maussane pour gravir à g. (**1.6**) les trois courts lacets (7') du ch. des Baux; puis, après avoir rejoint une autre r., moins recommandable, venant de Saint-Remy, on atteint les premières habitations des Baux, en passant entre une croix et les débris d'une demeure où subsiste encore une cheminée sculptée. Presque aussitôt, s'arrêter à dr. au modeste hôtel *Monte-Carlo* (**0.1**) où l'on peut coucher, au besoin.

C'est à l'hôtel *Monte-Carlo* qu'on s'enquerra du guide *Farnier* (indispensable) qui fait visiter les **ruines des Baux** (3 fr. ou 10 fr.). Le parcours abrégé des Baux demande environ 1 h. 1/2; le parcours complet, comprenant la *grotte des Fées*, le *val d'Enfer*, le *pavillon de la Reine Jeanne*, les deux *stèles romaines* et les *Portalets*, exige une journée entière. On se contente généralement de la visite abrégée, suffisante pour voir en détail les ruines de la ville et du château.

Le château appartenait au Xe s. aux seigneurs et barons des Baux, issus de l'une des familles féodales les plus anciennes et les plus puissantes de la Provence. La ville, qui renferma jusqu'à 4.000 habitants, prospérait au pied du château; mais celui-ci ayant été successivement démoli par ordre de Louis XI et de Louis XIII, la cité se dépeupla progressivement et, de sa splendeur passée, il ne subsista bientôt plus que des ruines, dont les quelques maisons, encore habitables, ont formé le village actuel des Baux, comptant à peine trois cents habitants. Le site et les ruines des Baux forment un tableau saisissant, unique dans son genre et à nul autre comparable.

Des Baux, on redescend les trois petits lacets qui ramènent (**0.4**) à la r. de Maussane sur laquelle on tourne à g. Celle-ci, moins rapide, à travers le *val de la Fontaine*, néglige plus bas, à dr. (**1.3**), le ch. de Paradou (2.8). La r., toujours à g., contourne le rocher des Baux et descend un vallon boisé, en longeant le parc du *château de Manville*; une montée (2').

Arrivé dans Maussane (**2.1**), on laissera devant soi la r. de Saint-Martin-de-Crau (9) pour tourner à g. dans la direction de Mouriès. A g., se détachent deux ch. : l'un vers Saint-Remy (9), l'autre vers Eyguières (19).

La r., se dirigeant vers le S.-E., traverse le bassin, compris entre la chaine des Alpilles, au N., et une ligne de collines, au S., où les champs de mûriers et d'oliviers sont entrecoupés de chainons rocheux.

Au delà de Mouriès (**6.3**), on gravit une côte d'un kil. (15'), en laissant à g. (**2**) un second ch. vers Eyguières (12.5). Au sommet de la rampe, la r. atteint le bord de la plaine et franchit le *canal de Craponne* près du *Mas de Payan* (**2**).

Après une étroite bande de paturages, complantée de peupliers, on pénètre aussitôt dans l'immense *plaine de la Crau*, véritable désert de pierres s'étendant sur une superficie d'environ deux cents kil. carrés, entre les Alpilles et la mer, du N. au S., et entre le Grand-Rhône et les étangs de Martigues, de l'O. à l'E.

Parvenu au **carrefour de La Samatane** (**3.5**), au croisement de la r. d'Arles (24.1) à Salon, qui traverse la Crau dans toute sa largeur de l'O. à l'E., on abandonnera le ch. d'Entressen (*V.* page 55), devant soi, pour continuer à g. vers Salon. De rares maisons isolées, quelques rideaux de maigres cyprès rompent seuls, par intervalles, la monotonie du paysage qui se déploie des deux côtés de cette route-piste absolument plate et droite.

Au hameau de Merle (**9**) on coupe le ch. d'Eyguières (6.3) à Miramas (6.9) et l'on franchit une nouvelle branche du *canal des Alpines* (Montée : 1'); à dr., l'enclos du *champ de courses* de Salon.

Peu à peu les cultures, les champs d'oliviers, les jardins, les vergers remplacent la désolation de la plaine: les habitations deviennent plus nombreuses. On franchit les deux passages à niveau de la *ligne d'Avignon à Marseille* (**5.5**) à l'entrée de **Salon** (Ch.-l. de c. — 10.936 hab.).

L'avenue de la *République* conduit à la place *Eugène-Pelletan* où l'on continue, devant soi, par le cours *Carnot*. Parvenu à hauteur de la porte de ville, à dr., surmontée d'une tour avec horloge (**0.8**), on trouve à g. l'hôtel de la *Poste*. Plus loin, le cours *Victor-Hugo*, prolongement du cours Carnot, mène, au delà d'une autre tour crénelée, laissée aussi à dr., à la petite place de l'*Hôtel-de-Ville* (**0.2** — Montée : 2'). A g. de cette place est situé le *Grand-Hôtel*, dépendance de l'hôtel de la Poste (*V.* page 39).

Itinéraire B. — Par Orgon, Senas et Lamanon.

Distance: **25** kil. **800** m. *Côtes:* **23** min.

Nota. — Route directe de Cavaillon à Salon, légèrement accidentée jusqu'à Orgon, ensuite à peu près plate sur tout le parcours.

De Cavaillon au second chemin d'Orgon (**3.4**), *V.* itin. A, page 33.

Le ch. d'Orgon s'élève (2' et 2') pour franchir un chaînon rocheux; puis après une descente, suivie d'une courte montée (1'), rejoint (**3.2**) la r. nationale d'Avignon (25) à Marseille. Ici, tourner à g.

Devant soi se dressent sur deux collines les ruines d'un château et la chapelle moderne de *Notre-Dame de Beauregard* qui dominent **Orgon** (**1.1** — Ch.-l. de c. — 2.616 hab. — Hôt. du *Nord*).

Au delà de cette localité, on croise la ligne du ch. de fer près d'un beau pont treillis métallique jeté au-dessus de la *Durance*, qui reparait un moment dans ces parages.

La r. plate, ombragée d'arbres, se déroule toute droite à travers une plaine fertile; à dr., de sauvages ravins, encerclés de rochers runiformes, creusent l'extrémité E. de la *chaîne des Alpilles*. A l'O., sur la rive dr. de la Durance, la *montagne de Luberon* borne l'horizon. On néglige à dr. (**2.7**) le ch. d'Eyguières (9) avant d'atteindre, sous l'abri d'un berceau de verdure, le village de Senas (**3.5** — Hôt. *Payan-Julien*).

Abandonnant devant soi la r. de Pont-Royal (9.7), continuer à dr. dans la direction de Salon. Successivement on traverse deux branches du *canal des Alpines*. A dr., de pittoresques monticules boisés s'élèvent au premier plan de la *montagne du Défends*; une côte (3').

A la croisée de La Frise (**5**), laissant à dr. le village de Lamanon, on coupe le ch. de Mallemort (7.7) à Eyguières (6.3) ainsi que la *ligne de Meyrargues*. La r. court au pied des *monts de Rouquerousse*, puis monte légèrement par une rampe d'un kil. (15'), au milieu des champs d'oliviers qu'arrose le *canal de Craponne*. Dépassé une fabrique de chaux (**1.2**), on descend insensiblement vers **Salon**.

Le b[d] *Ledru-Rollin*, à l'entrée de la ville, mène près d'un lavoir, où l'on continue par la rue d'*Avignon*. Celle-ci aboutit au cours *Carnot*, à l'angle de l'hôtel de la *Poste* (**2.7**), vis-à-vis la *tour* et la *porte de l'Horloge*.

Visite de la ville de Salon (environ 45 min.). — Si l'on s'est arrêté à l'hôtel de la *Poste*, on pénétrera à dr. dans la vieille ville en passant sous la *porte de l'Horloge*. De l'autre côté de la porte, l'étroite rue de l'*Horloge* laisse à g. une curieuse **Halle aux poissons** et atteint la petite place de la *Loge*. Ici, suivre à g. la rue du *Bourg-Neuf*, en bordure de l'antique **église Saint-Michel**, pour aboutir ainsi en dehors de la vieille ville, au delà de la tour crénelée, au cours *Victor-Hugo*. Sur ce cours, à dr., se trouve la place de l'*Hôtel-de-Ville*, ornée d'une fontaine monumentale avec la *statue d'Adam de Craponne*, le célèbre ingénieur qui a donné son nom au *canal* destiné à fertiliser la Crau.

Tournant à g. sur le cours Victor-Hugo, on le quittera presque aussitôt pour prendre, vis-à-vis et à dr., la rue *Saint-Laurent*. Celle-ci conduit à l'**église Saint-Laurent**, à l'extrémité de la ville neuve. A la sortie de l'église, suivre à g., à l'angle de la rue Saint-Laurent, la rue *Pontis*, prolongée par la rue d'*Avignon*, qui ramène à l'hôtel de la *Poste*.

Au centre de Salon, sur un rocher escarpé, s'élève l'ancien **château**, converti aujourd'hui en caserne.

Pour mémoire. — De Salon à Aix (**31** kil. **100** m.), par la gare de Lurian (**2.1**), Pélissanne (**3.5** — Hôt. de l'*Univers*), Saint-Cannat (**12**) et Aix (**16.5** — *V.* page 186).

La r. d'Aix se détache à g. de la r. directe de Marseille, immédiatement après le passage à niveau de la gare de Lurian. Elle passe à Pélissanne, bourg sur la rive dr. de la *Touloubre*, près du confluent du *Vabre de Boussourd*, et fait le tour de la ville en suivant le *cours* à g. Plus loin, remontant la rive g. de la Touloubre, on s'engage entre des collines; à g., apparaît Labarben, dont le château remarquable, flanqué de hautes tours, est bâti sur un rocher.

La r. franchit un canal, près du *château de Valmousse*, à g., puis la Touloubre, avant d'atteindre le village de Saint-Cannat, situé sur la r. d'Aix à Avignon.

De Saint-Cannat à Aix, *V.*, en sens inverse, d'*Aix à Cavaillon*, page 189.

DE SALON A MARSEILLE

Par Lauçon, La Tête-Noire (Rognac), Les Pennes, L'Assassin, Saint-Antoine, La Viste et Saint-Louis.

Distance : **50** kil. **100** m. *Côtes :* **2** h. **30** min.
Pavé : **1** h. **30** min.

Nota. — Itinéraire accidenté présentant cinq longues côtes, de deux à deux kil. et demi chacune, suivies de belles descentes. Six kil. de pavage précèdent Marseille.

Si l'on désire s'arrêter en cours de route pour déjeuner, on devra faire un petit détour au hameau de La Tête-Noire pour gagner le buffet de la gare de Rognac.

Le cycliste qui désire éviter les six derniers kil. pavés devra prendre le train à Saint-Antoine pour Marseille.

Au départ de l'hôtel de la *Poste*, monter vis-à-vis (2') le cours *Victor-Hugo*, et, ayant dépassé la place de l'*Hôtel-de-Ville*, continuer par le cours *Gimon;* on laisse à g. la place *Gambetta*, ornée du Monument élevé à la mémoire des combattants de 1870-71. Le bd *Craponne* mène ensuite à la sortie de la ville, limitée par une arcade qui supporte un canal d'irrigation; descente.

Après le passage à niveau de la *gare de Lurian* (**2.1**), négligeant à g. la r. d'Aix (*V.* page 39), on continuera à dr. la r. de Marseille, par Lançon.

Cette r. se déroule sur une plaine, entrecoupée de champs et de prairies, qu'arrose la *Touloubre* et que fertilise le *canal de Craponne*. Ce dernier est franchi un peu avant de gravir la montée (6') qui précède Lançon (**4.2**), bourg entouré de vieux remparts, sur une hauteur à g.

Longue côte de deux kil. et demi (30') pour escalader la petite chaine aride de l'*Eguille*. Après un étroit palier, planté d'oliviers, une belle descente, d'environ trois kil., offre une vue magnifique, au S., sur la vallée de l'*Arc* et l'*étang de Berre*. Au bas de la pente, on croise (**7.2**) la r. d'Aix (22) à Saint-Chamas (13.6); ensuite, roulant à plat à travers des plantations d'oliviers, on atteint l'embranchement, à g. (**1.8**), du ch. de La

Fare (1.8), un peu avant le *pont de La Fare* (**0.5**), jeté au-dessus de l'Arc. De l'autre coté de cette rivière, on attaque une nouvelle rampe de deux kil. (25'), tandis qu'à dr. se détache (**0.6**) un premier ch. vers Berre (6.2 — *V.* page 57), du faîte de la colline, la vue se porte : à g., sur un pays accidenté; à dr., sur la jolie baie de l'étang de Berre (*V.* page 56).

Descente rapide. Après un crochet assez aigu, on passe au-dessus du pont de la voie ferrée, à l'**intersection** (**3.7**) **de la route de Berre à Aix** (22.6). Au bas de la pente, dans la vallée, que ceignent des hauteurs agrestes, s'éloigne à g. (**1.2**) un premier ch. vers Rognac (2). Le second ch. qui conduit à cette localité se détache plus loin devant des bâtiments qui appartenaient jadis à l'importante auberge de la *Tête-Noire* (**0.7**), aujourd'hui disparue.

Le ch. de Rognac, à g., monte (8') et traverse le hameau des Perrauts, qui dépend de Rognac. Parvenu au premier croisement de r., devant une croix (**0.8**), abandonnant la direction du village de Rognac (0.4), on tourne à dr. pour se rendre à la *gare de Rognac* (**0.2**), où se trouve un modeste buffet.

De la gare, le ch. à g., en bordure de la ligne, rejoint la r. de Marseille (**2**), en évitant de repasser par Les Perrauts.

La r., qui longe le bord de l'étang, s'élève doucement et rejoint (**2.2**) le ch. qui vient de la gare de Rognac (2 — *V.* ci-dessus); à g., se dressent les escarpements rocheux de Vitrolles. A la bifurcation du Mouton (**1.1**), on néglige à dr. le ch. de Marignane.

Le ch. de Marignane descend longer des salines et gagne Marignane (**5.1** — ancien château). Ce village est situé sur la *Cadière*, à un kil. de l'*étang de Bolmon*, à dr., qu'une chaussée naturelle, dite le *Jaï*, sépare de l'étang de Berre. Au delà de Marignane, ayant rejoint (**3**) un ch. qui vient à g. du carrefour de l'Assassin (*V.* page 42), on infléchit brusquement à dr. pour passer au-dessous de Châteauneuf-les-Martigues (**2**), au pied des crêtes rocheuses de la *montagne de la Nerthe*.

Le ch. se rapproche de l'étang de Bolmon, à cinq cents m. à dr., puis de l'étang de Berre, qu'on côtoie à partir du hameau de La Mède (**4**). Près de là, les curieux *rochers des Trois-Frères* hérissent une pointe de terre avançant dans l'étang de Berre. Quatre kil. plus loin, on atteint **Martigues** (**4** — Ch.-l. de c. — 5.659 hab. — Hôt. du *Cours*).

Cette petite ville, qu'on a surnommée la Venise de la Provence, est composée de trois quartiers : Jonquières, l'Ile et Ferrières, communiquant entre eux par des ponts établis sur divers canaux. La situation étrange et si colorée de Martigues, inondée de lumière, attire en foule les artistes pendant la belle saison.

La r. passe sous le *viaduc de Baou* et monte plus durement pendant deux kil. et demi (3' et 30'); elle domine à dr. l'étang et des salines, puis, les perdant de vue, se dirige vers le S.-E. et descend au milieu d'une région au sol ingrat. A g., on aperçoit le rocher pittoresque couronné par la *tour de Vitrolles*; une côte (4').

Dépassé l'embranchement (**4.5**) du ch. de Vitrolles (3.6), on croise, au hameau du Griffon (**0.7**), la r. de Marignane (5.2) à Aix (21), puis l'on rencontre le hameau du Repos (**1.6**). Une nouvelle rampe, dont la dernière partie est accentuée (20'), mène à l'entrée du *tunnel des Pennes* (**2.2**), percé sous l'éperon du rocher qui supporte le village des Pennes, autrefois fortifié.

De l'autre côté du tunnel (50 m.), la r., inclinant à g. dans le village, prend le nom d'avenue *Victor-Hugo* et descend vers le pittoresque vallon du *Baumartin*; elle remonte (25') pour croiser, au *carrefour de l'Assassin* (**1**), la r. de Gardanne (13.4) à Port-de-Bouc (29), et gagner par des lacets assez durs, tracés au milieu de roches arides, le culmen (**2.2**) du passage de la *chaîne de l'Estaque*.

La r., qui descend ensuite presque continuellement, laisse à dr. (**0.8**) le ch. du village des Cadenaux (0.4), au sommet d'un monticule, et rejoint, au bourg industriel de Saint-Antoine (**3**), la r. d'Aix (19.8 — *V.* page 189) à Marseille. Cent m. plus bas, on croise le ch. de fer au passage à niveau voisin de la *gare de Saint-Antoine*.

Nota. — C'est à la gare de Saint-Antoine, située à g., à cent m. du passage à niveau, qu'on peut prendre le train pour Marseille (35 c., 20 c. et 15 c.; trajet en 22 min.; départs dans l'après-midi vers 5 h. 1/2 et 7 h.), si l'on veut éviter le long pavage des faubourgs.

De la gare de Marseille aux hôtels, *V.* page 53.

La r., sillonnée par la ligne des tramways, ne présente plus qu'un bas-côté plus ou moins mauvais ; belle vue à g. sur le *vallon des Aygalades*, que franchit le viaduc du ch. de fer, le paysage étant borné au N.-E. par une chaîne de hautes montagnes. Une légère rampe mène au village de La Viste (**1.2**) ; puis une mauvaise descente rapide (vue splendide sur Marseille, la mer et les îles) conduit à Saint-Louis (**1.4**), où commence le pavage (1 h. 1/2) de l'interminable faubourg de Marseille.

Après La Cabucelle (**1.5**), on suit l'avenue d'*Arenc* et le *Grand chemin d'Aix ;* ce dernier traverse la place *Marceau* et monte (5') à la place d'*Aix*, où l'on voit un arc de triomphe monumental. On descend ensuite la rue d'*Aix* qui mène à l'entrée du cours *Belsunce* (**1.1** — pour les hôtels, *V*. page 58).

Le cours Belsunce, planté d'arbres, atteint bientôt, vis-à-vis la courte avenue du cours *Saint-Louis*, l'intersection (**0.3**) des rues *Cannebière*, à dr., et *Noailles*, à g.

L'intersection de ces deux rues constitue le point central de **Marseille** d'où partent les principales lignes de tramways ainsi que les itinéraires pour visiter la ville (*V*. page 58).

D'AVIGNON A ARLES

Par Rognonas, Tarascon, Beaucaire, Tarascon et Montmajour.

Distance : **47** kil. **700**. *Côtes :* **4** min. *Pavé :* **19** min.

Nota. — Cette route, très roulante, pour ainsi dire absolument plate sur tout le parcours, traverse les belles plaines de la Provence.

D'Avignon à la route de Rognonas (**0.6** — Pavé : 8'), *V*. page 28.

La r. de Rognonas et de Tarascon, passe sous la ligne du ch. de fer et traverse le fg Saint-Ruf; bordée de platanes et de peupliers, elle se déroule ensuite à plat au milieu d'une grande plaine féconde, puis franchit la *Durance* (**3**) sur un beau pont suspendu, d'où l'on aperçoit, à dr., le pont en pierre de vingt-trois arches sur lequel passe la voie ferrée (Montée : 1').

On laisse à dr. (**1.2**) le ch. de Tarascon (20), par Barbentane (5), et l'on atteint, huit cents m. plus loin, l'entrée du village de Rognonas (**0.8**). Ici, la r. tourne brusquement à dr.; elle reprend la direction du S. à l'embranchement (**1.0**) d'un second ch. vers Barbentane (5.3) qu'on néglige à dr.

On longe, à une courte distance, le chaînon des coteaux rocheux de la *Montagnette*, à l'O., tandis qu'au S.-E. la chaîne des *Alpilles*, lointaine, dentelle l'horizon. Successivement, deux ch. se détachent à g. (**5.4**) vers le village de Graveson (0.8); puis la r., se rapprochant de la ligne du ch. de fer, dépasse la gare de Graveson (**1.4**). Cinq cents m. plus loin, on laisse à dr. (**0.5**) le ch. qui conduit, dans le massif de la Montagnette, à l'*abbaye de Frigolet* (2.5), celle-ci célèbre par le siège en règle qu'eurent à subir ses religieux, à l'époque de leur expulsion.

La r. ondule légèrement et les coteaux de la Montagnette s'abaissent au niveau de la plaine. Bientôt on découvre à dr. les grosses tours du château de Tarascon, qui apparaissent au-dessus des toits de la ville, et le donjon de Beaucaire, situé sur un rocher qui domine la rive dr. du Rhône.

On passe sous la voûte du ch. de fer et l'on rejoint (**7.5**) le ch. venant d'Avignon, par Barbentane (14). La r. infléchit à g. pour aboutir, devant l'ancienne *porte de la Condamine*, flanquée de deux tours, au boulevard extérieur de la ville de **Tarascon** (**0.3** — Ch.-l. de c. — 9,023 hab. — Café de *Paris* — Hôtel à Beaucaire — Spécialité : les *saucissons* dits *d'Arles*).

Si, ne s'arrêtant pas à Tarascon ni à Beaucaire, on désire continuer directement dans la direction d'Arles, on devra suivre le b^{d} à g. Celui-ci passe sous la ligne du ch. de fer et rejoint (**0.5**) la r. de Beaucaire à Orgon, devant le quartier de cavalerie. Cette r., à g., passe encore sous un autre pont du ch. de fer (**0.2**); de l'autre côté de la voûte, s'ouvre à dr. la r. d'Arles (*V.* page 47).

Devant la porte de la Condamine, suivre à dr. le bd *Ham*. Après avoir longé le *Jardin public*, à dr., le bd tourne à g. sur la place du *Château* et vient en bordure des fossés du Château.

Le château de Tarascon, un des plus complets spécimens de l'architecture militaire du moyen âge, était la résidence habituelle des comtes de Provence. Fondé à la fin du XIVe s. par le comte Louis II de Provence, roi de Sicile, il fut achevé par le bon roi René, le prince-artiste, dans la première moitié du XVe s. Aujourd'hui, le château sert de prison et ne peut être visité qu'avec une autorisation du préfet de Marseille.

Un peu au delà du château, la rue du *Château* rejoint l'extrémité de l'avenue de la *République*, où s'ouvre à dr. le beau pont suspendu à trois travées, long de 450 m., sur le *Rhône*, qui relie Tarascon à Beaucaire.

Traversant ce pont, ici exposé souvent à toute la furie du *mistral*, on atteint l'entrée de **Beaucaire**, petite ville jadis florissante (**1.5** — Ch.-l. de c. — 9.020 hab. — Café du *Glacier*).

En face du pont commence la r. de Nîmes (*V*. page 46), avec le quai, qui borde le *canal de Beaucaire à Aigues-Mortes*; s'arrêter presque aussitôt à dr. à l'hôtel du *Glacier*, situé au n° 36.

Visite de la ville de Beaucaire (environ 1 h. 1/2). — Sortant de l'hôtel, se diriger, à g. du pont suspendu, vers la belle terrasse, dite la *promenade de la Banquette*, qui longe le fleuve et qui offre une vue superbe sur Tarascon et son château. A l'extrémité de la Banquette, après une petite esplanade plantée d'arbres, un large escalier descend devant le **Casino**. Derrière le casino, servant de salle de théâtre, s'étend la place du *Champ de Foire*, vaste emplacement très ombragé sur lequel à lieu annuellement la fameuse *foire de Beaucaire*, aujourd'hui bien déchue, à laquelle la ville doit sa célébrité.

Au bas des escaliers, devant le casino, tournant à g., on passera sous la passerelle de la banquette et l'on continuera, vis-à-vis, par la rue *Victor-Hugo*. Celle-ci aboutit à la place de la *République* qu'il faut traverser pour prendre, en face, la rue de la République. A l'extrémité de cette rue, bordée de quelques anciennes demeures, jadis des hôtels particuliers ayant encore bonne allure, on passe sous une voûte et l'on arrive, cinquante m. plus loin, à la rue transversale du *Château*. Celle-ci, à dr., mène à la place voisine du

Château où s'ouvrent, à l'angle N.-E., derrière une grille, les escaliers qui conduisent dans l'enceinte des ruines importantes du **château de Beaucaire.**

Le château, bâti aux XIIIe et XIVe s. et démantelé par Richelieu, renferme, entre autres parties intéressantes, la *chapelle Saint-Louis* et le *donjon* (de la plate-forme, vue merveilleuse sur la vallée du Rhône, Tarascon et le Mont-Ventoux ; pour visiter, s'adresser au gardien ; pourboire).

Du château, on redescend à la place et à la rue du Château pour reprendre à g. la rue de la République. Dans cette rue, sitôt après la voûte, on tournera à dr., à hauteur du n° 10, dans la rue *Charlier*, précédée d'une arcade, qui mène à la place *Notre-Dame* où s'élève à dr. **l'église Notre-Dame.**

A la place Notre-Dame, tourner à g. dans la rue *Ledru-Rollin*, une des plus commerçantes de la ville, puis immédiatement à dr. dans la rue de l'*Hôtel-de-Ville* qu'on suivra dans toute sa longueur. Cette rue traverse la place de l'Hôtel-de-Ville, ensuite, ayant laissé à g. la rue *Eugène-Vigne*, passe, quelques m. plus loin, devant une courte rue au fond de laquelle on voit le portail de **l'église Saint-Paul.**

La rue de l'Hôtel-de-Ville aboutit au cours *Gambetta*, sur le quai du *Canal* ; ce quai, à g., ramène vers l'hôtel et le pont du Rhône.

Pour mémoire. — De Beaucaire à Nîmes (25 kil. 800 m.), par Jonquières (**8.5**), Saint-Vincent (**0.5**), Les Baraques de Carboussot (**4.8**), le pont de Cort-la-Coste (**6**) et Nîmes (**6** — *V.* page 24).

Cette r., à la sortie de Beaucaire, se détache à g. de la r. de Pont-Saint-Esprit, puis s'élève sur le versant du *rocher de la Caille* pour gagner le plateau faiblement ondulé de Jonquières. Parcours monotone jusqu'à Nîmes. On franchit le ruisseau de la *Vistre* au *pont de Cort-la-Coste*.

De Beaucaire, on revient à Tarascon en repassant le pont sur le Rhône. A l'extrémité du pont, on laisse à g. la rue du *Château*, par laquelle on est venu, et l'on prend à dr. l'avenue de la *République* pour traverser Tarascon.

Au début de l'avenue de la République, on aperçoit à g., sur la petite place *Sainte-Marthe*, **l'église Sainte-Marthe** qui mérite une visite ; elle renferme de nombreux et remarquables tableaux, plusieurs monuments et la *crypte*, où est exposé le second tombeau de Sainte-Marthe.

L'avenue de la République est prolongée par le cours *National*, promenade plantée d'arbres, à l'entrée duquel s'ouvre à g. la rue des *Halles*.

La rue des Halles, bordée plus loin par de pittoresques maisons à arcades, conduit à la rue du *Marché* où s'élève à g. un assez élégant Hôtel de Ville du XVII[e] s.

A l'extrémité du cours National, se trouve la place d'*Armes*, dont le fond, à dr., est occupé par l'Hôpital général. Ici, tourner à g. et suivre le b[d] *Victor-Hugo*. On passe devant la *porte Saint-Jean*, à g., surmontée d'une statue de la Vierge, en fonte dorée, puis, sous le viaduc du ch. de fer. A la sortie de Tarascon, dépassant le quartier de cavalerie, à dr., et négligeant le b[d] qui fait le tour de la ville, à g., on atteint, au delà d'une seconde voûte, la bifurcation (**1.7** de Beaucaire) des r. de Saint-Remy (14.2) et d'Arles.

La r. d'Arles, à dr., longe un moment la voie ferrée ; ensuite, à cent m. de la bifurcation, oblique à g., laissant s'éloigner à dr. le ch. d'Arles (15.5), par Lansac.

La chaussée, absolument plate, se déroule à travers la plaine et côtoie à g. le ruisseau dit la *Roubine Bagnolet*, dont les rives sont garnies de peupliers ; à g., se détache (**4.3**) la r. de Saint-Remy et de Fontvieille.

La r. de Saint-Remy, à g., ayant franchi la Roubine, puis le *canal du Vigueriat*, mène à la bifurcation (**0.2**) du ch. de Fontvieille. Ici, on peut laisser sa machine en garde au petit café-bar *Saint-Gabriel*, à dr., pour se rendre ensuite à pied à la **chapelle et à la tour de Saint-Gabriel**, peu éloignées.

Ayant suivi à dr. le ch. de Fontvieille pendant cent m., on trouve à g. (**0.1**) le sentier qui monte à la *chapelle de Saint-Gabriel*, classée parmi les monuments historiques (belle façade). Derrière la chapelle, un autre sentier conduit en quelques minutes à la *tour de Saint-Gabriel*, bâtie à l'extrémité O. de la *chaîne des Alpilles*.

Retour à la r. d'Arles (**0.3**).

La r. d'Arles continue excellente en plaine ; elle dépasse à dr. le *château de Viguié* (**3.5**), tandis que vers la g. se profilent, au sommet d'une colline isolée, les ruines romantiques de Montmajour (*V*. page 48). Après le passage à niveau de la *ligne d'Arles à Salon*

(5.1), on atteint l'embranchement (0.1) du ch. de Fontvieille, à g.

C'est par le ch. de Fontvieille qu'on se rend aux intéressantes ruines de **l'abbaye de Montmajour**. Ce ch. franchit le Vigueriat au *pont des Moines*; puis, ombragé de peupliers, traverse la *plaine de Trébon* pour atteindre le pied de la colline dont l'extrémité E. porte les ruines. Ayant contourné un moment cette colline, après une petite montée (3'), on arrive en vue du hameau de Montmajour; à dr., les ruines de l'abbaye touchent presque la r. (2.4). Pour visiter (40'), s'adresser au gardien (qui conduit et explique; pourboire), dont l'habitation est contiguë aux bâtiments.

L'abbaye de Montmajour, fondée, dit-on, par Saint-Césaire, date plus probablement de l'époque de Charlemagne et son rôle en Provence fut des plus considérables. Successivement, on visite les ruines de l'église, du cloître, de la crypte, aux vastes proportions, et enfin la curieuse chapelle souterraine de Saint-Pierre avec ses réduits taillés dans le roc. On monte ensuite sur le donjon, tour de défense construite en 1329 (panorama incomparable sur la plaine d'Arles).

Les bâtiments claustraux, au S. de l'abbaye, étaient en reconstruction lorsque survint la Révolution; abandonnés depuis, ils tombent également en ruines et menacent de s'écrouler.

A deux cents m. des ruines de l'abbaye, près du hameau de Montmajour, se trouve la *chapelle Sainte-Croix* (0.2), célèbre par son entourage de tombeaux, creusés dans le roc.

Retour à la r. d'Arles (2.6).

Au delà du ch. de Fontvieille, le clocher de l'église d'Arles apparait dans l'axe de la r. Celle-ci passe sous les deux voûtes de la ligne du ch. de fer (Pavé : 1'), et, prenant le nom d'avenue de *Montmajour*, atteint la place *Lamartine* à l'entrée d'**Arles**, jadis surnommée la *Rome gauloise* (2.1 — Ch.-l. d'arr. — 24.567 hab.— Café du *Forum et des Négociants*).

On pénètre en ville en franchissant la *porte de la Cavalerie*, percée entre deux tours. Un peu plus loin, la rue de la *Cavalerie* bifurque devant la *fontaine Amédée-Pichot*, beau monument décoré de peintures. Ici, suivre à dr. la rue *Amédée-Pichot* (Pavé : 10') qui débouche dans la rue du *Quatre-Septembre*. Celle-ci passe devant l'église Saint-Antoine, à dr., puis arrive à hauteur d'un marché couvert, situé à dr. au n° 60. A cet endroit, on tourne à g. dans la rue *Réattu*, ensuite aussitôt à dr. dans la rue des *Suisses*. Quelques m. plus loin, au carrefour qui se présente, on prend à g. la rue de l'*Hôtel-de-Ville* dans laquelle s'ouvre une première rue à dr., la rue des *Arènes*, qui mène sur la petite place du *Forum*, centre de la ville. Au fond de cette place, au S., sont situés les deux hôtels voisins du *Nord* et du *Forum* (**O.7**).

Visite de la ville d'Arles. — Une journée, partagée comme il est indiqué ci-dessous, suffit pour voir Arles, qui renferme de nombreuses curiosités.

Itinéraire de la matinée (environ 3 h.): A g. de l'hôtel du *Nord*, ayant remarqué les deux colonnes corinthiennes, encastrées dans la muraille, dernières traces, paraît-il, de l'ancien **forum**, on suivra à dr. la rue du *Palais*. Celle-ci aboutit sur la petite place du *Plan de la Cour*, devant un vieux bâtiment avec créneaux, occupé jadis par le **Palais de Justice**. Appuyant à g., on tournera ensuite à dr. dans la rue de l'*Hôtel-de-Ville* pour gagner la place de la *République*.

La place de la République, décorée d'un bassin surmonté d'un obélisque romain, est bornée : au N., par l'**Hôtel de Ville** ; à l'E., par l'**église Sainte-Trophime**, attenante à un magnifique cloître (porte et escalier d'accès à dr. du chœur, à côté de la sacristie ; pourboire au gardien) ; et, à l'O., par le **Musée lapidaire** (très intéressant ; ouvert au public tous les jours, de 9 h. à 5 h.).

Au S. de la place de la République, prendre à dr. la rue de la *République*, la mieux alignée de la ville. Dans cette rue se trouve installé à dr., dans l'ancien bâtiment du *palais de Laval*, le **Museon Arlaten**, très curieux musée ethnographique régional (public le dimanche, de 2 h. à 4 h ; les autres jours, de 9 h. à 5 h., en s'adressant au concierge ; entrée, 50 c. par visiteur isolé, 25 c. par groupe de deux ou de plusieurs personnes). Plus loin, la rue de la République passe devant un portail encadré de deux colonnes torses, à g., au n° 42, puis gagne la petite place d'*Antonelle*, à g.

Sur la place d'Antonelle s'ouvre à g. la rue de la *Poissonnerie*, prolongée, au delà du Marché au poisson, laissé à dr., par la rue des *Porcelets* et par la rue de la *Roquette*. Dans la rue de la Roquette, à l'angle de la maison portant le n° 35, la rue *Saint-Césaire*, à g., conduit à la place et à l'église Saint-Césaire, cette dernière sans grand intérêt.

Au delà de la place d'Antonelle, la rue de la République prend le nom de rue du *Pont* et mène au *pont de Trinquetaille*, sur le

Rhône (*V.* page 52). Ne pas continuer dans cette direction mais prendre, à dr. de la place d'Antonelle, la rue *Jouvène*. Après la placette de ce nom, la rue de la *Liberté*, à g., ramène à la place du *Forum*.

Itinéraire de l'après-midi (environ 3 h.): Sortant de l'hôtel, suivre la rue des *Arènes*, à dr., à l'angle N.-E. de la place du *Forum*. Cette rue, qui croise la rue de l'*Hôtel-de-Ville*, ensuite plusieurs voies transversales dont on ne s'occupera pas, conduit directement au *Rond-point des Arènes* où s'élève l'imposant édifice des **Arènes** ou de l'amphithéâtre. L'entrée des Arènes se trouve à g. (entrée libre, pourboire au gardien. — De la plate-forme de la plus haute tour, élevée à l'O., au-dessus des gradins, on découvre un panorama général d'Arles et de ses environs).

Des Arènes, revenant vers la rue des *Arènes*, par laquelle on est arrivé, on dépassera cette rue pour prendre un peu plus loin sur le rond-point, devant le portail de la *chapelle des Pénitents gris*, la rue des *Cordeliers*, à dr. On suit cette rue jusqu'à une petite place, plantée de quatre platanes, où l'on tourne à g. dans la rue de la *Bastille*. Cette dernière aboutit à la rue de la *Calade*; ici, tournant à dr., puis aussitôt à g. dans la rue du *Cloître*, on aura une vue d'ensemble des ruines du **Théâtre antique**, situées en contrebas à g.

Du théâtre antique on regagnera le rond-point des Arènes, où, tournant à dr., on longera à g. toute la partie extérieure S. de l'amphithéâtre pour atteindre une place, a dr., avec quelques arbres, au fond de laquelle s'élève **l'église de Notre-Dame-la-Major**.

A g. du portail de cette église, la ruelle de la *Roque*, avec degrés taillés dans le roc, descend à la rue de la *Porte Agnel*, qui, à dr., aboutit presque aussitôt au b[d] des *Aliscamps*. Tournant à dr. sur ce b[d] on passe entre le cimetière, à g., et les vestiges des anciens remparts romains, étagés sur les vives arêtes du rocher, à dr.

Plus loin, le b[d] des Aliscamps croise la large avenue *Victor-Hugo*, bordée d'une double rangée d'arbres, puis descend très ombragé. Au bas de la pente, ayant franchi le *canal de Craponne*, on remonte à g. l'*allée des Tombeaux* qui traverse les **Aliscamps**, les Champs-Elysées de l'Arles romaine. Après le passage à niveau de la *ligne de Port Saint-Louis*, l'allée, à l'abri de peupliers séculaires, s'étend entre une longue série d'antiques sarcophages en pierre. Successivement on rencontre : à g., la *chapelle de Saint-Accurse*, puis un pavillon moderne de style roman, logis du concierge; ensuite, à dr., le *tombeau des consuls*, morts de la peste en 1720. D'autres tombes, closes de leurs couvercles de granit, se succèdent à dr. et à g. Dépassé la *chapelle funéraire des Porcelets*, à g., on atteint les *ruines de l'église Saint-Honorat* (pour visiter, s'adresser au gardien; pourboire) qui terminent la curieuse et poétique allée des Tombeaux.

Des Aliscamps revenir sur ses pas et, arrivé au croisement de l'avenue *Victor-Hugo*, descendre à g. cette avenue. On longe : à g., une vaste caserne d'infanterie; plus loin, à dr., le *Jardin public*. L'avenue se prolonge par l'esplanade du *Marché-Neuf*, qu'animent de nombreux cafés, et par la promenade de la *Lice;* sur cette dernière, on voit : à dr., le Théâtre, puis à g., au n° 65, les ruines de l'église des Carmes. Le b^d de la Lice aboutit au bord du *Rhône* sur le quai de la *Roquette*, à l'angle duquel se trouvent une tour en ruine et quelques traces des anciens remparts.

Suivant le quai à dr., dont un étroit trottoir, surélevé de quelques marches, à g., permet de jouir de la vue du fleuve, tout en évitant le pavage pointu de la chaussée, on passera plus loin sous la voûte du pont qui relie Arles au faubourg sans intérêt de Trinquetaille, sur la rive dr. du fleuve. Au delà de la voûte, le quai de la *Gare* longe quelques restes des antiques murailles et dépasse successivement les églises ruinées de Saint-Martin et des Dominicains, un peu en retrait à dr.

Plus loin, abandonnant momentanément le quai, on s'engagera à dr. dans la ruelle du *Grand-Prieuré* qui traverse une petite place où subsiste à dr. une minime partie restaurée du **Palais de la Trouille**, bâti pour l'empereur Constantin.

Laissant la rue de la *Trouille*, à dr., on continue par la rue du Grand-Prieuré dans laquelle on rencontre, à g. au n° 10, le **Musée Réattu** (galerie de peinture ouverte au public le dimanche, de 2 h. à 4 h.; les autres jours, s'adresser au concierge, pourboire).

A la sortie du Musée, tourner à g. dans la rue *Dieudonné* et, par la rue de *Grille*, encore à g., on regagne la quai de la Gare qu'on suit à dr. Parvenu à l'extrémité d'une petite place en contre-bas, à dr., on aperçoit quelques traces, à peine perceptibles, de l'ancien pont romain, qui se répètent sur la rive opposée.

Le quai longe encore des vestiges de remparts, puis atteint, en vue du pont métallique de la *ligne de Lunel*, la barrière du *Jardin de la Cavalerie*. Ici, traversant ce jardin, à dr., on se trouvera sur la place *Lamartine*, devant l'entrée de la *porte de la Cavalerie*, à dr.

De la porte de la Cavalerie à l'hôtel, suivre l'itin. indiqué à la p. 48.

Les rues tortueuses d'Arles présentent quantité d'anciens hôtels particuliers, de vieilles maisons, d'antiques églises désaffectées qui intéresseront le promeneur.

Excursion recommandée au départ d'Arles. — Les Saintes-Maries-de-la-Mer (38 kil. 700 m. d'Arles).

Cette excursion fait visiter la **Camargue**, immense plaine marécageuse, empreinte d'un étrange caractère sauvage et pittoresque, comprise au S. dans le vaste delta du Rhône, entre les deux bras du *Grand* et du *Petit-Rhône* qui se divisent au N. à la fourche d'Arles.

Certaines parties de la Camargue, aujourd'hui amendées, offrent quelques grandes prairies et des vignobles ; tandis que tout le reste de la région, demeuré inculte, sert de vastes champs de pâturages a de nombreux troupeaux de moutons, à des bandes libres de chevaux blancs, issus de ceux qu'y laissèrent dit-on les Sarrasins, enfin à des manades de taureaux sauvages, destinés aux courses.

Le bourg des Saintes-Maries-de-la-Mer, un des plus importants de la Camargue, possède une église fortifiée, très intéressante, qui renferme les reliques vénérées des Saintes-Maries Jacobé, sœur de la Sainte-Vierge, et Salomé venues de Terre Sainte avec Sara, leur servante noire (pèlerinage très curieux le 24 et le 25 mai).

Le retour à Arles peut s'effectuer par le ch. de fer de la *ligne de la Camargue* (prix : 3 fr. 90 ou 2 fr. 35 ; trajet en 1 h. 25 min.).

Itinéraire : Au départ de l'hôtel, suivre la rue de la *Liberté*, à g., à l'angle N.-O. de la place du *Forum* (Pavé : 4'). La rue de la Liberté infléchit à g. pour gagner la place *Jouvène*. Traversant cette place, on continue par la rue Jouvène qui aboutit à la rue du *Pont*. Ici, tourner à dr. pour franchir le *Rhône* sur le *pont de Trinquetaille* reliant Arles au faubourg de Trinquetaille.

De l'autre côté du pont, au bas de la rampe, on laisse à dr. la r. de Nîmes (*V.* page 53) et l'on continue devant soi par celle d'Albaron et des Saintes-Maries, en négligeant à g. deux avenues dans la direction de la *gare maritime*.

Après deux ponts sous la voie ferrée, la r. de la Camargue, absolument plate, mais parfois médiocre, court dans la vaste plaine. Après le *champ de courses de Meyran*, laissé à g. (**7.5**), on franchit des roubines et le *canal du Pont-de-Rousty* (**3.3**). Au delà des marais du Pont-de-Rousty, on aperçoit : à dr., quelques collines lointaines et, à g., des vignobles ou la plaine triste. A mesure qu'on avance, les collines disparaissent et des deux côtés se montrent d'autres marais à sec ou des bruyères tapissant des pâtis incultes.

Au hameau d'Albaron (**5**), à l'embranchement du ch. de Saint-Gilles, on rejoint la rive du *Petit-Rhône*. La r. traverse des friches et passe aux Bruns (**4.7**), fermes disséminées entre des rideaux d'arbres, au milieu de quelques vignobles ; puis, après avoir décrit plusieurs coudes, elle se rapproche de la voie ferrée qu'on longe bientôt, en laissant à dr. (**5.2**) l'avenue qui conduit au *château d'Avignon*, un des plus beaux domaines de la Camargue.

Dépassé la halte de Balarin-Duroure (**1**), on continue en bordure de la ligne jusqu'à la halte suivante de Pioch-Badet (**3**) où l'on franchit la voie. Cinq cents m. plus loin, la r. bifurque : la branche de dr., qu'il faut suivre, circule au milieu de marais à moitié desséchés, puis traverse de nouveau le ch. de fer près de la halte de Maguelonne-le-Sauvage (5). On longe encore la voie, à g., et l'*Etang des Launes*, à dr. ; enfin, les Saintes-Maries apparaissent, vis-à-vis, avec l'église dominant toute la contrée, tandis qu'au loin la mer borne l'horizon.

En arrivant aux Saintes-Maries-de-la-Mer (4 — Ch.-l. de c. — 1.446 hab. — Hôt. de la *Poste*), on passe devant la *Gendarmerie ;* puis la r., obliquant à g., pénètre dans le village par la rue principale, très étroite et pavée.

La deuxième ruelle à dr. conduit à la place où s'élève **l'église**, véritable forteresse, qui renferme les tombeaux et les reliques des Saintes-Maries (pour visiter, s'adresser au sacristain ; pourboire. Après avoir vu les trois chapelles superposées, ne pas manquer de monter à la tour).

La rue principale du bourg aboutit à une rue transversale ; celle-ci, à dr., mène à l'Hôtel de Ville, situé à côté de l'hôtel et du café de la *Poste* (bouillabaisse renommée) ; tandis qu'à g. on va à la plage (cabines de bains et barques de pêche).

Sur la plage, suivant à dr. la petite digue, composée d'une suite de cubes en maçonnerie, on longe le rivage au pied d'une dune basse ; parvenu près d'un poste de douaniers, on tourne à dr. pour regagner les Saintes-Maries.

Pour mémoire. — D'Arles à Nîmes (30 kil. 500 m.), par Trinquetaille (**1**), Fourques (**2**), Bellegarde (**12**), Bouillargues (**8**) et Nîmes (**7.5** — *V.* page 24).

D'Arles à l'entrée de la r. de Nîmes, dans Trinquetaille, *V. excursion aux Saintes-Maries-de-la-Mer*, page 52.

La r. de Nîmes, à dr., franchit le *Petit-Rhône* en deçà de Fourques, village situé à la fourche du Rhône, où le fleuve se divise en deux bras, le *Grand* et le *Petit-Rhône*, pour former au S. le delta de la Camargue (*V.* page 51). La chaussée se déroule ensuite à travers une plaine uniforme et s'écarte bientôt du Petit-Rhône ; elle traverse le *canal d'Aigues-Mortes à Beaucaire*, un kil. avant d'atteindre le pied de la colline abrupte de Bellegarde.

De Bellegarde à Nîmes, trajet sans intérêt, faiblement ondulé.

D'ARLES A SAINT-CHAMAS

Par Saint-Martin-de-Crau, le carrefour de La Samatane, Calameau et Miramas.

Distance : **40** kil. **700** m. *Côtes :* **7** min. *Pavé :* **4** min.

Nota. — Cet itinéraire, à peu près plat sur tout le parcours, traverse la plaine de la Crau, dans sa plus grande largeur.

Si l'on veut déjeuner en cours de route, on fera bien d'emporter des provisions car on ne trouve aucun hôtel avant Miramas.

Au départ de l'hôtel, suivre à dr. la rue du *Palais* (Pavé : 4'), puis tourner à g. sur la place du *Plan-de-la-Cour;* ensuite prendre à dr. la rue de l'*Hôtel-de-Ville*, qui traverse la place de la *République*, pour aboutir à l'esplanade du *Marché-Neuf*. Ici, monter à g. la légère rampe de l'avenue *Victor-Hugo*, début de la r. de Salon.

Après le pont sur la *ligne de Marseille*, on descend un peu. La r. longe à dr. l'ancien *pont de Crau*, au-dessus duquel un aqueduc conduit les eaux du *canal de Craponne* au Rhône. Dépassé la minoterie de Saint-Victor (**3**), une côte (5'). La chaussée, telle une avenue, sous une voûte de feuillage, continue au milieu des prairies et des vergers, laissant à dr. et à g. diverses habitations, espacées, s'agglomérant aux hameaux de Balarin (**3.6**), de Raphèle (**2.2**) et de Saint-Hippolyte (**2.3**).

Au delà de la *borne 68*, on entre sans transition dans la vaste et inculte *plaine de la Crau*, traversée en ligne droite par la r. Au village de Saint-Martin-de-Crau (**5.4** — Café du *Commerce*), dans une oasis, on retrouve quelques prairies artificielles, complantées de mûriers et de platanes. Ensuite la r., croisant, à la sortie de la localité, le ch. de Maussane (9) au Mas-Thibet (10), et, négligeant à g. le ch. de Mouriès (9.2), se poursuit à travers la plaine infinie, désert rocailleux que borne au N. la *chaîne des Alpilles*.

Arrivé au *carrefour de La Samatane* (**8.5**), au croisement du ch. de Mouriès à Entressen, on quittera la r. de Salon pour prendre à dr. le ch. d'Entressen.

Nota. — Du carrefour de La Samatane à Marseille, par Salon, *V.* page 37.

Le ch. d'Entressen se dirige vers le S.-E. de la plaine et atteint, dix-huit cents m. avant Entressen, au lieu dit *Calameau* (**1.3**), entouré d'un peu de verdure, l'embranchement du ch. de Saint-Chamas. Prenant ce ch. à g., on traverse de nouvelles landes; puis, ayant franchi le passage à niveau de la *ligne de Miramas à Orgon* (**1.9**), on gagne Constantine, village récent, appelé aussi Miramas-Gare, sur la lisière de la Crau (**1.5** — Hôt. de *Miramas; Jauffret*).

Le ch. débouche sur la r. de Salon (11.4) à Istres (8.4); ici, on tourne à dr. pour franchir le passage à niveau de la *ligne de Marseille*, ensuite, cent m. plus loin, on abandonne la r. d'Istres et l'on s'engage à g. sur le ch. de Saint-Chamas.

La contrée, qui a subitement changé d'aspect, devient accidentée et pittoresque. On descend, sous la chevelure verte des arbres, dans un gracieux vallon où croise (**1.9**) le ch. de Grans (6.2) à Istres (9.3); à dr., l'ancien bourg féodal de Miramas apparait sur un rocher à pic, que dominent d'imposantes ruines.

La r. monte (2') pour passer sous l'aqueduc courbe de l'une des nombreuses branches du *canal des Alpines*; puis, laissant encore à dr. un ch. vers Istres (8.3), descend jusqu'à l'entrée du bourg de **Saint-Chamas** (**2.6** — 2.237 hab.), où se détache à g. un autre ch. vers Salon (13.5) et Grans (8.5).

Dans Saint-Chamas, la rue *Hoche* traverse la place de la *Mairie* et se prolonge par la rue *Voltaire*. Dépassé la place de l'*Eglise*, on trouve à dr. l'hôtel *Bosio* (**0.5** — Café de *France* — Petit port sur l'étang de Berre. Poudrerie nationale importante).

DE SAINT-CHAMAS A MARSEILLE

Par Le Canet, Mauran, Saint-Estève, Berre, La Tête-Noire (Rognac), Les Pennes, L'Assassin, Saint-Antoine, La Viste et Saint-Louis.

Distance : **18** kil. **500** m. *Côtes :* **1** h. **41** min.
Pavé : **1** h. **30** min.

Nota. — Cette route, agréable, est à peu près plate jusqu'à La Tête-Noire; elle s'accidente ensuite et présente trois côtes, chacune longue de deux kil. environ.

Si l'on désire s'arrêter, en cours du trajet, pour déjeuner, on devra, au hameau de La Tête-Noire, faire le détour indiqué à la page 41, permettant de gagner le buffet de la gare de Rognac.

Six kil. de pavage précèdent Marseille; on peut les éviter en prenant le train à Saint-Antoine (*V.* page 42).

Au delà de l'hôtel *Bosio*, la r. s'élève par une légère rampe, faisable, sur un plateau aride, que plaquent de grandes surfaces rocheuses, au milieu desquelles la *Touloubre* s'est frayé un étroit et assez profond passage. On franchit cette rivière au *pont Flavien* (**1.1**), bel édifice romain dont chacune des extrémités est décorée d'un arc de triomphe corinthien.

Immédiatement de l'autre côté du pont, laissant à g. le ch. de Cornillon (4.9) et de Lançon (9.5), on continue à dr. par la r. d'Aix; à g., remarquer le beau pont viaduc du ch. de fer composé de quarante-neuf arches, élégamment entrecroisées.

Après la montée, la r. descend à travers des champs d'oliviers, puis vient côtoyer pendant deux kil. et demi l'**étang de Berre**, véritable mer intérieure (22 kil. de long sur 6 à 14 kil. de larg.; 72 kil. de tour), séparée de la Méditerranée, au S., par le *chaînon de l'Estaque.*

On s'éloigne ensuite un peu du rivage pour atteindre (deux courtes montées : 4' et 2') l'embranchement du Canet (**5.6**). Ici, quittant la r. d'Aix (29), par La Fare (8), on prendra à dr. le ch. de Berre. Celui-ci descend et ramène au bord de l'étang, qu'on longe encore un moment (Raidillon : 2'), tandis qu'à g. s'étale une large plaine marécageuse, bornée au N. par une ceinture éloignée de monts crayeux et arides. On s'écarte de nouveau de la rive, alors que les cultures et les plants d'oliviers reparaissent aux environs du hameau de Mauran (**3.3**).

Plus loin, parvenu au poteau de Saint-Estève (**2**), autre hameau laissé sur la g., on devra faire attention à ne pas se laisser entraîner dans la direction de Lançon, devant soi, mais à prendre à dr. le ch. qui traverse la plaine au S. On franchit l'*Arc*; ensuite, dépassant le ch. des Paluds (6), à dr., quelques m. plus loin, au delà du cimetière de Berre, on rejoint (**3.2**) la r. d'Aix (26.2) à Berre.

A dr., à cinq cents m., se trouve le gros village de **Berre** (Ch.-l. de c. — 1.570 hab.), jadis fortifié, bâti dans une jolie situation sur l'étang de Berre. La localité offre peu d'intérêt et peu de ressources. Cependant si l'on tenait à voir de plus près l'étang, on prendra à g., à l'entrée du bourg (percé de ruelles mal entretenues), le b[d] *Victor-Hugo*. Ce b[d] contourne Berre et conduit au bord de l'étang, d'où l'on a une vue ravissante. Après un petit port, le quai cesse et il n'existe plus qu'un mauvais ch., à travers des marais salants, qui mène à l'*usine de la pointe de Berre*, piquée d'une haute cheminée.

Retour à la r. d'Aix (**2.2**).

Tournant à g. sur la r. d'Aix, deux cents m. plus loin, on néglige à g. la r. de Salon (21.8) et l'on continue à dr. par celle d'Aix. Celle-ci remonte la plaine vers le N.-E. et passe devant le *château Bruni*, composé de trois bâtiments modernes, en retrait de deux anciennes tours décapitées (**2.1**). Après deux petites côtes (3' et 3' — belle vue à l'E. sur le chaînon de Vitrolles que domine un donjon transformé en chapelle), on rejoint (**1.2**) la r. de Salon à Marseille, à l'intersection de la r. de Berre à Aix.

D'ici à **Marseille** (**29.7** — Côtes : 1 h.27' — Pavé : 1 h. 1/2), *V.* page 41.

VILLE DE MARSEILLE

Marseille, deuxième ville de la France, chef-lieu du département des Bouches-du-Rhône, compte 442.939 habitants.

Hôtels recommandés : — Hôtel du *Louvre et de la Paix* (1er ordre), 3, rue *Noailles* ; des *Phocéens* ; 4 et 6, rue *Thubaneau* ; des *Négociants*, 33, cours *Belsunce* ; de *Provence*, 12, cours *Belsunce* (ces deux derniers, plus simples) ; de *Paris* (seulement meublé), 15, rue *Colbert*.

Restaurants : — *Bodoul* (1er ordre), 18, rue *Saint-Ferréol* ; *Palace-Hôtel et restaurant de la Réserve* (*Roubion*, 1er ordre), *chemin de la Corniche* ; des *Phocéens* ; des *Négociants* ; de *Provence* (*V.* ci-dessus : Hôtels) ; *Pascal*, 27, place *Thiers*.

Cafés : — *Riche ; Taverne Universelle ;* de l'*Univers ; Grand-café Glacier ;* tous quatre situés sur la *Cannebière*.

Spécialités : — La *bouillabaisse*, ou soupe de poisson très renommée ; coquillages et poissons divers.

Arrivée à Marseille. — Le cycliste, arrivant par le chemin de fer, se rend au cours *Belsunce*, dans le voisinage des hôtels recommandés (**1** — à pied : 15'), en suivant l'itinéraire ci-dessous :

Si l'on prend sa machine sous le bras, devant l'esplanade de la gare, un escalier pour piétons descend à la petite place *Bernard du Bois*, en contre-bas, où commence vis-à-vis la rue des *Petites-Maries* (*V.* ci-dessous) ; autrement, en sortant de la gare, tourner à dr. sur l'esplanade, puis, à l'extrémité du bâtiment de la gare, descendre à g. le bd de la *Paix*. Arrivé à la petite place *Bernard du Bois*, prendre la rue des *Petites-Maries*, la deuxième à dr., qui conduit par une pente rapide à la rue des *Dominicaines*. Suivre celle-ci à dr. jusqu'à la rue d'*Aix*, où l'on tourne à g. pour gagner le cours *Belsunce*, planté d'arbres.

Visite de la ville de Marseille. — On peut facilement voir Marseille en deux journées. Le premier jour sera entièrement consacré au parcours de la ville. Dans la matinée du second jour, on se rendra au château Borély et l'on déjeunera soit au Roucas-Blanc, soit au Palace-Hôtel, sur le chemin de la Corniche ; dans l'après-midi, on ira visiter le château d'If.

Première journée. — *Itinéraire de la matinée* (environ 3 h.) : A l'extrémité S. du cours *Belsunce*, descendre à dr. la rue *Cannebière*; celle-ci passe plus bas entre la **Bourse**, à dr., et le *square de la Bourse*, à g., laissant aussi de ce côté la rue *Beauvau* qui conduit à la place où s'élève le **Grand-Théâtre**.

Parvenu au quai de la *Fraternité*, vis-à-vis le **bassin du Vieux-Port**, on incline à dr. vers **l'église Saint-Férréol**, pour monter la large rue de la *République*. Au milieu de son parcours, cette rue rencontre la place *Sadi-Carnot* d'où l'on aperçoit : à dr., **l'église de N.-D. du Mont-Carmel**, dominant la rue *Méry*, et, à g., des escaliers par lesquels on descendra plus tard.

A l'extrémité de la rue de la République, tourner à g. sur la place de la *Joliette* et, ayant traversé le quai du *Lazaret*, près du grand bâtiment de l'**Hôtel des Docks**, on continuera vis-à-vis par la rue, bordée d'entrepôts, dite la *Traverse de la Joliette*. Au bout de la traverse on franchit sur un pont tournant le canal, qui relie le bassin du Lazaret au bassin de la Joliette, et l'on se trouve en face de la muraille crénelée et à machicoulis du **Môle**. Se dirigeant un peu à g. on monte sur la plate-forme du môle par un escalier voûté, taillé dans la muraille.

Suivre à g. le ch. de la plate-forme, défendu par d'énormes blocs de pierres agglomérées. Du môle, se déroule un magnifique panorama : à dr., la mer et les îles; à g., Marseille et ses bassins, ceux-ci dominés par le terre-plein sur lequel s'élève la Nouvelle Cathédrale, appelée la Major ou Sainte-Marie-Majeure.

On descend du môle, en face de la cathédrale, pour franchir en canot (10 c.), près du petit édifice pentagonal de la Patache, la passe du **bassin de la Joliette**. Sur l'autre bord, se diriger à dr., et traverser un nouveau pont tournant qui donne accès au quai de la *Tourette*. Suivre un moment ce quai, à g., puis monter à dr. à la terrasse de la cathédrale par un escalier monumental.

Sur la terrasse, d'où l'on jouit d'une vue magnifique, longer à dr. la grille de la basilique et, parvenu devant la façade, pénétrer dans la **Cathédrale**, une des plus vastes et des plus somptueuses qui aient été bâties en France depuis le moyen âge (fermée de midi à 3 h.; s'adresser au gardien; entrée 25 c. A l'intérieur, pour visiter la crypte, les tribunes, les galeries et l'ancienne cathédrale, s'adresser au sacristain; gratification).

On se rend de la nouvelle cathédrale à l'ancienne (qui doit être démolie) par le couloir intérieur de la sacristie, qui relie les deux églises.

A la sortie de la cathédrale, laissant à g. la place de la *Major*, avec la *statue de Mgr de Belsunce*, on gravira vis-à-vis la rampe appelée l'*Esplanade de la Tourette;* vue superbe sur le canal de jonction des deux ports, le fort Saint-Jean et, au delà, sur le fort Saint-Nicolas, les collines du Pharo et de N.-D. de la Garde.

Dépassé la place et l'église *Saint-Laurent*, on descend de l'esplanade par la rue *Fontaine-Rouvie*, et un petit escalier; ce dernier aboutit au quai du *Port*, devant les bâtiments de la Consigne ou Santé (bureaux de l'Intendance sanitaire, de la Quarantaine et du Port).

Suivant à g. le quai du Port, en bordure du Vieux-Port, on remarquera les étroites et sordides ruelles perpendiculaires au quai. Ce quartier, qui forme un véritable ghetto, dans lequel il est peu prudent de s'aventurer, est le coin le plus pittoresque du vieux Marseille, comme couleur locale.

Cependant, plus loin, parvenu à hauteur de l'**Hôtel de Ville**, on pourra prendre à g. la rue de la *Prison* (au n° 15, la Maison Diamantée, ancienne demeure dont toutes les pierres de la façade sont taillées à facettes); cette rue mène à la place *Daviel*, où s'élève l'édifice da la Direction de l'Octroi.

A g. de la place, la rue *Caisserie*, puis, aussitôt à dr., la montée des *Accoules*, conduisent au pied du clocher gothique de l'antique église disparue des Accoules, au centre de la vieille ville.

Passant à dr. devant la Direction de l'Octroi, on gravira aussitôt à g. la montée du *Saint-Esprit*, le long du jardin de l'Hôtel-Dieu. Au sommet de la montée, la rue des *Cartiers*, ensuite, à dr., la rue des *Belles-Ecuelles* mènent au début de l'escalier qui descend à la place *Sadi-Carnot*.

Traverser cette place et suivre en face la rue *Colbert* qui, au delà de l'Hôtel des Postes et Télégraphes, ramène à l'entrée N. du cours *Belsunce*.

Itinéraire de l'après-midi (environ 6 h., la visite du Musée des Beaux-Arts non comprise) : A l'extrémité S. du cours *Belsunce*, monter à g. la rue *Noailles*. Celle-ci atteint un croisement de boulevards au delà desquels commencent les *allées de Meilhan*, plantées de beaux platanes.

A dr., le bd du *Musée*, qui, plus loin, contourne à g. le bâtiment du Lycée, conduit par une rampe très rapide devant la façade de l'**Ecole des Beaux-Arts**. A côté de l'école des Beaux-Arts se trouvent la **Bibliothèque** (bd du Musée, 19 bis, ouverte tous les jours, excepté les dimanches et fêtes, de 9 h. a midi, de 2 h. à 5 h. et de 8 h. à 10 h. du soir; fermée du 1er au 31 août) à laquelle est annexé le **Cabinet des Médailles** (ouvert tous les jours, excepté les dimanches et fêtes, de 9 h. à midi, et de 2 h. à 4 h.).

Dans le haut des allées de Meilhan (concerts en été les lundis, mercredis et vendredis, de 9 h. à 11 h. du soir et musique militaire les dimanches et jeudis), on voit : à g., le **Monument** élevé à la mémoire des combattants de 1870 et, à dr., sur la place des *Réformés*, le bel édifice gothique de l'**église Saint-Vincent-de-Paul**.

De la place des Réformés, inclinant à g., on suivra le cours du *Chapitre* qui passe devant un bassin fleuri, puis qui fait un coude pour se prolonger par le b[d] *Longchamp*. Celui-ci aboutit à la place *Bernex* devant le magnifique édifice du **Palais Longchamp.**

Dans l'aile g. du palais est installé le **Musée des Beaux-Arts** (ouvert tous les jours, sauf le lundi et vendredi, de 9 h. à midi, et de 2 h. à 5 h. en été; de 9 h. à midi, et de 2 h. à 4 h. en hiver) et, dans l'aile dr., le **Muséum d'histoire naturelle** (ouvert tous les jours, sauf les lundis et vendredis, de 2 h. à 5 h. en été, et de 2 h. à 4 h. en hiver; le dimanche, de 9 h. à midi et l'après-midi comme les autres jours).

On gravit l'une des deux rampes qui conduisent aux ailes du palais, ainsi que l'escalier latéral au château d'eau, pour passer ensuite sous la colonnade en hémicycle (du sommet de cette colonnade, très belle vue sur Marseille et ses environs; s'adresser au gardien). Derrière le palais, un plan très incliné précède le jardin du plateau de Longchamp. Ce jardin, qu'on traverse en biaisant à dr., communique avec le **Jardin zoologique**, situé en contre-bas (collection de nombreux animaux vivants).

On sort du jardin zoologique par la grille E. qui donne sur le b[d] *Cassini*, où l'on peut prendre le tramway pour revenir au cours *Belsunce*.

Descendant du tramway au cours Belsunce, on suivra un moment la rue *Canebière* à l'O. puis l'on tournera dans la rue *Saint-Ferréol*, la première à g., bordée de beaux magasins. A l'extrémité de cette rue s'étendent les places *Saint-Ferréol* et de la *Préfecture* devant la **Préfecture.**

A dr. de la Préfecture, le b[d] du *Muy* mène à la place *Estrangin-Pastré*, décorée d'une fontaine monumentale. Ici, à l'angle de l'hôtel de la Caisse d'Epargne, continuer à dr. par le cours *Pierre-Puget*. Vers le milieu de ce cours on dépasse la place *Monthyon*, à dr., où est érigée la *statue de Berryer*, devant le **Palais de Justice.**

Le cours Pierre-Puget aboutit, au pied d'une colline transformée en jardin, appelée la **Promenade de la Colline**, devant une grille et une cascade. Ici, ne pas entrer dans la promenade, par laquelle on reviendra, mais prendre à g. le b[d] *Gazzino* et, presque aussitôt, encore à g., la rue *Cherchell*. Celle-ci conduit au croisement de la rue *Dragon*, où se trouve située à dr., au fond d'un petit square, la gare de l'ascenseur qui monte à la **chapelle de N.-D. de la Garde.**

Prenant l'ascenseur (en semaine, 60 c.; le dimanche, 40 c.), on escaladera ainsi en partie, sans fatigue, la colline abrupte et dénudée de N.-D. de la Garde. Aux deux tiers de la colline, l'ascenseur est relié par une passerelle métallique à un ch., taillé en escalier, qui gravit le dernier tiers de la colline. La chapelle, située au centre d'un fortin, occupe le point culminant. Un pont-levis précède l'entrée de la crypte, d'où l'on gagne par des escaliers latéraux le portail supérieur de la chapelle, celle-ci entourée d'une terrasse d'où la vue est splendide.

Redescendre de la chapelle par le même ch.; mais, négligeant à dr. la passerelle de l'ascenseur, on continuera devant soi, en passant devant une petite boutique d'objets de piété, pour atteindre plus bas, près d'une fontaine, une bifurcation de rues. Ici, s'engager à g. dans la ruelle, dite *montée des Oblats*, qui descend à la grille S. de la promenade de la Colline. Pénétrer dans le jardin et, obliquant à dr. (très belle vue), descendre par une allée en lacets à la grille E. qui s'ouvre devant le cours *Pierre-Puget*.

De l'autre côté de la grille, la *traverse de la Corderie*, à g., descend au b[d] de la *Corderie*; monter ce b[d] à g. jusqu'à la quatrième rue transversale, où l'on prend à dr. la rue d'*Endoume*, puis, aussitôt, à g., la courte rue de l'*Abbaye*. Celle-ci mène au chevet de la curieuse **église Saint-Victor**, reste de l'abbaye fortifiée du même nom (à l'intérieur, crypte à deux étages; pour visiter, s'adresser au sacristain).

En sortant de l'église par le portail latéral N., on suit à g. la rue *Sainte*, puis l'on descend à dr. la *rampe Saint-Maurice* qui passe au pied du rocher sur lequel se dresse le *fort d'Entrecasteaux*, ou *fort Saint-Nicolas*. Au bas de la rampe, le b[d] du *Pharo*, à g., tracé entre le fort et une batterie, mène à hauteur de la grille du **Parc du Pharo** qui s'ouvre à dr.; pénétrer dans ce parc.

Au point culminant du parc s'élève le **Château du Pharo**, ancien palais impérial, aujourd'hui transformé en une école de médecine et de pharmacie. De la terrasse du château la vue est merveilleuse sur Marseille, le port, les bassins, les forts, la basilique de la Major, la colline de N.-D. de la Garde et la mer.

Du parc du Pharo, on regagnera Marseille par le b[d] du *Pharo* et le quai de la *Rive-Neuve*. Un omnibus, passant toutes les vingt minutes devant l'entrée du parc du Pharo permet de faire ce dernier trajet en voiture.

Deuxième journée. — *Itinéraire de la matinée* (environ 3 h. 1/2): Au début de l'itinéraire ci-dessous, on prendra, au cours *Saint-Louis*, le tramway de la *ligne du Prado*, en rappelant au conducteur qu'il devra vous faire descendre à l'avenue du *Parc Borély*.

Vis-à-vis le cours *Belsunce*, le cours *Saint-Louis*, au S., est quelques m. plus loin, prolongé par la longue rue de *Rome*. Cette voie, l'une des plus fréquentées de la ville, traverse, au milieu de son parcours, la place de *Rome* et croise le b[d] *Louis-Salvator*, puis longe le square qui borde à l'E. le bâtiment de la Préfecture.

A l'extrémité de la rue de Rome, on aboutit à la place *Castellane* où a été dressé un obélisque artificiel.

Ici, traverser la place et continuer du côté opposé de l'obélisque par la magnifique avenue du *Prado.*

A dix-sept cents m. de la place Castellane, au *rond-point* du Prado, l'avenue du Prado, abandonnant la direction de Mazargues (2.8), fait un coude brusque au S.-O. et se dirige vers la mer. Un peu avant d'arriver à la plage s'ouvre à g., sur le Prado, l'avenue du *Parc Borély* où l'on doit descendre du tramway pour se rendre à la grille du **Parc Borély.**

De l'autre côté de la grille, laissant à g. le jardin botanique et le parc, ce dernier le bois de Boulogne marseillais (ouvert tous les jours aux cyclistes, sauf le dimanche, après-midi), et, à dr., le champ de courses, on gagnera le **Château Borély**, situé à l'extrémité d'une large avenue ornée de pelouses et de parterres.

Le château Borély renferme le **Musée d'archéologie** dont l'entrée est située sur la façade opposée au parc (ouvert les jeudis et dimanches, de 2 h. à 6 h. en été et de 2 h. à 4 h. en hiver; tous les jours, sur demande au concierge, de 9 h. à midi et le soir comme ci-dessus).

A la sortie du musée, traversant à dr. le champ de courses, on atteindra une grille ouverte sur le chemin de la Corniche, près de la jetée de la plage du Prado. Ici, tourner à dr. et ayant dépassé, à l'angle de l'avenue du Prado, le *Palace Casino du Prado Plage,* suivre à pied le chemin de la Corniche pendant trois kil. et demi.

Le chemin de la Corniche, sillonné par les trams, est bordé d'une quantité de villas, restaurants, établissements de bains de mer; il épouse toutes les sinuosités de la côte jusqu'à Marseille et découvre de délicieux points de vue sur la mer et les îles. Serpentant au-dessous de la colline boisée qui porte le *château Talabot,* on passe à côté (2 kil. du Prado) de l'établissement du *Roucas-Blanc,* qui renferme hôtel, restaurant et bains de mer.

S'arrêter ici pour déjeuner, à moins qu'on préfère parcourir encore environ cinq cents m. et s'arrêter, un peu plus loin, au *Palace-Hôtel* (1er ordre), l'ancienne *Réserve de Roubion,* restaurant renommé pour ses bouillabaisses.

Itinéraire de l'après-midi (environ 3 h. 1/2) : Au delà du Roucas-Blanc et du Palace-Hôtel, le ch. de la Corniche, ravissant, dépasse l'entrée du *vallon de l'Oriol,* à dr., et domine une anse, à g., formant un petit port entouré d'une curieuse ceinture de maisonnettes et de cabanes peinturlurées dont les proportions exiguës rappelleraient un village de Lilliput. On traverse ensuite le *pont de la Fausse-Monnaie,* près duquel s'ouvre un autre vallon verdoyant; puis le ch., quittant un moment le bord de la mer, monte au village d'Endoume (1 kil. du Palace-Hôtel), où se trouve le **Laboratoire de zoologie marine**, auquel a été annexé en partie le Musée maritime et de pêche de Marseille (intéressant aquarium, visible le dimanche, de 2 h. à 6 h.).

A Endoume, on reprendra le tramway pour regagner Marseille.

Le ch. de la Corniche descend et franchit sur un pont le pittoresque *vallon des Auffes*, habité par des pêcheurs. A dr., une échancrure permet d'apercevoir la colline et la chapelle de N.-D. de la Garde; sur la g. s'étendent les *bains de mer des Catalans*, très fréquentés.

La ligne du tramway suit dans Marseille le b^d de la *Corderie*, le cours *Pierre-Puget* et le b^d du *Muy*, passe devant la Préfecture et, par la rue *Saint-Ferréol*, rejoint la *Cannebière*.

A la Cannebière, descendre du tramway, et se diriger à g. vers le bassin du Vieux-Port, où se trouve situé à dr., à l'entrée du quai du *Port*, l'embarcadère des bateaux à vapeur qui font le service entre Marseille et le château d'If (départs : le matin à 10 h. 1/4 et, dans l'après-midi, à 3 h. et à 4 h. 1/2; en hiver, le départ de 4 h. 1/2 est supprimé; prix : 3 fr., 2 fr., 1 fr., aller et retour; trajet en 30 min.; ne s'embarquer que si la mer est belle).

La sortie en bateau du port de Marseille offre un spectacle enchanteur. Après une courte traversée on aborde le petit îlot du château d'If, où le bateau stoppe le temps nécessaire pour la visite.

Une rampe, taillée dans le roc, conduit dans l'enceinte du château. Celui-ci, construit sous François Ier, autrefois prison d'Etat, a été converti en fort, mais la troupe n'y demeure pas.

La visite du donjon, très intéressante (1 fr. par personne et pourboire au gardien), évoque le souvenir de plusieurs prisonniers de marque qui furent internés au château d'If, parmi lesquels figure l'énigmatique Homme au masque de fer, avant d'être transporté au fort de l'île Sainte-Marguerite (*V.* page 125). On montre également dans le château les cachots de l'abbé Faria et d'Edmond Dantès, bien que ces deux héros du fameux roman le *Comte de Monte-Cristo* n'aient jamais existé que dans l'imagination d'Alexandre Dumas.

De la plate-forme du donjon, vue magnifique au S.-O. sur les îles *Ratonneau* et *Pomègues*, réunies par la jetée du port du Frioul, et à l'E. sur Marseille.

Pour mémoire. — De Marseille à Aix, *V.*, en sens inverse, page 181.

DE MARSEILLE A LA CIOTAT

Par Sainte-Marguerite, Le Cabot, Vaufrège et Cassis.

Distance : **35** kil. **100** m. *Côtes :* **2** h. **45** min.
Pavé : **39** min.

Nota.—Itinéraire du littoral rendu fatigant par deux fortes côtes. La première, qui commence presque aussitôt après Sainte-Marguerite, est longue de huit kil. dont quatre très durs ; la seconde, à la sortie de Cassis, mesure trois kil. et demi ; toutes deux sont suivies de belles descentes. Une fâcheuse bordure de murs cache la vue jusqu'au delà du Cabot. Terrain très médiocre par places.

De Marseille à Toulon, par la route de l'intérieure, par Aubagne et Le Beausset, *V.* les itinéraires des pages 75 et 79.

Au départ de Marseille on suit le cours *Saint-Louis* (Pavé : 20'), ensuite la rue de *Rome* jusqu'à la place *Castellane* (**1.3**). De l'autre côté de l'obélisque et de la place, continuer par la promenade du *Prado* qu'on parcourra sur une longueur de douze cents m. pour prendre à g., à hauteur du n° 149 (**1.2**), le b^d^ biais du *Rouet*.

Le b^d^ du Rouet monte (2') et aboutit, près d'une chapelle (**0.5**), au ch. du Rouet. Celui-ci, à dr., début de la r. de Cassis, croise, cent m. plus loin, le b^d^ *Rabatau* et gagne le village de Sainte-Marguerite à l'entrée duquel on franchit l'*Huveaune*.

Au centre de Sainte-Marguerite (Pavé : 4' et 8'), on laisse à dr. le ch. de Mazargues (2.5) ; puis, à g. (**1.1**), le **chemin de Saint-Loup** (direction de Toulon par Aubagne, *V.* page 75).

La r., mal entretenue, poudreuse et souvent défoncée, monte (20' et 5') entre des murs de propriétés particulières jusqu'au delà du Cabot (**1.5**). Le paysage devient alors plus intéressant ; à dr., on aperçoit la *chapelle Saint-Joseph* (**1.5**), juchée sur une hauteur. Après une courte descente, on remonte (1 h. 20') à travers une région de vallonnements rocheux, comprise entre les massifs de la *montagne de la Carpiagne*, à g., et du *cap Gros*, à dr.

Dépassé l'usine à chaux de Vaufrèges (**2.4**), la r., taillée en corniche, s'élève par de grands lacets pour franchir la chaîne tondue de la *Gardiole* ; magnifique vue en arrière sur Marseille. Au col (**3.8**—Alt.: *327* m.), le terrain s'améliore; on descend modérément le versant S. de la Gardiole, âprement stérile, ne laissant apparaitre que d'immenses surfaces de roc, dans un entourage de cimes pelées. Après une montée (3'), quelques pièces de terre cultivées, au milieu de cette désolation, signalent la *ferme de Logisson* (**3.6**), à dr., tandis qu'à g. se détache (**0.7**) le ch. de Carpiagne (2.5).

La r. s'aplanit ; elle monte ensuite une légère rampe de quatre cents m., puis descend rapidement le long du ravin extraordinairement sauvage du *Roustagne*. Celui-ci débouche dans le bassin verdoyant qu'abritent à l'E. les pentes boisées du *Mont-Canaille*. Au hameau Saint-Jean (**4**), négligeant à g. le ch. de la gare (1.6), on descend à dr. (mauvais terrain) vers la petite ville de **Cassis** (1.956 hab.), bâtie au bord d'une charmante baie.

Arrivé au croisement de la rue principale de Cassis (**1.4**), suivre à dr. l'avenue *Victor-Hugo* (Pavé : 2') qui mène à la place de la *Galère*, vis-à-vis le port ; ici, à g., se trouve l'hôtel *Lieutaud* (**0.2**) où l'on peut s'arrêter pour déjeuner (vin blanc du pays renommé).

La côte méditerranéenne présente de nombreuses *calanques*, sortes de fiords ou golfes, longs et étroits, encadrés de magnifiques et hautes falaises, où la mer pénètre profondément.

La visite en barque de ces calanques, quand le temps est calme et sûr, est très intéressante. Dans le voisinage de Cassis, les calanques de *Port-Miou*, de *Port-Pin*, de l'*Oule* et d'*En-Vau* méritent d'être vues (en bateau 3 h. environ ; prix : 5 fr. pour une personne, 6 à 7 fr. pour trois à quatre personnes).

Revenant sur ses pas par l'avenue *Victor-Hugo* (Pavé : 2'), on laisse à g. (**0.2**) la r. de Marseille pour continuer devant soi, dans la direction de La Ciotat, par la rue *Ceyreste*.

La r. monte durement (55') sur le versant du Mont-Canaille et domine un large bassin, planté d'oliviers, de figuiers et de câpriers, qu'entoure une ceinture de belles montagnes; jolie vue sur la *baie de Cassis* commandée par les ruines d'un ancien château. La r. contourne le promontoire O. du Mont-Canaille et, traversant une petite tranchée, au milieu d'un taillis, atteint le sommet du passage. Elle descend ensuite et rejoint presque aussitôt (**4**) la r. d'Aubagne (10.5) à La Ciotat.

Tournant à dr., on descend une gorge solitaire, ombragée et bordée de belles roches. On dépasse une série de maisons en ruines et l'on franchit deux fois la *ligne de Marseille à Toulon*, dont la tranchée occupe le fond de la gorge. A l'issue du défilé, la pente s'adoucit vers la plaine qui vient mourir à la *baie de La Ciotat*.

Plus loin, on néglige à dr. (**5.7**) un premier ch. qui conduit dans le haut de la ville de La Ciotat (1.4) et l'on continue à descendre la r. jusqu'au hameau de Vallat-de-Roubaud (**0.7**).

Ici, prendre à dr. le second ch. de La Ciotat; il passe près d'un bâtiment adossé à une vieille tour carrée, dépendance d'un ancien couvent, puis traverse le passage à niveau de la ligne régionale de *La Ciotat-Gare à La Ciotat-Ville*. De l'autre côté de la voie, ne pas monter devant soi en ville, mais tourner de suite à g. en négligeant, quelques m. plus loin, encore à g., un deuxième passage à niveau (**0.3**) situé à l'entrée de la r. de Toulon.

Le ch. devient un boulevard qui gagne à l'angle de l'Hôtel de Ville, surmonté d'un beffroi, les quais du port de **La Ciotat** (Ch.-l. de c. — 12.737 hab.). Ce port, abrité au S. par le gros morne brun et nu, a trois dentelures, du *Bec de l'Aigle*, renferme une partie de la flotte de la *Compagnie des Messageries Maritimes*.

Suivant à dr. le quai *Ganteaume* (Pavé : 3'), on passe au bas de l'église paroissiale pour atteindre l'extrémité du quai où se trouve situé à dr. l'hôtel du *Commerce* (**1**).

Visite de la ville de La Ciotat. — La visite des importants *ateliers et chantiers de construction de la Compagnie des Messageries Maritimes* est la principale curiosité de la ville. Pour s'y rendre on suit à g., au delà de l'hôtel du *Commerce*, le quai *Louis-Benet*, puis le quai des *Messageries-Maritimes*; sur ce dernier se trouve, à dr., au n° 21, l'entrée des bureaux et des ateliers de la Compagnie. Pour visiter, s'adresser à la Direction ; les ateliers et chantiers sont ouverts au public, de 8 h. 1/2 à midi et de 2 h. 1/2 à 6 h. ; les dimanches et fêtes, les bureaux sont fermés à partir de midi et l'on ne peut voir ces jours-là que les chantiers et les paquebots. La visite complète des ateliers et chantiers, très intéressante, demande environ 2 h.

DE LA CIOTAT A TOULON

Par Saint-Jean, Les Lèques, Saint-Cyr, Bandol, Sanary, Reynier et La Seyne.

Distance : **39** kil. **700** m. *Côtes :* **1** h. **19** min. *Pavé :* **36** min.

Nota. — Trajet en partie accidenté; après Saint-Cyr, une côte de trois kil., est suivie d'une descente d'égale longueur, mauvaise et dangereuse. Au delà de Bandol, deux côtes d'un kil. et de huit cents m. précèdent une descente de deux kil. vers Sanary. Entre Reynier et La Seyne, la r. descend, mais est généralement poudreuse et défoncée.

Au départ de La Ciotat reprenant à g. le quai *Ganteaume* (Pavé : 3'), puis le b^{d} qui domine la baie, on traversera ensuite à dr. la ligne du ch. de fer régional, au premier passage à niveau (**1**), pour s'engager sur la r. de Toulon. Celle-ci, délicieuse, descend vers la mer et, suivant les sinuosités du rivage, passe devant le café de *Ciotat-les-Bains*, ainsi que devant deux élégantes villas; très belle vue de la baie et de son étrange rocher du *Bec de l'Aigle* qu'un étroit chenal sépare de l'*île Verte*. On s'écarte momentanément de la mer dans les parages du hameau Saint-Jean (**2**), puis on la retrouve, un peu plus loin, au delà du carrefour de Fontsainte (**1.1**). A partir d'ici la r. commence à onduler fortement; succession de montées (4', 2', 3' et 4') et de descentes pour franchir des petits promontoires, aux roches stratifiées en couches régulières et horizontales, et atteindre Le Terme (**3.3**), borne située au sommet du *cap Saint-Louis*, sur la limite des dép[ts] des Bouches-du-Rhône et du Var.

On descend aux Lèques (**0.5**), petite plage en formation; ensuite la r. infléchit au N.-E. et traverse une belle plaine. Au carrefour de La Barrette (**1.8**), on néglige à g. le ch. de La Cadière (5.8) et l'on continue à dr. La r. passe sous la haute voûte de la *ligne de Marseille* en arrivant à Saint-Cyr (**1.3**), gros village au centre duquel on tourne à dr. pour attaquer, après l'église, une première côte (5'), en bordure de la voie ferrée; vue splendide de la baie de La Ciotat.

On s'élève sur des versants plantés de vignes; ensuite une deuxième côte se présente (10'), à l'entrée d'un bois agrémenté d'un pittoresque pêle-mêle de rochers. Au delà des taillis, on traverse une région mouvementée, que creusent de gracieux vallonnements environnés de grandes collines boisées.

La r. monte plus durement pendant deux kil. (30'); puis, atteignant le sommet du passage, découvre un imposant paysage de montagnes. La descente, très rapide et très dangereuse par places, s'effectue dans un vallon latéral d'où l'on commence à apercevoir la *baie de Bandol*. A la lisière du bois, on rejoint la ligne du ch. de fer sous laquelle on passe pour descendre encore plusieurs courts et rapides lacets qui amènent, à une bifurcation de rues, à l'entrée de Bandol (**7.6**).

Ici, la rue de la *Gare*, à dr., conduit aussitôt au quai du *Port*, étendu le long de la charmante baie de Bandol.

Bandol (1.930 hab.), dans un joli site, est la première des stations hivernales et de bains de mer qu'on rencontre sur le littoral, là où commence à apparaître une luxuriante végétation d'eucalyptus et de palmiers.

La pointe extrême de l'étroit promontoire qui protège le petit port au S.-O. porte les ruines d'un ancien château et peut être le but d'une ravissante promenade.

Tournant à g. sur le quai du port, on traverse plus loin le bourg par la rue *Nationale*. Au sortir de la localité, la r. côtoie la baie et passe à hauteur de la *borne 9.5*, devant l'hôtel des *Bains de mer de Bandol* (**1.3**) où l'on s'arrêtera pour déjeuner.

A l'angle du jardin de l'hôtel, on néglige à g. le ch. du Beausset (9) puis l'on franchit le ruisseau d'*Aram*, parallèlement au viaduc de neuf arches de la ligne du ch. de fer. La r. contourne la baie, ensuite s'élève (10') à flanc de falaise pour couper la base de la petite *presqu'île de la Criôe*. Deux autres montées (3' et 8'), à travers des champs d'oliviers, précèdent une descente rapide, en lacets, vers la charmante *anse de Sanary*.

On entre dans **Sanary**, naguère Saint-Nazaire (**4.5** — 2.347 hab. — Hôt. des *Bains* — station hivernale et de bains de mer), par la place de la *Tour* et le quai *Victor-Hugo*. A l'extrémité du quai, continuer à dr. par la rue de la *Plage* et le b[d] des *Bains*.

Plus loin on franchit la *Reppe*, rivière qui sort des *gorges d'Ollioules*, au N. (*V.* page 81), tandis qu'au S. les côtes basses du *cap Sicié* se profilent à l'horizon.

La r., s'écartant de la mer, rentre dans l'intérieur des terres et, légèrement montante, parcourt une large plaine, commandée à g. par le *fort de Six-Fours*, sur la colline de ce nom; à dr., se détache (**1**) le ch. du Bruscq (4). Cinq cents m. plus loin, on rencontre le village de Reynier (**0.5**); à sa sortie, négliger à dr. (**0.5**) le ch. des Sablettes (5) et continuer à g.

La r., mauvaise, défoncée, contourne la colline de Six-Fours et descend vers la *baie de La Seyne*, découvrant les hauteurs escarpées qui défendent la ville et la rade de Toulon. A l'entrée de la ville industrielle de La Seyne, passer à dr. du lavoir pour atteindre l'avenue transversale *Gambetta* (**3.5**).

La Seyne (Ch.-l. de c. — 16.341 hab. — Hôt. de la *Méditerranée*) n'offre rien d'intéressant en dehors de son chantier de constructions navales (visible tous les jours, sauf les dimanches et fêtes, de 8 h. 1/2 à midi et de 2 h. 1/2 à 4 h.). Pour s'y rendre, suivre à dr. l'avenue *Gambetta* et, parvenu à la place *Martel-Esprit* (Pavé : 4'), tournant à g., on gagnera le port. Ici, prendre à dr. le quai du *Port*, où abordent les bateaux à vapeur qui font le service entre Toulon et La Seyne (15 c. et 10 c.; départs toutes les demi-heures dans les deux sens), et faire le tour complet du bassin. On s'engage ensuite à dr. sur le b[d] de la *Liberté* à l'extrémité duquel se trouve à g. l'entrée des *Forges et Chantiers de la Méditerranée* (1 kil. de la r. de Toulon — pour visiter s'adresser au concierge).

De La Seyne, un ch. médiocre conduit à **Tamaris-sur-Mer** (2 — Grand-Hôtel de *Tamaris*), petite station d'hiver, d'où une r., longeant la *rade du Lazaret*, mène aux **Sablettes-les-Bains** (1.5 — Grand-Hôtel de la *Plage*), petite plage très fréquentée par les toulonnais. Des Sablettes, on peut revenir à La Seyne (**3.5**) en passant par les hameaux de Marvive et de l'Evesca.

Nota. — Les excursions à La Seyne, à Tamaris et aux Sablettes, qui pourront se faire également au départ de Toulon, en bateau à vapeur (*V.* page 74), fournissent l'occasion de jolies promenades nautiques sur les rades de Toulon et du Lazaret.

L'avenue Gambetta, à g., conduit à un carrefour (**0.5**) où, laissant à g. le ch. de la gare (1), on continuera à dr. vers Toulon. La r., entre la baie, à dr., et le *champ de courses*, à g., va franchir (**1.1**) le passage à niveau d'une voie stratégique, à l'angle d'un autre ch. vers la *gare de La Seyne* (0.5), à g. Plus loin, on longe un moment, à dr., le fossé sans eau de la *rivière Neuve*, ou du *Las*, creusé jadis par les forçats, et l'on atteint un bureau d'octroi (**1.5**). Ici, traverser à dr. le pont sur le fossé et par le ch. biais, qui se présente, on rejoindra (**1**) la r. nationale de Marseille à Toulon, à l'entrée du **faubourg du Las.**

Le pavage (33') commence à cet endroit, avec accompagnement latéral de la ligne des tramways. Ayant traversé tout le faubourg du Las, on pénètre par la *porte Nationale* dans **Toulon** (1 — Ch.-l. d'arr. — 95.276 hab. — Port de guerre et place forte de 1re classe).

A l'intérieur de la ville, devant la *porte de l'Arsenal de Castigneau*, suivre à g. le large boulevard sillonné par la ligne du tramway. Il longe le Jardin botanique, à dr., puis croise la place ronde de *Strasbourg*. On laisse successivement à g. le Jardin de la ville, le bâtiment du Musée, et l'avenue *Vauban* (**0.8**; direction de la gare).

Plus loin, le bd de Strasbourg dépasse, encore à g., la grande place de la *Liberté* (au fond de la place le *Grand-Hôtel*, 1er ordre) puis, à dr., la façade postérieure du Théâtre, pour atteindre (**0.5**), à l'encognure de l'hôtel *Victoria*, le croisement des rues d'*Entrechaux*, à g., et des *Trois-Dauphins*, à dr. Ici, abandonnant le b[d] de Strasbourg, prendre à dr. la rue des Trois-Dauphins où se trouvent situés, quelques m. plus bas, l'hôtel du *Dauphiné*, à g., et l'hôtel du *Louvre*, ce dernier à dr. à l'angle de la rue *Corneille* (**O.I** — Magasins et ateliers de réparations pour bicyclettes, chez M. *J. Ode*, représentant de la maison Peugeot, 10, place d'*Armes* — Cafés brasseries *Alsacienne*, *Guillaume-Tell*, cafés restaurants de la *Rotonde*, de *Munich*, tous quatre b[d] de *Strasbourg*; café du *Commerce*, quai de *Cronstadt*).

Visite de la ville de Toulon. — Une journée suffit pour voir Toulon. Le matin, on parcourra la ville; l'après-midi sera consacré à la visite de l'arsenal et à une excursion soit aux bains du Mourillon, soit aux bains des Sablettes.

Itinéraire de la matinée (environ 2 h.) : A la sortie de l'hôtel du *Louvre*, suivre à g. la rue *Corneille*, puis tourner à g. dans la rue *Molière* qui conduit à la place *Victor-Hugo*, où s'élève le **Théâtre**. Au bas de la place Victor-Hugo, prenant encore à g. la rue *Nationale* on arrive à la place *Puget*, plantée de platanes et ornée d'une fontaine. Traverser la place Puget, à dr., en biaisant un peu à g., pour s'engager à dr. dans la rue *Hoche*.

On suit la rue Hoche jusqu'à la petite place *Camille-Ledeau*, où l'on voit un arbre isolé. Ici, négligeant devant soi la rue d'*Alger*, l'une des plus animées de la ville, qui mène directement au port, on prend à g. la rue d'*Astour*. A l'extrémité de celle-ci, tourner à dr., puis aussitôt à g. dans la rue *Jean-Aicard*, qui passe devant le *square V. Raspail* et aboutit à la rue *Lafayette*, bordée d'arbres.

Descendre à dr. la rue Lafayette, ensuite prendre la première rue à dr., la *Traverse Cathédrale* débouchant sur la place *Cathédrale*, où s'élève l'**église Sainte-Marie-Majeure.**

Vis-à-vis le portail de l'église, la rue *Cathédrale* débouche sur la petite place des *Orfèvres*, d'où, inclinant à dr., ensuite à g. par la rue des *Orfèvres*, on gagne la place de la *Poissonnerie*, occupée par un marché couvert, et au fond de laquelle s'ouvre à g. la place à l'*Huile*, contiguë. Au bas de cette dernière, la rue des *Bons-Frères*, à g., mène sur la place *Louis-Blanc*, où l'on voit à dr. l'**église Saint-François-de-Paule**, dite aussi Saint-Jean.

A la sortie de l'église, se dirigeant à dr. on atteindra le quai de *Cronstadt* devant le **bassin du Port**, où *darse vieille*, affecté en partie à la marine marchande, en partie à la marine de l'Etat.

Suivant à dr. le quai de Cronstadt, qu'égayent de nombreux magasins et cafés, on passe successivement devant l'embarcadère des bateaux pour Tamaris et les Sablettes (*V*. page 71), à g., puis devant l'**Hôtel de Ville**, à dr., en face duquel se dresse la statue du *Génie de la Navigation*. Un peu plus loin, abandonnant le quai de Cronstadt, où sont aussi les embarcadères pour les îles d'Hyères et La Seyne (*V*. pages 87 et 70), on prendra la rue d'*Alger* à dr. Celle-ci, ayant coupé une rue transversale, mène à hauteur de la place *Gambetta*, ombragée d'arbres, qui s'ouvre à g.

Tournant à g. sur la place Gambetta, où s'élève l'église Saint-Pierre, à g., on s'engage, à l'extrémité de la place, dans la rue de l'*Arsenal*.

La rue de l'Arsenal fait un coude brusque à dr. devant la porte de l'**Arsenal de la Marine Nationale** (voisine de l'entrée des bureaux de la Majorité où l'on doit s'adresser, de 2 h. à 2 h. 1/4 de l'après-midi, pour obtenir la permission de visiter l'Arsenal. *V*. ci-dessous), et mène à la place d'*Armes*, au fond de laquelle on voit, à g., la **Préfecture Maritime**. Continuant devant soi, en longeant la place (concerts le soir, les mardis, jeudis et vendredis), on prendra à son extrémité la rue *Saint-Louis*, à dr., qui conduit devant l'**église Saint-Louis**, à dr., précédée d'une grille et d'une cour.

En sortant de l'église, suivre, vis-à-vis la grille, la petite rue *Notre-Dame* qui débouche sur la place de l'*Intendance*. Ici, coupant la rue *Nationale*, on passera sous les voûtes du bâtiment de l'Hôpital maritime pour gagner, par la rue de l'*Intendance*, le croisement du bd de *Strasbourg*, en face de la place de la *Liberté*; cette dernière est décorée d'une magnifique fontaine monumentale que surmonte le **Monument de la Fédération**.

Tourner à g. sur le bd de Strasbourg et, ayant dépassé l'avenue *Vauban*, à dr., qui conduit à la gare, on arrivera à hauteur de l'élégante construction du **Musée**, située à dr., vis-à-vis la caserne Gouvion-Saint-Cyr (le Musée est ouvert les dimanches, mardis, mercredis, jeudis et vendredis, de 1 h. à 4 h., du 1er octobre au 31 mars et de 2 h. à 5 h., du 1er avril au 30 septembre. En dehors de ces jours et de ces heures, s'adresser au concierge ; gratification).

Du Musée on regagnera l'hôtel.

Itinéraire de l'après-midi : Se rendre à la Majorité à 2 h. très précises pour obtenir la permission de visiter l'Arsenal, sur *présentation d'une pièce d'identité* justifiant de la nationalité française. Muni de cette permission on se dirigera vers l'entrée de l'Arsenal, située à côté des bureaux de la Majorité, où un marin attend pour accompagner les visiteurs. La visite de l'Arsenal demande environ 1 h. 1/2; néanmoins elle est assez restreinte, car on fait voir seulement le **Musée naval** et la **Salle d'armes**. A la sortie de la Salle d'armes on contourne toute la *darse neuve*, ou **port militaire**, et l'on revient à la porte d'entrée de l'Arsenal.

Il n'est dû aucune rétribution au marin qui conduit ; toutefois il est d'usage de lui offrir discrètement une gratification ainsi qu'au gardien du Musée naval.

Les **Arsenaux de Castigneau** et du **Mourillon**, annexes de l'Arsenal principal, ne peuvent être visités qu'en demandant une permission spéciale au major de la flotte.

A la sortie de l'Arsenal, pour employer le restant de la journée on prendra : soit le tramway qui passe devant l'Arsenal et qui conduit (20') au Mourillon, bains de mer populaires de Toulon ; soit, ce qui serait préférable, l'un des bateaux à vapeur, dont les embarcadères se trouvent au quai de *Cronstadt*, qui mènent à Tamaris ou aux Sablettes-les-Bains (*V.* page 71).

Excursions recommandées au départ de Toulon. — le **Mont-Faron** (a pied : 3 h., aller et retour).

Le Faron (Alt. : 552 m.) est la superbe montagne qui domine Toulon au N. et du sommet de laquelle on découvre, par temps clair, la chaîne des Alpes et la Corse. On peut faire l'ascension du Faron non seulement à pied, mais aussi en voiture particulière. Dans ce cas, bien spécifier au cocher qu'on désire monter par le *fort de la Croix-Faron*, suivre le *chemin de la Crête* et revenir par la *tour Beaumont* (4 h., aller et retour ; prix : 25 fr.).

Pour se rendre à la r. du Faron, on prend sur le b[d] de *Strasbourg*, derrière le Théâtre, l'avenue *Colbert*. Celle-ci conduit au b[d] de *Tessé* qui longe la ligne du ch. du fer. Suivre le b[d] de Tessé a dr. puis, à son extrémité, tourner à g. dans la rue *Militaire*. On contourne ainsi les bâtiments du Parc d'Artillerie pour gagner, derrière ceux-ci, la *porte Sainte-Anne* par laquelle on sort de la ville. La r. du Faron commence immédiatement de l'autre côté des fortifications.

La Seyne (*V.* page 70), par le bateau à vapeur. Départs du quai de *Cronstadt*, toutes les demi-heures; prix : 15 et 10 c.; trajet en 15 min.; derniers départs de La Seyne et de Toulon à 7 h. du soir.

Tamaris et **Sablettes-les-Bains** (*V.* page 71), par le bateau à vapeur. Départs du quai de *Constadt*, toutes les heures; prix : 20 et 15 c. pour Tamaris ; 25 et 20 c. pour les Sablettes; trajet en 18 ou 27 min.

DE MARSEILLE A AUBAGNE

Par Sainte-Marguerite, Saint-Loup, Saint-Marcel et La Penne.

Distance : **18** kil. **800** m. *Côtes :* **4** min. *Pavé :* **11** min.

Nota. — La route directe de Marseille à Saint-Loup par la rue de *Rome*, la place *Castellane*, le *grand chemin de Toulon*, Menpenti et La Capelette, présentant six kil. de pavage et traversant un faubourg dénué de tout intérêt, le cycliste pourrait prendre le ch. de fer entre Marseille et Saint-Marcel (prix : 1 fr., 0 70 c., 0 45 c.; trajet en 15 min.). Néanmoins, le détour que nous indiquons par la promenade du Prado et Sainte-Marguerite, qui allonge seulement de huit cents m., mais qui évite la plus grande partie du pavage, sera préférable.

De Marseille à Toulon par la route du littoral et La Ciotat, *V.* les itinéraires des pages 65 et 68.

Si l'on veut faire l'excursion de la Sainte-Baume (*V.* page 76), on devra quitter Marseille de très bon matin pour arriver à Aubagne vers 7 ou 8 h., déposer sa machine à l'hôtel de cette localité et commander aussitôt la voiture qui doit conduire à la Sainte-Baume.

De Marseille à Aubagne, le trajet est à peu près plat, mais le terrain est fatigué par un roulage incessant.

De Marseille à Sainte-Marguerite, au chemin de Saint-Loup (**1.1** — Côte : 2' — Pavé : 24'), *V.* page 65.

Au milieu du village de Sainte-Marguerite, quittant la direction de Cassis, on prend à g. le ch. de Saint-Loup, bordé de murs. A Saint-Loup (**2.5** — Pavé: 11'), on rejoint la r. nationale de Marseille à Toulon, sur laquelle on tourne à dr.

La r., encore resserrée entre des propriétés, remonte insensiblement la vallée de l'*Huveaune*; à dr., se dressent les crêtes rocheuses du *Mont-Carpiagne*. On dépasse Saint-Marcel (**3.2** — Pavé : 3'), puis un hameau dépendant de Saint-Menet (**3** — Montée : 2'); la vue se dégage un peu. Après La Penne (**1.2** — Pavé : 4'), la r. infléchit vers l'E. et atteint les premières maisons d'**Aubagne** (**4.8** — Pavé : 2' — Ch.-l. de c. — 8.400 hab.).

On entre dans cette petite ville, animée, par le cours *Barthélemy* et la place *Domergue* pour arriver à hauteur d'une fontaine, surmontée d'un obélisque, à l'angle du cours *Legrand*, à g.

La rue de la *République*, vis-à-vis, continue la r. de Toulon (*V.* page 79). Mais si l'on a l'intention de faire l'excursion de la Sainte-Baume (*V.* ci-dessous), il faut tourner à g. sur le cours Legrand, puis s'arrêter presque aussitôt à dr., à l'hôtel du *Cours*, où l'on déposera sa machine.

Excursion recommandée au départ d'Aubagne. — La Sainte-Baume (60 kil., aller et retour).

L'excursion de la Sainte-Baume, une des plus intéressantes de la Provence, ne peut être entreprise qu'en voiture particulière, car sur la distance totale, seuls les trajets : au départ, entre Aubagne et Saint-Pons (7.5), et, au retour, entre Saint-Zacharie et Aubagne (17.5), sont praticables à bicyclette ou en automobile.

Les voituriers (15, b[d] de la *Gare*) demandent 20 fr. et un pourboire (2 à 3 fr.) pour conduire, aller et retour, d'Aubagne à l'Hôtellerie de la Sainte-Baume, et 5 fr. en plus par personne en sus de quatre voyageurs. Pour ce prix, on devra spécifier au cocher qu'on désire expressément monter par Gémenos, Saint-Pons et le col de l'Espigoulier et descendre par Saint-Zacharie, Auriol et Roquevaire.

Une voiture, attelée de deux chevaux, fait le trajet en sept heures environ : quatre heures à la montée et trois heures à la descente.

Autrefois l'*Hôtellerie de la Sainte-Baume*, résidence monastique au pied de la montagne de la Sainte-Baume, était desservie par des frères dominicains et l'on y trouvait bon gîte et bon repas à des prix modestes. Aujourd'hui, bien qu'un hôtel restaurant ait remplacé le couvent, il sera préférable d'emporter avec soi ses provisions.

Itinéraire : A l'extrémité N.-E. du cours *Legrand*, la r. de Gémenos, à dr., longe la rive g. de l'*Huveaune*, puis traverse une plaine légèrement montante en se dirigeant vers le massif de la *chaîne de la Sainte-Baume*. Après le village de Gémenos (**5.2** — ancien château) on pénètre dans le délicieux *vallon de Saint-Pons*, dont les étroites prairies, remplies de fraîcheur, sont entourées de belles roches boisées et de frondaisons séculaires.

Le ch. passe sous l'arcade d'un moulin, ensuite atteint (**2.2**) la *bifurcation de Tompine*. Ici, laissant à dr. le ch. qui conduit à la papeterie de Saint-Pons, ainsi qu'à la *propriété Richard* (beau parc et ruines d'un ancienne abbaye), on continue à g. Des lacets durs mènent au-dessus d'une petite enceinte de prairies, où l'on aperçoit à dr. l'*oratoire Saint-Martin*. De ce côté, se détache un autre ch. vers la ferme de Saint-Pons.

On gravit d'interminables circuits, d'abord dans le haut d'un ravin planté de sapins, qui domine le minuscule bassin verdoyant de Saint-Pons, puis, au delà de toute végétation, sur le flanc dénudé de la montagne. Le ch., en corniche, décrit des courbes d'une hardiesse inouïe, au milieu d'une région sauvage, au pied de la grande roche arrondie du *Pic de Bertagne*, surmontée d'une croix.

On passe au-dessous des rochers appelés les *cheminées de la Roque Forcade*, ensuite on atteint le *col de l'Espigoulier* ouvert entre ces rochers, à dr., et la *Tête de Roussargue*, à g.; vue magnifique sur la plaine d'Aubagne, la vallée de l'Huveaune et la ceinture de montagnes qui entoure un paysage d'une étendue exceptionnelle.

Après une descente modérée sur les contreforts arides de la chaîne, le ch. pénètre dans une région de vallonnements rocheux précédant un petit col. Celui-ci donne accès au plateau supérieur du Plan-d'Aups, large bande de plaine, parsemée de maigres cultures perdues au milieu de grandes surfaces incultes ou pierreuses, à l'abri de la longue chaîne de la Sainte-Baume qui court de l'E. à l'O.

On passe en contre-bas du *couvent de Bethanie*, voisin du village isolé du Plan-d'Aups; puis, laissant à g., à l'*arête de la Quille*, le ch. qui descend vers Saint-Zacharie (*V.* page 78), on continue sur la plaine jusqu'à l'*Hôtellerie de la Sainte-Baume* (**21.6**), où s'arrête la voiture.

Derrière les bâtiments de l'Hôtellerie un sentier, long de deux cents m., tracé entre une haie et un champ, conduit à la lisière de la *forêt de la Sainte-Baume*. Dans cette forêt, presque vierge, admirable de végétation, on monte le ch. devant soi, bien indiqué par des plaques. Ayant rejoint (30') un autre ch. transversal, près d'un gros rocher, à g., on se dirigera du côté du rocher pour gagner (5') un carrefour situé dans le voisinage d'une niche délabrée en pierre, ornée de deux colonnettes sculptées.

Ici, négligeant à g. le ch. qui quelques m. plus loin bifurque (la branche de dr. monte au *Saint-Pilon*, *V.* page 78), on continuera à monter à dr. Bientôt, sortant du bois, on arrive au pied de la colossale muraille rocheuse, creusée dans sa partie supérieure par la grotte de la Sainte-Baume, contiguë à un petit couvent. On laisse à dr. (3') un sentier sans issue et, par des escaliers, on atteint la porte, avec écusson fleurdelysé, qui précède la terrasse (6') au fond de laquelle s'ouvre la *grotte de la Sainte-Baume*, refuge où, suivant la tradition, s'était retirée sainte Madeleine pour y faire pénitence.

Sur la terrasse, d'où l'on jouit d'un panorama merveilleux, se trouvent : à dr., le couvent (aujourd'hui le presbytère); à g., le bâtiment qui reçoit les pèlerins (vente d'objets de piété) ; et, au centre, la grotte transformée en chapelle (température glaciale en été).

De la grotte de la Sainte-Baume, on redescend directement à l'Hôtellerie (36'), ou bien, si l'on a du temps de reste, on peut encore faire la courte ascension du Saint-Pilon. Dans ce dernier cas, revenu au carrefour voisin de la petite niche en pierre (6' de la grotte — V. page 77), on prend à dr. le sentier qui passe devant la niche, en laissant à g. un ch. qui descend vers Nans, dans la direction de Saint-Maximin (V. page 183). Plus loin, on rencontre à g. (5') un oratoire ruiné, et l'on monte en zigzags, sous bois, pour gagner (15') le *col du Saint-Pilon*. Ici, se diriger à dr. et escalader le rocher nu du *Saint-Pilon* (15' — Alt. : 994 m.), qui porte une chapelle à l'endroit même où, d'après la légende, sainte Madeleine était miraculeusement transportée chaque jour par les anges pour prier. Du sommet du Saint-Pilon, la vue, incomparable, n'est limitée au S. que par la mer et, au N.-O., par le Mont-Ventoux.

De l'Hôtellerie, la voiture regagne l'*arête de la Quille*, près du village du Plan-d'Aups (V. page 77), où l'on prend à dr. le ch. de Saint-Zacharie. Celui-ci, mauvais et défoncé, descend rapidement à travers des ravins solitaires qu'encadre un entourage grandiose de montagnes ; nombreux circuits et lacets sur des versants plus ou moins boisés où alternent quelques terrains cultivés. On passe au-dessous de la *ferme de la Grande-Bastide*, puis au *Pas de Terry*, dans un joli défilé d'un caractère tout à fait alpestre. Le ch. descend ensuite un profond ravin, puis s'en écarte au-dessous du village de N.-D. d'Orgnon, perché à dr. sur la hauteur. On pénètre ensuite dans un val étroit, rapide et sans eau, où cependant apparaissent des terrasses d'oliviers et de cultures ; ensuite, traversant un riant bassin, moins resserré, environné de pittoresques rochers et de jolis monticules boisés, on vient déboucher dans la fertile vallée de l'*Huveaune*.

Au village de Saint-Zacharie (**13.5** — Hôt. du *Lion-d'Or*), on retrouve la bonne r. de Saint-Maximin (**17.1** — V. page 183) à Aubagne. Celle-ci, à g., descend en pente douce la vallée, assez largement creusée entre les contreforts du *Mont-Regagnas*, au N., et ceux de la *chaîne de Roussargue*, au S.

Après Auriol (**5.9** — vieil Hôtel de Ville ; tour de l'Horloge), on traverse un intéressant défilé, puis on rejoint au hameau du Pont-du-Jour (**2**), voisin de la gare d'Auriol, la r. qui vient d'Aix (25.7 — V. d'*Aix à Aubagne*, page 188).

La vallée se rétrécit de nouveau dans le *défilé de Saint-Vincent*, avant **Roquevaire** (**2** — Ch.-l. de c. — 3.012 hab. — Hôt. *Camoin*). On passe ensuite au hameau du Pont-de-l'Etoile (**2.8**), où l'on franchit une seconde fois la rivière, en laissant à g. la r. de Gémenos (5) et de Cuges (9.4 — *V.* page 80).

La r., désormais en plaine, descend vers Aubagne; elle entre en ville par la place *Voltaire*, au début du cours *Legrand* (**4.8**).

Pour mémoire. — D'**Aubagne** à **Aix**, *V.*, en sens inverse, page 188.

D'AUBAGNE A TOULON

Par Cuges, Le Camp, Le Beausset, Sainte-Anne et Ollioules.

Distance : **47** kil. **600** m. *Côtes :* **2** h. **12** min.
Pavé : **10** min.

Nota. — Sur ce parcours accidenté on rencontre, au delà d'Aubagne, une première côte de deux kil. pour gravir le col de l'Ange; ensuite, après la descente du col, une autre rampe de six kil. et demi jusqu'au Camp. Du Camp au Beausset, la descente est presque continuelle. Dépassé Ollioules, il y a encore une montée de neuf cents m.

Au départ d'Aubagne, la rue de la *République* (Pavé : 4') mène hors de la ville. Plus loin, la r. de Toulon, à g., laissant à dr. (**1**) celle de La Ciotat (13), monte légèrement pour passer sous la voûte du ch. de fer, et parcourir, après une courte descente, la plaine qui s'étend entre les contreforts de la *chaîne de la Sainte-Baume*, au N.-O., et le *Mont-Drouard*, au S.-O.

Dépassé l'embranchement (**5.1**) de la r. de Sisteron, par Aix (38.2), à g., on pénètre dans un étroit vallon rocheux où la rampe s'accentue. Après deux kil. de forte côte (25'), au milieu des bois, la r. atteint le **col de l'Ange** (**3.6** — Alt. : 214 m.), d'où se détache à dr. le ch. de Cassis (18) et de La Ciotat (15.6).

Descente de dix-sept cents m. dans un bassin cultivé, qu'encadre une ceinture de monts boisés, au paysage sévère. On s'élève ensuite (10') en ligne directe vers le petit village de Cuges, situé au pied de la colline de *Sainte-Croix*, dont la chapelle, dédiée à Saint Antoine de Padoue, s'aperçoit de loin; traversée de Cuges (**3** — Pavé : 3' — Hôt. de l'*Europe*).

De Cuges part un sentier de piétons qui monte (5 h.) au *Saint-Pilon* (*V*. page 78) en passant par la *bastide des Cyprès*, Riboux et le *pied de la Colle*. Du Saint-Pilon on descend à la **Sainte-Baume** et à l'Hôtellerie de la Sainte-Baume (1 h. 1/4, *V*. page 77).

Au delà du bourg, la côte se prolonge pendant cinq kil. et demi (1 h. 1/4). La r. franchit le lit d'un torrent, à la lisière des bois qui encerclent à l'E. le bassin de Cuges, puis s'élève pour gagner la limite (**5.5**) des dép[ts] des Bouches-du-Rhône et du Var; ensuite, elle atteint, un peu plus loin, la clairière du *plateau du Camp*, où croise (**0.8** — Aub. du *Camp*) le ch. de Signes (10.1) à La Ciotat (18).

La r., toute droite, file de nouveau à travers bois, durant deux kil. et demi, puis elle longe des landes. En arrière se profile la chaîne dénudée de la Sainte-Baume, tandis qu'à dr., à l'horizon, les sommets de quelques hautes cimes surgissent au-dessus de la plaine. Bientôt commence une magnifique descente de six kil. et demi sur des versants, en partie couverts de vastes forêts, offrant des échappées qui permettent de découvrir par intervalles une vue splendide : au loin, sur la baie de La Ciotat, et, plus près, sur la grande plaine accidentée que jalonnent les hauteurs couronnées par le gros bourg de La Cadière et les ruines du Castellet; à g., se détache (**4.6**) un autre ch. vers Signes (10.2).

Plus bas, ayant regagné la région des champs et franchi un ruisseau, on monte à deux reprises (3' et 7') avant de rejoindre (**7.3**) la r. de Bandol (10), à l'entrée de **Le Beausset** (Ch.-l. de c. — 1.920 hab. — Hôt. *Vagneur*), ce village à dr., dans un pli de terrain, au revers S. du *Mont du Castellet*.

La r., qui infléchit au S., monte légèrement pendant seize cents m., puis descend entre des collines. Dépassé le village de Sainte-Anne (**3.3**), parvenu à hauteur de la *borne 16.7*, remarquer à dr. les *Grès de Sainte-Anne*, curieux monticules dont la composition et les formes étranges intéressent les géologues. Un peu plus loin, on pénètre dans les **gorges d'Ollioules** (**2**), en bordure du torrent de la *Reppe*, et on laisse à g. (**0.3**) le ch. d'Evenos (45' à pied pour monter aux ruines intéressantes du *château d'Evenos*), près d'un vieux pont.

La descente s'accentue dans les gorges, rétrécies en un défilé tortueux, aride, sauvage, hérissé de roches bizarrement découpées, et défendu par le *fort du Gros-Cerveau*, qu'on entrevoit un moment juché au-dessus de ce passage très important au point de vue stratégique.

A la sortie des gorges, la vallée s'élargit ; sur le penchant de la colline de droite, apparaissent les débris d'un château et sur celui de la colline de g. subsistent les restes d'une chapelle.

Dépassé **Ollioules** (**3.2** — Ch.-l. de c. — 3.966 hab. — Hôt. *Carbonel* — Grand commerce de fleurs et de fruits), où se détache à dr. le ch. de Saint-Nazaire (5.2), on franchit la Reppe avant de gravir une côte de neuf cents m. (10'). A la descente suivante on aperçoit un moment la rade et le port de Toulon.

Une petite côte (2') précède le pont sur la ligne du ch. de fer; ensuite on traverse la *Rivière-Neuve*, ou du *Las*, avant d'atteindre l'embranchement de la r. de Marseille à Toulon, par La Ciotat et La Seyne, à l'entrée du *faubourg du Las* (**5.5**).

De l'entrée du faubourg du Las à l'hôtel du *Louvre* dans **Toulon** (**2.4** — Pavé : 33'), *V.* page 71.

DE TOULON A HYÈRES

2 ITINÉRAIRES

Itinéraire A. — Par La Valette-du-Var, Les Quatre-Chemins et La Pauline.

Distance : **17** kil. **800** m. *Côtes :* **5** min.
Pavé : **36** min.

Nota. — Le trajet ne devient agréable qu'après La Valette-du-Var; aussi, de Toulon au carrefour des Quatre-Chemins, préfère-t-on quelquefois passer par La Garde (*V.* itinéraire B., page 84).

Les deux itinéraires ci-dessous, de Toulon à Hyères, ainsi que les suivants, d'Hyères au carrefour de La Foux (*V.* pages 90 et 96) et du carrefour de La Foux à Fréjus (*V.* page 101), constituent les routes de Toulon à Fréjus, soit par le littoral, soit par le massif des montagnes des Maures.

De Toulon à Fréjus, par la route nationale, *V.* les itinéraires des pages 103 et 107.

Quittant l'hôtel du *Louvre,* on tourne à dr., puis de suite à g. dans la rue des *Trois-Dauphins* pour rejoindre (**0.1**) le bd de *Strasbourg* (Pavé : 32').

Suivre le bd de Strasbourg, à dr., et sortir de la ville par la *porte Notre-Dame.* De l'autre côté des fortifications, la r. d'Italie infléchit à dr., ensuite à g., devant la *porte d'Italie,* et contourne le *champ de Mars,* à g.

A l'extrémité de la place du Champ-de-Mars, négligeant à dr. un premier ch. vers Le Pradet, par La Rode (*V.* page 84), on suit la r. qui traverse le long et désagréable faubourg pavé *Sainte-Catherine.* Arrivé en vue du pont du ch. de fer, on laisse encore à dr. (**2.1**) le **chemin d'Hyères,** soit par La Garde, soit par Le Pradet (*V.* page 84).

Continuant tout droit, on passe sous le pont du ch. de fer. Bientôt le pavage cesse et la r. monte (2' et 3') entre des murs qui masquent le paysage; elle ne devient intéressante qu'au delà du bourg de La Valette-du-Var (**2.7** — Pavé : 4' — Grandes cultures de fraises et de violettes), quand se dégage à g. la vue des belles cimes que défendent les *forts d'Artigues*, du *Faron* et de la *Croix-Faron*.

Plus loin, parvenu au premier embranchement (**1.8**), on abandonnera la **route de Solliès-Pont**, à g. (*V.* page 104), pour prendre à dr. celle d'Hyères.

Une agréable descente, longue de quatorze cents m., conduit au *carrefour des Quatre-Chemins* (**2** — Cafés-restaurants), où vient rejoindre à dr. le ch. de Toulon par La Garde (*V.* page 84).

La campagne, riante, couverte d'oliviers, s'enjolive. A dr., apparaît le promontoire de La Garde que dominent les ruines d'un château. On franchit un ruisseau, près de la *borne* 2.5 (**0.5**), en remarquant à g., à cent m. de la r., la *chapelle de La Pauline*, de style gothique, qui a donné son nom à la station voisine du ch. de fer.

Plus loin, à un passage à niveau (**3.8**), on croise de nouveau la *ligne de Nice*. Presque en face se dresse le *Mont-Fenouillet*, précédé au premier plan par une petite chaîne pittoresque; à dr., un massif de jolies hauteurs boisées attire le regard.

Arrivée à une bifurcation (**1.2**), continuer la r. à g.; on passe au pied d'une colline qui porte les anciennes murailles, défendues par des tours, de la vieille ville d'Hyères.

On entre dans **Hyères** (Ch.-l. de c. — 17.708 hab.), une des principales stations hivernales de la Méditerranée, entourée d'une végétation exubérante de palmiers et de dattiers, par l'avenue des *Iles-d'Or*.

Dépassant de grands hôtels, à g., ainsi que l'avenue *Alexis-Godillot*, qui descend à dr. vers la gare, on longe la terrasse du *jardin des Palmiers* où se trouve un obélisque, à dr. On atteint ensuite la petite place du *Portalet* (**3.0**), à l'intersection de la rue du *Portalet*, qui monte à g. dans la vieille ville, et de la large avenue *Gambetta* qui descend à dr. vers la gare.

Ici, laissant devant soi l'avenue *Alphonse-Denis*, continuation de la r. de Fréjus et de Saint-Tropez, on descendra à dr. l'avenue *Gambetta* où est situé, à vingt-cinq m. à dr., au nº 8, l'hôtel de *Paris et des Négociants* (*V.* page 85).

Itinéraire B. — Par Le Pradet et Carqueiranne.

Distance : **23** kil. **100** m. *Côtes :* **21** min.
Pavé : **25** min.

Nota. — Ce trajet, dont le terrain laisse souvent à désirer, est donné à titre d'indication. La partie qui longe la mer étant insignifiante, il y a tout avantage à suivre l'itinéraire A. ou sa variante par La Garde (*V.* ci-dessous).

De Toulon au chemin d'Hyères (**2.2** — Pavé : 25'), *V.* itin. A., page 82.

Abandonnant la r. de La Valette-du-Var, on prend à dr. le ch. d'Hyères qui monte (1' et 2') entre des murs, cachant la vue, puis qui descend un peu pour laisser à g., à hauteur de la *borne 1.8* (**2.5**), le ch. du *carrefour des Quatre-Chemins*, par La Garde.

Ce ch., souvent choisi par les cyclistes, passe sous la voûte du ch. de fer, monte (3'), puis traverse une plaine, plantée d'oliviers, pour gagner le bas de La Garde (**2.5**), village situé sur le penchant d'une colline basaltique qui porte les ruines d'un château et d'une église. Deux kil. plus loin, on rejoint, au *carrefour des Quatre-Chemins* (**2**), la r. de Toulon à Hyères, par La Valette-du-Var (*V.* page 83).

Le ch., plus ou moins bien entretenu, monte encore (2' et 2') et vient franchir un pont sur le petit ravin de la Clue (**1.8**). De l'autre côté du pont on tourne à g., en négligeant devant soi le ch. qui vient de Toulon par La Rode.

Ce ch. qui commence à la sortie de Toulon, à dr. de l'entrée du *faubourg Sainte-Catherine*, près du *champ de Mars* (*V.* page 82), laisse, quelques m. plus loin, la direction du Mourillon, à dr., et, continuant à g., traverse le *faubourg de La Rode* (**1** de Toulon) où l'on franchit la *Clue*. A dr., les *forts de la Malgue* et du *Cap Brun* interceptent la vue de la mer. On passe devant la *chapelle Sainte-Marguerite*, à g., située vis-à-vis du *fort Sainte-Marguerite*, à dr.; puis le ch., infléchissant au N., rejoint (**5.5**) la r. du Pradet devant le petit pont de la Clue.

La vue devient plus dégagée : à g., un peu en arrière, se dessinent les beaux profils de la pointe E. de la chaîne du *Faron*, et, plus rapprochées, les ruines du *château de La Garde*, sur leur colline isolée, jalonnent la plaine fertile.

A l'extrémité du village du Pradet (**2.2**), le ch., infléchissant à g., serpente capricieusement et longe la ligne du ch. de fer *Sud-France;* on contourne la base des hauteurs de la *Colle-Noire*, couronnées par un fort.

Descente vers Carqueiranne (**1.6**), on se rapprochant de la mer. Le ch. remonte (7') et offre quelques échappées sur le *golfe de Giens*. Après le raidillon (2') du hameau des Kermès (**3.1**), on descend devant la grille du parc du *château de San-Salvadour* (sanatorium d'enfants et hôpital marin), puis vers le golfe. Dans ces parages, près de cabanes, se trouvait la ville gallo-romaine de *Pomponiana*, dont il reste encore quelques ruines, mais bien difficiles à découvrir.

Plus loin, la r. s'écarte du rivage, vis-à-vis un ch. (**2.1**) qui conduit à la plage d'Hyères (3), et se dirige au N. en contournant le joli massif du *Mont des Oiseaux*. On longe le pied des collines sur lesquelles s'étagent à g. le *château de Saint-Pierre-des-Horts* et la *chapelle de Notre-Dame d'Hyères* et l'on rejoint (**2.3**), devant le talus de la *ligne d'Hyères aux Salins*, le **chemin d'Hyères à la plage.**

La r. s'engage sous la voie, puis traverse le passage à niveau de la ligne Sud-France. En face, apparaît la ville d'**Hyères**, cerclée d'anciennes murailles, garnies de tours, sur le versant d'une colline escarpée, à l'extrémité S. du chaînon des *Maurettes*.

Au delà de l'*établissement d'horticulture du Gros-Pin*, à dr., on arrive à l'avenue de la *Gare*, bordée de magnifiques palmiers. Ici, tourner à dr. pour traverser un rond-point et gagner la ville neuve par l'avenue *Gambetta*, prolongement de l'avenue de la Gare (Côte : 5'). Sur l'avenue Gambetta se trouve à g., au nº 8, l'hôtel de *Paris et des Négociants* (**2.3**).

Visite de la ville d'Hyères (environ 1 h. 3/4). — De la petite place du *Portalet*, le dos tourné à l'avenue *Gambetta*, on monte dans la vieille ville par la rue à pic du *Portalet;* elle conduit à la place *Massillon*, où se trouvent le marché couvert et l'**Hôtel de**

Ville, ce dernier flanqué d'une tour à moitié ronde, d'un curieux aspect.

Passant à g., entre le marché et l'Hôtel de Ville, on se dirigera vers les escaliers qu'on aperçoit et, les ayant gravis, on suivra devant soi la rue *Sainte-Catherine*. Dans le haut de cette rue, inclinant à g., on atteint la place *Saint-Paul*, petite esplanade ornée d'un calvaire (belle vue). A dr. de la place, des degrés donnent accès à **l'église Saint-Paul**, et, à côté, une arcade voûtée s'ouvre sous une maison a tourelle.

Passant sous l'arcade, on continue par la rue *Saint-Paul* et son prolongement, la rue *Saint-Bernard*, pour gagner le début d'un ch., en partie taillé dans le roc, qui s'élève en zigzags, sur le flanc de la **colline du Château**.

Ayant dépassé le *clos Saint-Bernard*, à dr., on atteint, un peu plus haut, en deçà de la ligne des anciens remparts, la porte d'entrée, située à g., de la propriété privée où se trouvent les ruines du vieux château (pour visiter, s'adresser au concierge, avant 4 h.; gratification).

Du sommet du rocher qui portait le donjon, la vue est de toute beauté : au S., sur Hyères et ses environs, le Mont des Oiseaux et la colline de N.-D. d'Hyères, la presqu'île de Giens et la rade, où évolue souvent l'escadre de la Méditerranée ; et, au N., sur le petit massif des collines des Maurettes.

Du château, redescendre par le même ch. à la place *Massillon* et, ayant dépassé le marché, suivre vis-à-vis la rue *Massillon*. Dans celle-ci, la rue de la *République*, la deuxième à g., mène à la place de la *République*, où s'élève **l'église Saint-Louis**.

A la sortie de l'église, descendre la place à g. ; on passe devant la *statue de Massillon* et l'on arrive à la place de la *Rade*.

A g. de la place de la Rade se trouve un bâtiment banal, dit le *Château-Denis* (bibliothèque et petit musée ; ouverts tous les jours aux étrangers), derrière lequel s'étend le **Jardin public**.

Traversant la place de la Rade du N. au S., on prendra vis-à-vis l'avenue du *Parc*, qui aboutit, devant la grille de l'hôtel du *Parc*, à la belle avenue transversale des *Palmiers*. Suivre un moment l'avenue des Palmiers, à dr., puis tourner presque aussitôt à g. sur le b^d des *Anglais* conduisant au rond-point voisin, en face de l'entrée du parc du **Casino municipal**.

Du casino, regagner l'avenue des *Palmiers* ; celle-ci, à g., ramène à l'avenue *Gambetta*, vis-à-vis l'hôtel de *Paris et des Négociants*.

Excursions recommandées au départ d'Hyères. — L'Ermitage et le **Mont des Oiseaux (14** kil., ou **14** kil. **300** m., aller et retour).

Itinéraire : A la sortie de l'hôtel de *Paris et des Négociants*, descendre à dr. l'avenue *Gambetta*, puis, cinquante m. plus bas, au premier carrefour, prendre à dr. de la *fontaine Marianne Stewart*, destinée aux animaux, la deuxième rue à dr., appelée la rue d'*Almanare*. Tenant toujours la droite, on arrive à un rond-point avec réverbère central. Ici, couper l'avenue *Beauregard*, plantée de palmiers, et suivre en face l'avenue *Victoria*, ombragée de platanes, début du ch. de l'Ermitage. Celui-ci croise plus loin l'avenue de biais *Alexis-Godillot*, bordée également de superbes palmiers, et franchit la *ligne de Toulon* (**1.3**), au pied de la colline.

On s'élève à travers champs pour gagner un plateau d'où l'on aperçoit sur la hauteur, à g., l'Ermitage et la statue de la Vierge. A dr., se détache un premier ch. (**0.8**) conduisant à la *grotte des Fées* (**0.7**). Plus loin, on néglige successivement à g. les deux avenues qui mènent à l'hôtel d'*Albion* et à l'hôtel de l'*Ermitage*, la seconde à l'angle de la *villa Espérance* (**0.6**), et l'on continue tout droit.

Quelques m. au delà de la villa Espérance se détache à dr. un ch. qui va passer devant la *villa des Oiseaux* (**1**) et qui aboutit à un carrefour (**0.5**). Sur ce carrefour, un sentier, à dr., terminé par des degrés taillés dans le roc, monte au *rocher des Anglais* (**0.5**); tandis que l'avenue devant soi se développe en lacets, à dr., pour atteindre la terrasse du *Sanatorium du Mont des Oiseaux* (**1.5**), splendide établissement destiné aux personnes dont la santé réclame un séjour prolongé sous le climat du Midi.

Le ch. descend ensuite au milieu de pins et laisse encore à g. le *Grand-Hôtel de Costebelle*. A la bifurcation suivante (**0.3**), continuant à g., on monte en jouissant de points de vue magnifiques. Le ch. décrit une grande courbe, toujours à g., au-dessus des hôtels précités, et gagne la plate-forme, précédée d'un escalier, sur laquelle s'élève la *chapelle de Notre-Dame d'Hyères* ou de l'*Ermitage* (**1**). De la chapelle, un petit sentier à g., tracé en corniche, mène à la *terrasse de la Croix*, voisine, d'où la vue est encore plus belle.

De l'Ermitage, revenir à Hyères (**4** ou **4.3**) soit par le même ch., soit en descendant à la r. de Carqueiranne à Hyères, que l'on prendra à g. au pied E. de la colline.

La plage d'Hyères, Giens, la Tour-Fondue et les Iles d'Hyères (28 kil. 200 m., aller et retour).

Itinéraire : D'Hyères à la bifurcation du ch. de la Plage (**2.3**), *V.*, en sens inverse, page 85.

Laissant à dr. la r. de Carqueiranne, on suit à g. le ch. de la Plage, qui longe la *ligne des Salins* et gagne bientôt un bois de pins; ici, le ch. bifurque (**2.7**).

La branche de g. aboutit à la gare du ch. de fer d'où une avenue, à dr., conduit à la *plage d'Hyères* (**0.6**).

La branche de dr. mène au bord et à l'angle des *Salins-Neufs*, ou *des Pesquiers*, où se détache à dr. (**0.3**) un ch. qui va rejoindre la r. de Carqueiranne. Négligeant ce ch., on côtoie les salines et, à leur extrémité, on franchit le *Gras*, canal reliant l'*étang des Pesquiers* a la mer (**1.7**). Le ch. passe entre un petit bois de pins, à g., et l'étang, à dr., ensuite pénètre dans la *presqu'île de Giens*.

Après une courte montée (5') on atteint l'embranchement (**3.4**) du ch. de Giens, à dr., et du ch. de la Tour-Fondue, à g.

Le ch. de Giens, à dr., dépasse à g. l'*hospice Renée-Sabran*, pour enfants scrofuleux, puis atteint le hameau de Giens (**1**), qui possède une église, deux hôtels et quelques villas.

Le ch. de la Tour-Fondue, à g., mène au hameau de la Tour-Fondue (**1.3**), où l'on voit un fortin, bâti sur l'emplacement d'un ancien château, à la pointe d'un rocher isolé, auquel on accède par un pont.

Près de là, se trouve l'embarcadère du bateau à moteur et du voilier qui font le service de Porquerolles, petit port de la plus importante des *îles d'Hyères* (départ vers 9 h. 1/2 du mat., retour a 2 h. 1/2 du soir; prix : 1 fr. ; trajet en 25 ou 40 min.).

Les îles d'Hyères, jadis appelées les *îles d'Or*, très intéressantes à visiter, sont au nombre de trois : l'*île de Porquerolles* (600 hab. — 8 kil. de long sur 3 kil. de larg. moyenne), l'*île de Port-Cros* (50 hab. — 2 kil. 1/2 de long sur 2 kil. de larg.) et l'*île du Levant* (26 hab. — 8 kil. de long sur 1 kil. 1/2 de larg.). La première de ces îles présente une végétation et une floraison merveilleuses, principalement composées de forêts de pins, de champs de lauriers et de cistes, d'eucalyptus et de tamaris entremêlés de véritables tapis et de tentures de fleurs. La seconde île, couverte de forêts de pins, est plus montagneuse. La troisième île, presque déserte et peu visitée, sert de cible aux navires de guerre qui évoluent dans la rade d'Hyères.

Au hameau de Porquerolles un bon hôtel-restaurant (Hôt. de l'*Ile-d'Or*) permet de séjourner aux îles.

De Porquerolles au havre de Port-Cros, la traversée en bateau à vapeur dure une heure. On trouve aussi un modeste hôtel-restaurant à Port-Cros.

De Port-Cros à l'île du Levant, le service est assuré par un voilier qui part après l'arrivée du bateau à vapeur à Port-Cros (prix : 75c. ; trajet en 40 min.).

Pour mémoire. — D'Hyères à Brignoles (47 kil. 300 m.), par Pierrefeu (**17.3** — Hôt. *Ventre*), **Cuers (5** — *V.*

page 106), Saint-Laurent (**2**), Forcalquieret (**11**), Les Bourguets (**1.5**), La Celle (**8.5**) et Brignoles (**2** — *V.* page 181).

D'Hyères à la bifurcation de la r. de Cuers, *V.* page 90.

La r. de Cuers, se détachant à g. de la r. de Fréjus, remonte la rive g. du *Gapeau* pendant quatre kil. et demi, jusqu'à son confluent avec le *Réal-Martin*, au pied du *Mont-Redon*. Ici, laissant la vallée du Gapeau s'éloigner vers l'O., on continue à remonter vers le N. la vallée du Réal-Martin, qui s'ouvre un passage entre le Mont-Redon, à g., et le *Mont du Viet*, à dr. Celui-ci est un contrefort du massif des Maures dont on longe la base jusqu'à Pierrefeu, bourg pittoresquement groupé sur le flanc et sur la crête d'un morne aux pentes abruptes.

Un kil. avant Pierrefeu se détache à dr. le ch. de Collobrières qui passe, à dix-huit cents m. de l'embranchement, devant l'*Asile départemental d'Aliénés*, à g., et remonte ensuite la vallée du *Réal-Collobrier*, bordée de collines arrondies, tapissées de pins et de chênes-lièges, jusqu'à **Collobrières** (**17** — Ch.-l. de c. — 2,285 hab. — Hôt. *Blanc* — A voir : l'ancienne église et les ruines du château), excellent centre d'excursions dans la partie N. du massif des Maures.

La r. franchit le Réal-Martin, puis, infléchissant à l'O., court sur une plaine jusqu'à **Cuers**, où croise la r. de Toulon à Antibes.

Le trajet entre Cuers et Brignoles devient accidenté. On remonte le vallon du ruisseau de *Cuers* pour passer au hameau de Saint-Laurent. Le ch., entre deux chaînons boisés, gagne ensuite le passage (Alt. : 432 m.) ouvert au pied du *pilon Saint-Clément*, à g., puis atteint le plateau d'où l'on aperçoit à dr. le village de Rocbaron. On coupe le ch. de Rocbaron à Gareoult, et l'on rejoint bientôt la r. de Puget-Ville à Forcalquieret.

Descendant cette r., à g., on passe à Forcalquieret, ensuite on traverse la vallée de l'*Issole*. Au delà du hameau des Bourguets, la r. descend, en contournant le massif boisé du *roc de Candelon*, à g. ; elle franchit un affluent du *Carami*, et laisse à g. le village de La Celle avant d'atteindre Brignoles.

D'HYÈRES AU CARREFOUR DE LA FOUX

2 ITINÉRAIRES

Itinéraire A. — Par Saint-Nicolas, La Londe, La Verrerie, le col de Gratteloup, La Mole et Cogolin.

Distance : **25** kil. **800** m. *Côtes :* **1** h. **30** min.

Nota. — Cet itinéraire, qui donnera un aperçu de l'intérieur du massif des Maures, montagnes ainsi nommées parce que les Sarrasins s'y réfugièrent lorsqu'ils vinrent en Provence, est très accidenté entre La Londe et le col de Gratteloup. Une côte de trois kil. trois cents m. précède le col, ensuite la r. descend modérément, sauf quelques ondulations sans importance.

Si l'on avait l'intention de comprendre l'excursion de la Chartreuse de La Verne dans cette étape, on devra quitter Hyères de très bon matin et emporter des provisions avec soi pour déjeuner, soit à La Mole, soit à la Chartreuse.

La Foux n'étant qu'un carrefour inhabité, où se rejoignent les itinéraires A. et B., on devra s'arrêter à Cogolin, ou aller jusqu'à Saint-Tropez pour coucher.

A la sortie de l'hôtel de *Paris et des Négociants*, tourner à g. et regagner la petite place du *Portalet*. Ici, on reprendra la r. de Fréjus, à dr., en continuant à traverser la ville par l'avenue *Al[illegible]nse-Denis*. Dépassé la place de la *Rade*, ainsi que le [illegible]aubourg, on laisse à dr. (**0.8**) un premier ch. vers le hameau de Notre-Dame du Plan (2.5), puis, au delà des casernes, un second ch. (**1**) dans la même direction.

La r., quelque temps bien ombragée, infléchit à g. et franchit la rivière du *Gapeau* (**1.5**), à l'angle de la **bifurcation de la route de Cuers**, laissée à g. (*V.* page 88).

On s'élève ensuite graduellement à travers une plaine découverte et monotone, peu éloignée de la mer, pour gagner le hameau de Saint-Nicolas (**2.5**), où se détache à dr. le ch. des Salins-d'Hyères, ou Vieux-Salins (1.3 — Grande exploitation de sel), qui passe sous la voûte du bâtiment de la douane.

La r. rejoint la *ligne Sud-France* qu'elle accompagne jusqu'à la gare de La Verrerie. Après un passage à niveau, suivi d'une montée (3'), on laisse à dr. (**2.2**) le ch. de La Pascalette (0.3). Descente légère; en face de soi les cimes ondulées et boisées de la *chaîne des Maures* se dessinent plus nettement. On franchit le torrent du *Pansard* en arrivant au village de La Londe (**1.3**).

A partir de La Londe le paysage change complètement d'aspect; on pénètre dans les délicieux vallonnements du massif des **montagnes des Maures** dont les collines se couvrent de pins, de chênes-lièges et d'arbousiers. Descente de cinq cents m. pour franchir la *Maravenne*, puis rampe (4'); à g., une habitation isolée dite l'*Auberge-Neuve* (**3.1**).

La r., qui ondule fortement (Côtes : 6', 10' et 8'), s'engage sous d'admirables bois de chênes-lièges. A la descente de La Verrerie, six cents m. après la gare, on laisse à dr. (**4.4**) le **chemin du Lavandou**, ou route de Saint-Raphaël par le littoral (*V.* itin. B., page 96).

La descente continue vers un gracieux bassin où l'on franchit le *Bataillier*, un peu en amont de son confluent avec la *Venatelle*. Au delà du pont, il faut attaquer la longue côte de trois kil. trois cents m. qui précède le col de Gratteloup. On s'élève (50') en dominant le vallon de Montjastre, entouré de hautes collines aux sommets arrondis, étalant sur leurs versants sévères des nappes splendides de verdoyantes forêts. Des derniers lacets de la côte, on aperçoit à l'O. la mer ainsi que la masse vaporeuse des iles d'Hyères, lointaines.

Au *col de Gratteloup* (**3.8**), situé en pleine *forêt domaniale du Dom*, croise le ch. de Collobrières (17.5) à Bormes (4.1); ensuite commence une agréable descente, un peu rapide pendant les neuf cents premiers m., à travers de superbes futaies, principalement composées de chênes-lièges et de pins. On passe devant la *cantine du Dom* (**1.1**) où l'on peut trouver à manger et même à coucher.

Plus bas, la r., aplanie, se déroule au milieu de paysages sylvestres, de toute beauté, dans des fonds pittoresques, qu'un ruisseau vient baigner et que limitent de toutes parts des cimes agréablement profilées, couvertes de bois; légères ondulations (Côtes : 3', 3', 5' et 1').

Le vallon s'élargit peu à peu. A la lisière des forêts reparaissent des vignes, entremêlées d'arbres fruitiers et de cultures; les sites, très variés, sont charmants. On dépasse le petit hameau de Sainte-Marie (**S.1**), à g.; plus loin, on franchit le pont sur la *Mole* en arrivant au hameau de La Mole (**3.1** — café-auberge du *Midi*).

C'est du hameau de La Mole qu'on peut faire la magnifique excursion de la Chartreuse de La Verne, située au cœur du massif des Maures. Malheureusement, les moyens de communication pour s'y rendre sont peu commodes.

De La Mole à La Verne, il faut compter au moins 2 h. 1/2 de trajet à pied, soit 5 h. aller et retour. Un ch. charretier, commençant à g. de la chapelle de La Mole remonte la rive g. du ruisseau et gagne la *ferme de La Pertuade* (1 h. 1/2), où l'on fera bien de demander un guide pour se faire accompagner sur le sentier, mal tracé, qui mène ensuite jusqu'à la Chartreuse (1 h.).

On peut aller en carriole de La Mole à la ferme de La Pertuade, si un habitant de La Mole veut bien consentir à vous conduire avec sa voiture (prix : 9 fr.). Ce même conducteur sert alors de guide entre La Pertuade et La Verne. Si l'on désire déjeuner dans ces parages, il faut emporter avec soi des provisions, car à La Mole, comme à La Pertuade et à La Verne, on ne trouvera tout juste que des œufs, du vin et du gros pain.

La **Chartreuse de La Verne**, fondée vers 1175, subsista jusqu'à la Révolution française. Depuis lors, tombée en ruines, ce qui reste de ses bâtiments sert aujourd'hui à deux exploitations agricoles. La situation romantique de la Chartreuse, qui occupe un espace considérable au milieu d'un profond bois de châtaigniers, la poésie des débris du monastère envahis par le lierre, la splendeur des futaies séculaires qui les environnent, font le charme de cette excursion un peu éloignée, mais qu'on ne devrait pas négliger.

Après La Mole les collines s'écartent de plus en plus, à dr. et à g., et la r. débouche dans la belle plaine de Cogolin, arrosée par la Mole et le *Giscle*.

On entre dans la bourgade de **Cogolin** (2.054 hab.), par la rue *Marceau*, qui décrit une courbe, et dont le prolongement, la rue *Gambetta*, mène à la place de la *République*, à g., plantée de platanes.

A l'extrémité de cette place, on s'arrêtera, si l'on doit faire étape, à l'hôtel *Cauvet* (**S.7**), situé à g., à l'angle de la rue *Carnot* (direction de La Garde-Freinet, *V.* page 93). A dr.. l'avenue de la *Gare* continue la r. vers le *carrefour de La Foux* (*V.* page 96).

En montant à g. au fond de la place de la République, derrière la Mairie, par les vieilles rues de la ville haute, on atteindra (15') la *butte du Vieux-Moulin*, située en arrière de la *tour du beffroi* (reste d'un ancien château). De cette butte on a une vue panoramique très étendue sur les montagnes des Maures, sur le bourg de Grimaud avec les ruines imposantes de son château, et sur le golfe de Saint-Tropez.

Excursion recommandée au départ de Cogolin. — Fréjus, par Grimaud, La Garde-Freinet, le col de Vignon, le Plan-de-la-Tour, le col de Gratteloup et Le Muy (**62** kil. **100** m. — Côtes : **6** h.) ; ou du Muy retour à Cogolin par Roquebrune, Saint-Aygulf et Sainte-Maxime (**94** kil. — Côtes : **6** h.).

Cette excursion, qu'on pourrait choisir de préférence si l'on désire connaître la véritable physionomie des montagnes des Maures, présente des paysages superbes mais est très dure comme parcours jusqu'au Muy. Partant de Cogolin de bon matin, on déjeunera au Plan-de-la-Tour (en ayant soin de prévenir d'avance par dépêche M. *O. Pin*, hôtelier au Plan-de-la-Tour, cuisinier émérite, mais qui exige d'être averti du passage des touristes pour mieux les satisfaire) et, si l'on ne peut atteindre Fréjus le même jour, on couchera au Muy.

Le trajet entre Cogolin et Le Muy étant pénible, on peut également faire cette partie de l'excursion en voiture particulière. Dans ce cas, pour le même prix (30 à 35 fr.), si l'on n'abandonne pas la voiture au Muy, on aura droit le lendemain au retour à Cogolin par Roquebrune, Saint-Aygulf et Sainte-Maxime.

De Cogolin à Fréjus, par le carrefour de La Foux et le littoral, *V.* de Cogolin à La Foux, page 96 et l'itinéraire de La Foux à Fréjus, page 101.

Itinéraire : Au départ de Cogolin on prend à dr., à l'angle de l'hôtel *Cauvet*, la rue *Carnot*, début de la r. de La Garde-Freinet. Celle-ci laisse le ch. de Collobrières (24.3), cinq cents m. plus loin, à g., et franchit le *Giscle* qui arrose la plaine. Après une montée (3'), on néglige à dr. (**2**) le ch. direct du Plan-de-la-Tour (13.7) et l'on s'élève (20') vers le mamelon sur lequel s'étage **Grimaud** (Ch.-l. de c. — 1.062 hab.), vieux bourg au pied des altières ruines d'un château féodal. Parvenu à hauteur de la *Gendarmerie* (**1.3**), s'arrêter si l'on désire visiter les ruines.

Un escalier situé à dr., vis-à-vis la Gendarmerie, donne accès aux étroites ruelles du bourg par lesquelles on peut gagner (45', aller et retour) le sommet du monticule et la porte d'entrée du terrain où subsistent les ruines de la forteresse berceau de la famille des Grimaldi.

Au delà de la Gendarmerie, la r., offrant une vue magnifique sur la plaine de Cogolin et les montagnes environnantes, descend vers un ravin, puis s'élève en corniche (20'), dominant un large vallon sauvage et dénudé, avant de pénétrer dans le massif merveilleusement boisé de cette partie des montagnes des Maures.

La rampe, tantôt assez douce, tantôt raide (Côtes : 4', 25' et 50'), est continuelle jusqu'à La Garde-Freinet. La r. serpente à travers d'admirables forêts de chênes-lièges et de pins, alternant avec des plantations d'oliviers ou de châtaigniers; elle surplombe à une grande hauteur des vallons et des fonds d'un caractère très sauvage, tapissés de sombres forêts. Au delà des croupes verdoyantes et des plans successifs d'harmonieuses cimes, on revoit les ruines de Grimaud et, par une échancrure des montagnes, la mer au S.-O.

La r. passe au bas de la montagne qui porte la *chapelle de Miremer*, à g.; puis, décrivant une large courbe au-dessous d'une belle ligne d'escarpements rocheux, domine un cirque majestueux. On atteint La Garde-Freinet (**9.7** — *Nouvel-Hôtel*), jadis l'une des principales places fortes des Sarrasins à l'époque de l'occupation, aujourd'hui bourgade située sur le sommet d'un col dépendant de l'une des crêtes les plus élevées des Maures.

A l'entrée de la ville, il faut abandonner la r. du Luc (20.5 — *V.* page 107) pour prendre à dr. le ch. du Plan-de-la-Tour. Ce ch., suspendu au flanc de versants délicieusement boisés, s'élève encore (45'); il plane au-dessus d'un immense paysage de montagnes, de terrasses arides ou cultivées, de vallons couverts de bois, au delà desquels le donjon de Grimaud reparaît encore, comme une redoutable sentinelle qui surveillerait toute la région.

Après un court palier, on passe à g. sur le penchant opposé de la montagne et l'on découvre vers le N. les plaines éloignées du Luc et de Vidauban. Descente, puis nouvelle montée (20') pour atteindre le *col de Vignon* (**4**), sans vue, où aboutit aussi le ch. de Vidauban (14).

La descente du col vers le Plan-de-la-Tour, à dr., en lacets rapides, est très mauvaise; le terrain détérioré, sablonneux, présente d'abominables cassis, mais le paysage des sous-bois demeure ravissant jusqu'au bas des gorges où l'on franchit le ruisseau du *Préconiou*, presque à sa naissance. Plus bas encore, sortant du bois, on retrouve les vignes et les champs d'oliviers ; tandis qu'à g., à mi-colline, apparaît le hameau du Varnet. Une côte (15') précède le fertile bassin au milieu duquel est assis le village du Plan-de-la-Tour (**6**).

Au centre de cette localité, où rejoint une r. venant de Sainte-Maxime (9), on tourne à g., à l'angle de l'hôtel *Pin*, pour continuer dans la direction du col de Gratteloup.

La r. sort du village par le b[d] de la *Liberté*, ombragé de platanes, puis la montée reprend (1 h. 1/4), coupée par une courte descente qui précède le hameau du Lauva qu'on contourne à g. La rampe s'accentue en de durs lacets; on traverse une belle forêt de pins. Plus haut, on entrevoit de nouveau un moment le golfe de Saint-

Tropez; puis on atteint l'arête du Revest (**4.5**), nom du hameau laissé à g.

D'ici au col de Gratteloup, la r., qui offre de magnifiques vues sur un superbe décor de montagnes, s'adoucit; elle court à peu près de niveau ou descend légèrement.

Au *col de Gratteloup* (**5** — Alt. : 230 m.), situé dans les bois près d'une maison cantonnière, on rejoint une seconde r. venant de Sainte-Maxime (9.5), à dr. La r. du Muy, à g., descend un pittoresque vallon, planté de pins; elle dépasse la *chapelle des Suits* (**2**), abandonnée à côté d'un superbe cyprès, puis franchit le torrent du *Couloubrier*. La descente, entrecoupée de quatre côtes (15', 4', 15' et 15'), mène hors des bois sur la lisière N. du massif des Maures.

A cet endroit, la vue se déploie sur la vallée du Muy et sur un horizon étendu de montagnes; tandis qu'à g., au-dessous de la r., taillée en corniche, l'*Argens* se fraye un étroit passage dans le grandiose *défilé des Bagarèdes*.

Au bas de la descente, on franchit l'Argens sur deux ponts jetés devant l'entrée du défilé qu'encadrent d'énormes roches.

> Immédiatement avant le premier pont sur l'Argens, un sentier à g., qui remonte la rive dr. de la rivière, permet de parcourir le **défilé des Bagarèdes** sur une longueur de quinze cents m. On suit le sentier jusqu'au premier pont métallique qu'on rencontrera. Ici, traversant l'Argens, on gagne Le Muy par u ch. forestier.

Un passage à niveau de la *ligne de Toulon à Nice* précède l'entrée du gros village du **Muy**. De l'autre côté de la voie, la rue qui monte (3') va déboucher, à l'angle de l'Hôtel de Ville, sur la rue *Nationale* (**12.5**) au croisement de la grande route de Toulon à Fréjus.

Tournant à g. dans la rue Nationale, puis aussitôt, encore à g., dans la rue *Carnot*, on arrive à l'hôtel *Ferrat*, situé à dr. au nº 8.

Du Muy à Fréjus (**15.1** — Côtes : 30'), par la r. nationale, V. page 109.

Si l'on veut revenir du Muy à Cogolin, par Roquebrune, on devra suivre la r. nationale de Fréjus jusqu'au ch. de Roquebrune (**0** — Côtes : 14', V. p. 109) qu'il faut prendre à dr. Celui-ci, à travers champs, contourne le pied E. du massif des Maures et passe sous la *ligne de Toulon à Nice*, en laissant à g. le ch. de la station de Roquebrune. On franchit l'Argens avant de monter (1' et 3') dans Roquebrune (**2.3** — Hôt. du *Nord* — Bons vins), vieux village étagé sur la pente d'un tertre rocheux. A la sortie de la localité le ch., médiocre, dépasse la *chapelle Saint-Pierre*, en ruine, à g., et gravit (3') un plan incliné, taillé dans le roc; à g., s'étend la plaine de la vallée de l'*Argens*, limitée à l'O. par la chaîne très dentelée de l'*Estérel*. Après quelques ondulations et deux côtes (6' et 4'), on atteint (**7.2**) l'embranchement du ch. de Fréjus qu'on laisse à g. pour continuer tout droit dans la direction de Saint-Aygulf.

De l'embranchement du ch. de Fréjus au carrefour de La Foux (**27.0**), *V.*, en sens inverse, page 101.
Du carrefour de La Foux à Cogolin (**3.0**), *V.*, en sens inverse, ci-dessous.

Dans Cogolin, à l'extrémité de la place de la *République*, prenant à dr. l'avenue de la *Gare*, on passe devant la station, puis l'on franchit la *Mole* (Raidillon : 1') rivière qui, avec plusieurs autres ruisseaux, arrose de belles prairies (élevage de chevaux); à dr., se détache l'allée ombragée du *château de la Garcinière*. La r. monte légèrement pendant deux kil. et laisse à g. (**3.2**) le ch. de Grimaud (4); deux petites côtes (2' et 3').

On arrive au **carrefour de La Foux** (**0.7**), vis-à-vis la r. de Saint-Tropez (*V.* l'itinéraire de la page 99). A dr. du carrefour débouche le ch. venant d'Hyères, par le col de La Croix (*V.* l'itinéraire B., ci-dessous); à g. s'ouvre la r. de Fréjus, par Sainte-Maxime (*V.* l'itinéraire de la page 101).

Itinéraire B. — Par Saint-Nicolas, La Londe, La Verrerie, Bormes, Le Lavandou, Cavalaire et La Croix.

Distance : **53** kil. **800** m. *Côtes :* **1** h. **32** min.

Nota. — Cet itinéraire, tracé en corniche depuis Le Lavandou jusqu'au delà de Cavalaire, sur la lisière S. du massif des Maures que baigne la Méditerranée, offre de merveilleux paysages; malheureusement le mauvais état du sol, dont certaines parties, au delà du Lavandou, parsemées d'ornières, de cailloux et de sable, sont déplorables, gâtera le charme du trajet jusqu'à l'époque de la réfection projetée de cette route. Le parcours, très dur depuis Le Lavandou, présente en outre une succession ininterrompue de côtes et de descentes coupées sans cesse par les dangereux passages à niveau de la ligne du ch. de fer Sud-France. Cette ligne suivant la même direction que la route, on pourrait l'utiliser tout au moins pour le trajet compris entre la gare du Lavandou et celle de La Croix (1 fr. 75 ou 1 fr. 30; trajet en 1 h. 18 min. — se placer à droite); toutefois, du train, les points de vue sont moins beaux à cause des tranchées et des tunnels.

La Foux n'étant qu'un carrefour inhabité, où se rejoignent les itinéraires A. et B., on devra, pour trouver un hôtel, si l'on fait étape dans ces parages, aller encore de La Foux, soit à Cogolin

(3.9 — *V.* page 92), soit à Saint-Tropez (5.8 — *V.* l'itinéraire de la page 99) ou à Sainte-Maxime (8.8 — *V.* l'itinéraire de la page 101).

D'Hyères au chemin du Lavandou (**16.8** — Côtes : 31') *V.* itin. A., page 90.

Le ch. du Lavandou, à dr., descend par deux lacets rapides dans le *vallon du Bataillier*, puis, après s'être un moment aplani, ondule et monte (3', 3' et 10') jusqu'aux premières maisons d'un hameau (**3**) dépendant de l'antique village de Bormes. Celui-ci perche à g. sur le flanc d'une colline que couronne un château ruiné d'origine sarrasine. A la descente suivante, dans la vallée élargie, le terrain devient sablonneux.

On arrive au **Lavandou** (**3** — 338 hab. — Petit port de pêche, station hivernale et de bains de mer), situé vis-à-vis la rade de Bormes, par l'avenue *Charles-Cazin*. Parvenu à hauteur du *Grand-Hôtel de la Méditerranée*, on devra abandonner cette avenue, qui s'arrête au port, et prendre à g. l'avenue *Hippolyte-Adam*.

A partir d'ici, la r., taillée en corniche, mais mal entretenue, suit presque constamment la côte, formée des derniers contreforts de la chaîne des Maures qui viennent plonger dans la mer; elle domine ou côtoie, dans un décor splendide, toutes les sinuosités du rivage : baies et plages, caps et promontoires ayant longtemps en vue la rade et les îles d'Hyères à l'horizon.

Après une première côte (8'), on descend vers la *baie de Saint-Clair*, tandis qu'à chaque instant la ligne du ch. de fer croise la r. qui, au delà de deux autres côtes (3' et 15'), redescend vers l'*anse de La Fossette*. Les montées (7', 15' et 8') et les descentes se succèdent sans interruption; on passe devant la jolie plage de Cavalière (**5.5** — petit café-restaurant), puis l'on gravit une forte côte (25') pour couper la base de la presqu'île du *cap Nègre*.

Le terrain devient détestable à la descente suivante à laquelle succèdent deux autres rampes (10' et 6'). Dépassé la gare du Canadel, la r. s'éloigne de la mer, traverse deux ravins, puis s'élève sous bois (25') à une grande altitude. Elle descend de nouveau, remonte encore (3', 15' et 15') et décrit plusieurs circuits découvrant à tout instant des échappées de vue admirables sur les profondes découpures du rivage. On gravit l'arête d'un grand promontoire boisé à l'extrémité duquel apparaît à dr. une vaste habitation toute blanche; ensuite la r. descend longuement par une large courbe dans le ravin pittoresque du *Dattier*, avant de venir déboucher sur une petite plaine, vis-à-vis la *plage de Cavalaire* qu'ombrage un bouquet de pins.

Ayant traversé le passage à niveau, on tourne à dr., en laissant à g. (**13**) le ch. qui conduit à la gare, ainsi qu'à l'hôtel de *Cavalaire* (0.3), modeste station hivernale et de bains de mer, voisine du petit hameau de **Cavalaire**, situé à la pointe S.-E. de la plage.

La r. côtoie le rivage, puis elle s'en écarte pour s'élever (10') au milieu des bois, des cultures et des vignes; à g., les croupes boisées et sévères des *Monts-Pradels* fuient vers l'E. Dépassé la gare de Pardigon, ainsi que la belle avenue qui dessert l'hôtel *Château-Pardigon*, on remarque à dr. une caserne des douanes, bâtie sur l'emplacement d'une tuilerie romaine. On gravit (15' et 30') quelques lacets, tracés sur des versants vignobles, qu'égayent çà et là de claires maisonnettes ou des villas, pour atteindre le hameau de La Croix, vis-à-vis la gare (**5.7**).

Un peu à dr., en face d'une croix en pierre, s'ouvre l'entrée du *domaine de la Croix-de-Cavalaire*, propriété à laquelle appartiennent des plantations de vignes dont les crus rivalisent comme qualité avec ceux de l'Ermitage et de la Côte-Rôtie des meilleurs vins du Rhône. A la bifurcation voisine, le b[d] *Valmer*, à g., conduit au *Sanatorium des Pères des Missions africaines*, ainsi qu'au Grand-Hôtel *Bon-Repos* (10'); le b[d] de la *Croix*, à dr., mène à l'hôtel *Château-Pardigon* (**2.5** — *V.* ci-dessus) par une gorge des plus pittoresques.

Continuant à g., on passe entre les deux cafés de la *Gare* et du *Gros-Pin* avant d'arriver, quelques m. plus haut, au **col de La Croix** (Alt. : 150 m.), sur l'une des crêtes de la presqu'île du *cap Camarat;* ravissante vue des montagnes des Maures.

La r., entrecoupée de raidillons et de petites rampes (1', 2', 8' et 4'), descend sur des coteaux couverts de bouquets de bois, de vignes, d'arbres fruitiers. A dr., au faite d'un sommet, est juché le village de Gassin dont on rejoint (1) bientôt le ch. qui en descend (2.5).

Gassin et Ramatuelle (*V.* ci-dessous), les deux plus curieux villages de la région, méritent d'être visités si l'on dispose de tout son temps. Rappelant l'un et l'autre l'occupation sarrasine, ils en ont conservé d'intéressants vestiges, et offrent des panoramas merveilleux du haut des terrasses de leurs vieux remparts.

Après avoir traversé un dernier passage à niveau, on découvre le *golfe de Saint-Tropez*, vers l'E., et l'on arrive par une belle plaine fertile au **carrefour de La Foux (2.8)**, devant l'entrée de la r. de Fréjus, par Sainte-Maxime (*V.* l'itinéraire de la page 101), et à l'intersection de la r. d'Hyères (*V.* l'itinéraire de la page 91) à Saint-Tropez (*V.* l'itinéraire ci-dessous).

DU CARREFOUR DE LA FOUX A SAINT-TROPEZ

Par Bertaud.

Distance : **5** kil. **800** m. *Côtes :* **7** min.

La r. de Saint-Tropez, à dr., passe devant le ch. (**0.2**) qui conduit à la gare de La Foux (0 1 — Buvette) et traverse la plaine vignoble, qu'arrose le ruisseau descendant du *col de La Croix* (*V.* page 98). Un peu plus loin, devant la halte de Bertaud (**1**), on voit le fameux **pin de Bertaud** (arbre classé : 10 m. de circonférence à la base), planté au milieu de la r., vis-à-vis du ch. de Gassin (3.7) et de Ramatuelle (6.3 — *V.* ci-dessus) qui se détache à dr.

Après une courte rampe (2'), la r. vient longer à peu de distance la rive du *golfe de Saint-Tropez*, dont la configuration au pied des montagnes, dans un cadre de rives délicieuses, donne l'aspect d'un ravissant lac.

Quelques légères ondulations (3' et 2') précèdent une belle avenue, bien ombragée, qui mène à l'entrée de

Saint-Tropez (Ch.-l. de c. — 3.509 hab.), joli port au bord du golfe.

A l'extrémité de l'avenue, continuant à g. par la rue *Allard*, on arrivera au quai du *Port* où se trouve, à dr., l'hôtel *Continental* (**1.6**. — Café du *Var*).

Visite de la ville de Saint-Tropez (environ 1 h. 1/2). — Suivant le quai du *Port*, on passe devant la *statue du Bailli de Suffren*. Un peu plus loin, à l'entrée d'une rue perpendiculaire au quai, on pénétrera dans la vieille ville par le passage voûté qui se présente devant soi, servant de poissonnerie. De l'autre côté du passage, monter à dr. la rue du *Marché*; ensuite prendre à g. la rue transversale des *Quatre-Coins*, puis à dr. la rue du *Clocher*.

On laisse à g. la rue du *Commandant-Guichard*, ainsi que l'église paroissiale (buste très vénéré de Saint Tropez), et, au delà de l'église, quittant la rue du Clocher, on s'engage à dr. dans la rue du *Portail-Neuf*; à l'extrémité de celle-ci apparaît le campanile de l'ancien hôpital. Après avoir parcouru cinquante m. dans la rue du Portail-Neuf, on rencontre le croisement de la ruelle escarpée de la *Citadelle*. Cette ruelle, à g., coupe plus haut la rue de l'*Aire-du-Chemin* et conduit au pied du mamelon qui porte la **Citadelle**.

Gravissant vis-à-vis un sentier rapide, on atteindra la poterne de la citadelle, aujourd'hui inoccupée mais qu'on peut visiter en s'adressant au gardien (gratification, 50 c.; du faîte du donjon, magnifique vue sur les environs de Saint-Tropez et le golfe).

De la citadelle, redescendre vers la ville et, revenu à la croisée de la rue de l'Aire-du-Chemin, suivre celle-ci à dr., à l'angle d'une massive construction qui dépendait de l'ancien château. On néglige successivement à dr. une petite place, avec fontaine, et, plus bas, une étroite terrasse ombragée d'un acacia. Ici, un autre passage voûté donne accès dans une rue qui aboutit à la place de l'*Hôtel-de-Ville*.

Sur cette place, tournant à dr., on aperçoit l'Hôtel de Ville, et, au coin de ce monument, la curieuse ruelle *Sous-la-Glaye* descendant au petit *port de la Pointe*, le centre du quartier des pêcheurs. Vis-à-vis de l'Hôtel de Ville, remarquer une maison dont le portail en bois est finement sculpté. Au bas de la place, se dirigeant vers le port, on voit à dr. un vieux bâtiment, reste de la demeure du Bailli de Suffren.

Revenu au quai, on pourra encore contourner le port, à dr., et aller jusqu'au bout de la jetée, terminée par un phare; vue intéressante de la ville et du golfe.

De la jetée, revenir à l'hôtel.

DU CARREFOUR DE LA FOUX A FRÉJUS

Par Saint-Pons, Sainte-Maxime et Saint-Aygulf.

Distance : **32** kil. **100** m. *Côtes :* **17** min.

Nota. — Ravissante route, à peu près plate, qui longe la mer, dont on ne reste un peu éloigné qu'entre le carrefour de La Foux et le hameau de Saint-Pons, ainsi qu'entre Saint-Aygulf et Fréjus.

La r. de Fréjus, à g., traverse le petit estuaire de La Foux, formé, à l'extrémité S. de la vallée-plaine de Cogolin, par la réunion du *Giscle*, de la *Mole* et de la *Garde*. On gravit une courte montée (3'), en laissant à g. (**2.3**) le ch. de Grimaud (5.5), près du hameau de Saint-Pons.

La r. contourne le golfe de Saint-Tropez et, au delà d'une côte (4'), vient côtoyer le rivage ; à g., entrée monumentale de la *villa Dubouchage*, au bas des versants boisés des Maures. On franchit la rivière de *Sainte-Maxime* avant d'atteindre **Sainte-Maxime** (**6.5** — 1.130 hab.), station hivernale et de bains de mer, l'une des plus fréquentées de la région.

Pour se rendre au *Grand-Hôtel* de Sainte-Maxime, il faut, parvenu à la place des *Palmiers*, où se trouvent les cafés, prendre la rue à g., à l'angle du café de *France*. Quelques m. plus loin, on arrive à une petite place plantée de trois platanes ; ici, suivre la rue à dr. qui conduit au Grand-Hôtel (**0.4** du quai).

Continuant à longer la mer, avec une vue superbe sur Saint-Tropez (*V.* page 100), de l'autre côté du golfe, on monte légèrement pour doubler le *cap des Issambres*. Plus loin, après un bouquet de bois, on côtoie une grande plage et l'on dépasse les petites villas du hameau de La Nartelle (**7.5**), tandis qu'à g. s'ouvrent de nombreux vallons tapissés de bois.

Le décor change : le golfe de Saint-Tropez disparaît en arrière et l'on découvre le *golfe de Fréjus*, au delà du *poste des douaniers* des Issambres (**1.5**).

La r., semblable à une allée de parc, s'éloigne un peu du rivage pour traverser des bois de chênes-lièges et de pins, entre lesquels des échappées permettent d'entrevoir de ravissantes petites criques, des baies et des plages minuscules. On s'écarte davantage de ces bords enchanteurs en pénétrant dans le *domaine de Saint-Aygulf* (Côtes : 3' et 4'), loti en terrains ombragés, percés de boulevards encore solitaires, mais où s'édifient chaque jour de nouveaux cottages; on passe entre la *chapelle de Saint-Aygulf* et la gare (**5.8**).

La r., sortant des bois, infléchit au N. et remonte la vallée de l'*Argens*, largement ouverte entre la chaîne capricieusement découpée des *montagnes de l'Estérel*, à l'E., et le massif boisé des Maures, à l'O. Dépassé le ch. du *château de Villepey*, à g. (**3**), on atteint plus loin, près d'un arbre isolé, **l'embranchement du chemin de Fréjus**, à dr. (**1**).

Ici, quitter la r. de Roquebrune (*V.* page 95), devant soi, et continuer à dr. dans la direction de Fréjus. On traverse de l'O. à l'E. la vallée-plaine de l'Argens, puis le pont métallique jeté sur cette rivière, avant de rejoindre (**3.6**) la **route nationale de Toulon à Fréjus** (*V.* les itinéraires des pages 103 et 107).

Tournant à dr. on franchit le *Reyran*, affluent de l'Argens.

Quelques m. au delà du pont, un ch. à g. conduit aux ruines voisines des **Arènes de Fréjus** (**0.1**) dont l'entrée, publique, se trouve à g., à l'extrémité de la grille qui entoure la maison du gardien. Une r. traverse l'amphithéâtre de part en part dans le sens de son grand axe.

L'avenue, qui précède l'ancienne cité romaine de **Fréjus** (Ch.-l. de c.—3.510 hab.—Cafés des *Négociants*, du *Cours*), se prolonge, en montant (3'), par la rue de la *Liberté*; on passe au-dessous de l'esplanade de la place *Agricola*, à g. Immédiatement à dr., dans la rue de la Liberté, est situé, au n° 8, l'hôtel du *Midi* (**0.9**).

Visite de la ville de Fréjus (environ 1 h. 1/2). — Au delà de l'hôtel du *Midi*, on monte la rue de la *Liberté* jusqu'à la place du *Marché*, ornée du *buste de Desaugiers*. Ici, ayant descendu à dr. la r. de Saint-Raphaël, pendant quelques m., on prend aussitôt, encore à dr., l'étroite rue *Montgolfier* qui conduit au passage à niveau du ch. de fer.

De l'autre côté de la voie, le b[d] de la *Mer* longe à g. les vestiges de la **Citadelle romaine** qui défendait autrefois le port de Fréjus à l'O. Parvenu à l'extrémité S. du tracé du rempart, on quittera le b[d] de la Mer (direction de la plage, à 1.500 m.), pour continuer à g. par un ch. qui, contournant la citadelle, conduit devant la porte d'un pré, à l'E. des ruines. Ici, abandonner le ch., qui s'éloigne à dr. entre des murs, et traverser le pré, à g. Après un moulin, on rejoint une r.; celle-ci passe sous le ch. de fer et ramène vers la ville par une rampe, entre les restes d'anciennes fortifications, à g., et la ruine romaine de la **Porte-Dorée**, à dr.

Au faîte de la rampe, à la place *Dorée*, prenant la rue *Grisolle*, à g., on regagnera la place du *Marché*.

Sur la place du Marché, laissant devant soi la rue *Nationale* (r. de Cannes), on s'engage à dr. dans la rue *Sieyès* pour se rendre à la place de l'*Evêché*, où s'élève à g. la **Cathédrale**. Celle-ci possède un cloître et un **baptistère** intéressants.

A la sortie de la cathédrale, reprendre à g., à l'angle de l'Evêché, la rue *Desaugiers*; on traverse la petite place *Rieulphe*, en longeant la partie ancienne de l'évêché, massive construction à pierres saillantes, et, par la rue *Reynaude*, on atteint la place du *Cours*.

Cette place, formant promenade plantée d'arbres, domine au S. la campagne qui a remplacé aujourd'hui le port où jadis les Romains pouvaient abriter plus de deux cents navires; très belle vue sur Saint-Raphaël, la mer et les hauts sommets de l'Estérel; à g., on entrevoit les vestiges d'une seconde citadelle qui défendait le port à l'E.

Au N. de la place du Cours, s'ouvre une porte donnant sur la r. nationale de Fréjus à Cannes par l'Estérel. En suivant cette r. à g. on revient vers Fréjus; en la suivant à dr., pendant quatre cents m. jusqu'à la hauteur de la *borne 90.5*, on pourrait aller visiter les ruines de l'**Aqueduc romain**, en partie situées à g. dans un clos (*V.* page 121).

DE TOULON A PIGNANS

Par La Valette-du-Var, La Farlède, Solliès-Pont, Cuers, Puget-Ville et Carnoules.

Distance : **36** kil. **800** m. *Côtes :* **1** h. **25** min.
Pavé : **10** min.

Nota. — Cet itinéraire et le suivant constituent la route nationale de Toulon à Fréjus par l'intérieur des terres. Cette route se déroule à travers une large dépression de terrain, sorte de vallée-plaine d'une fertilité exceptionnelle, qui, décrivant un arc de cercle au N. des montagnes des Maures, isole ce massif du reste de la Provence.

Trajet très accidenté entre Toulon et Pignans; longues rampes, mais bon terrain.

Si l'on a l'intention de visiter les Chartreuses de Montrieux (*V.* ci-dessous), on fera bien de coucher à Solliès-Pont (hôtel modeste) et l'on ira déjeuner le lendemain à la ferme de Montrieux-le-Vieux. Dans le cas où l'excursion aux Chartreuses serait négligée, l'étape entre Toulon et Fréjus est bien partagée en s'arrêtant le soir à Pignans; toutefois, on se trouverait beaucoup mieux, un peu plus loin, au Luc (*V.* page 107).

De Toulon à l'embranchement de la route de Solliès-Pont (**6.7** — Côtes : 5' — Pavé : 36'), *V.* page 82.

Laissant à dr. la r. d'Hyères, on continue devant soi par la r. nationale de Fréjus qui monte (6'), puis ondule au pied des contreforts E. de la *montagne du Coudon.* On domine à l'E. les étendues grasses et vertes des champs extraordinairement fertiles de La Crau, arrosées par le *Gapeau* et bornées à l'horizon par le beau massif des *montagnes des Maures.*

Dépassant La Farlède (**4.9**), ensuite Solliès-Ville (**1.8**), ou la *Haute-Ville*, perchée à g. sur la montagne, on entre dans **Solliès-Pont** (**1.3** — Pavé : 4' — Ch.-l. de c. — 2.701 hab. — Hôt. des *Voyageurs*).

La rue de la *République* traverse tout le bourg, que partage en deux le pont sur le Gapeau, rivière qui prend naissance dans le vallon de Montrieux. Plus loin, hors du bourg, la r. de Fréjus laisse à g. (**0.1**) le ch. de Belgentier par lequel on peut se rendre aux *Chartreuses de Montrieux.*

Excursion recommandée au départ de Solliès-Pont. — Les Chartreuses de Montrieux (30 kil. 800 m., aller et retour. — Côtes : 1 h. 1/2 — Parties à faire à pied : 4 kil. 800 m.).

Le trajet, entre Solliès-Pont et les Chartreuses, présente une montée presque continuelle et un terrain très mauvais aux trois derniers kilomètres. L'excursion peut aussi se faire en voiture particulière (8 à 10 fr. chez M. *Faucou*, loueur à Solliès-Pont).

Itinéraire : Le ch. de Belgentier (r. de Digne) remonte la rive g. du vallon du Gapeau, au début entre des collines dénudées sur lesquelles s'étagent peu à peu des terrasses plantées d'oliviers. Légère rampe jusqu'au hameau des Sénès (**0.9**), suivie d'une courte descente vers des plâtrières ; à g., se détache (**1**) le ch. de Solliès-Toucas (0.5). La montée s'accentue et demeure constante (1 h 1/2); on néglige à g. (**1.9**) le ch. de La Guiranne, hameau sur la rive dr. de la rivière. Cent m. plus loin, à hauteur de la *borne 3.9*, s'ouvre à dr. le *vallon de Valcros*.

Un sentier, qui remonte la rive g. du ruisseau de Valcros, passe devant une belle source et conduit à la *grotte de Truébis*, située à trois cents m. de la r. Pour visiter, se faire accompagner par quelqu'un du pays.

Après le village de Belgentier (**3.6**), qui possède une bordure de platanes géants, le vallon se resserre et devient ravissant; on croise de pittoresques ravins boisés d'où émergent les belles dentelures d'escarpements rocheux, puis l'on dépasse le hameau de Pachoquin (**2.1**), vis-à-vis la jolie propriété de *Gavaudan*, sur l'autre rive, au pied d'un superbe paroi de rocher.

Au hameau suivant du Martinet (**1.9**), où il serait préférable de laisser en garde automobile ou bicyclette, on abandonne la r. de Digne (direction de Brignoles, à 22 kil., par La Roquebrussanne) et l'on prend à g., devant une croix, le ch. de Montrieux. Celui-ci, encore à peu près bon pendant un kil., franchit un ruisseau affluent du Gapeau, puis serpente sous bois à travers une ravissante gorge pour atteindre la bifurcation (**1.2**) des ch., presque de chars, qui mènent : celui de dr. à Montrieux-le-Vieux et celui de g. à Montrieux-le-Jeune.

Continuant par le ch. de dr., on traversera, un kil. plus loin, le Gapeau (gué ou passerelle) avant d'arriver à la *ferme de Montrieux-le-Vieux* (**1.3** — rafraîchissements et repas modestes). Celle-ci occupe les ruines de la plus ancienne des Chartreuses fondées dans ces parages, au milieu d'un site délicieux égayé par de nombreuses sources et des ruisselets affluents du Gapeau.

De la ferme de Montrieux-le-Vieux, redescendre à la bifurcation (**1.3**) de Montrieux-le-Jeune. Ici, franchissant de nouveau à dr. le Gapeau (gué ou passerelle), on gagnera par un étroit vallon latéral, très escarpé, la *Chartreuse de Montrieux-le-Jeune* (**1.1**), blottie dans un creux touffu et sauvage de la forêt où les moines de Montrieux-le-Vieux s'étaient retirés.

Depuis l'expulsion des pères, qui répandaient le bien dans tout le pays et qui pratiquaient la plus large hospitalité, un gardien laïc a été attaché au couvent, qu'on peut toujours visiter (gratification), mais dont l'abandon jette une teinte profonde de mélancolie sur ces lieux solitaires.

De la Chartreuse de Montrieux, on peut aussi aller voir (à pied : 3 à 4 h. ; guide à la Chartreuse ; gratification de 3 à 4 fr.) les *aiguilles de Valbelle*, curieuses roches de dolomies, étrangement découpées ou profilées, situées sur le revers opposé de la montagne, qui s'élève au S. de la Chartreuse, dans un paysage rappelant le *Montpellier-le-Vieux* des Cévennes.

Retour de Montrieux à Solliès-Pont par le même ch. (**14.1**).

Au delà de Solliès-Pont, la r. de Fréjus, longeant le pied de belles collines, à g., continue à s'élever (10', 6' et 8') au milieu des champs d'oliviers, de vignes et de mûriers dont la verdoyante nappe s'étend jusqu'à la base du massif des Maures, à l'E. On passe à **Cuers** (**5.7** — Ch.-l. de c. — 3.383 hab. — Hôt. des *Négociants*), que domine un tertre portant les ruines d'un château féodal et une chapelle moderne.

De Cuers partent : à g., la r. de Brignoles (25), et, à dr., celles de Pierrefeu (5) et d'Hyères (22.3), *V. d'Hyères à Brignoles*, page 88.

Agréable descente de trois kil. ; à g., s'ouvrent de beaux vallons tandis que devant soi l'horizon déploie un vaste décor de montagnes.

La r. croise deux fois la ligne du ch. de fer, puis remonte pendant deux kil. et demi (35') pour gagner Puget-Ville (**8.1** — Hôt. des *Voyageurs*), d'où s'éloigne à g. un ch. vers Brignoles (23.3). Les rampes se succèdent (3', 2', 3' et 7'), découvrant des vues grandioses. A la *borne 30*, on atteint le culmen d'une large arête, délimitant les bassins du *Gapeau* et de l'*Argens*, puis l'on descend vers Carnoules (**4.6**), bâti en amphithéâtre sur le coteau g. Au-dessous de ce village, une bizarre construction, flanquée d'une sorte de donjon et d'une tour à poivrière, peinte en jaune vif, attire le regard et souligne l'austérité du paysage d'une note gaie.

Les montagnes se rapprochent; la r. traverse un pli de terrain que la nature du sol rougeoie, puis descend rapidement vers **Pignans** (**3.3** — Hôt. du *Lion-d'Or*), vieux village manquant d'attrait.

DE PIGNANS A FRÉJUS

Par Gonfaron, Le Luc, Vidauban, Le Muy et Puget-sur-Argens.

Distance : **53** kil. **300** m. *Côtes :* **57** min.

Nota. — Route agréable, légèrement ondulée après la montée qui suit Pignans.

Au sortir de Pignans on gravit une rampe de trois kil., en grande partie faisable (Côte : 4'), ayant en vue à dr. la montagne de *Notre-Dame-des-Anges*, l'un des deux principaux sommets du massif des Maures (*V.* ci-dessous). La r. descend ensuite à Gonfaron, village groupé sur une petite éminence à g. (**5.6** — Café-hôtel de l'*Univers*).

C'est de Gonfaron qu'on peut faire le plus aisément l'ascension (à pied : 4 h., aller et retour) de la **montagne de Notre-Dame-des-Anges**, située de l'autre côté de la vallée, sur la rive dr. de la rivière de l'*Aille*. De la chapelle qui couronne la cime (Alt. : 779 m.), on a un panorama magnifique sur tout le massif des Maures, la vue n'étant un peu masquée à l'E. que par la *Sauvette* (Alt. : 779 m.), le second point culminant des Maures.

La r. ondule le long du ch. de fer, puis, coupant la ligne sous un pont, s'élève légèrement pour gagner, parmi des oliviers et des champs, le gros village du **Luc** (**9.4** — Côtes : 2' et 2' — Ch.-l. de c. — 2.746 hab. — Hôt. de la *Poste ;* du *Parc* avec beau jardin — Cerises et primeurs réputées).

A l'entrée du Luc, on dépasse à dr. les ruines d'une ancienne église adossées à une tour octogonale. Plus loin, parvenu à une première place, continuer par la rue à dr. qui rejoint, devant une autre place, plus petite, plantée d'arbres, la r. de Brignoles (23 — *V.*, en sens inverse, de *Brignoles au Luc*, page 181), à g.

Au fond de la placette, des escaliers permettent de gravir (15') le monticule sur lequel subsistent les ruines importantes de l'ancien *château des Masques* (vue magnifique) et la *chapelle Saint-Joseph*, du côté opposé à la montée.

La rue d'*Italie*, à dr., passe (**0.1**), près d'une fontaine surmontée d'une colonne, entre le ch. de Carcès (20.3), à g., et celui de l'*Etablissement thermal des eaux de Pioule* (1.3), à dr.

L'Etablissement thermal des eaux de Pioule demeure ouvert toute l'année. Les eaux, analogues à celles de Contrexéville et de Vittel, sont employées en boisson et en bains, dans le traitement des maladies des voies urinaires, la gravelle, etc. Près de l'établissement se trouvent le Casino et le *Grand-Hôtel de Pioule* (1er ordre).

En dehors du Luc, on laisse successivement, à dr. (**0.7**), un autre ch. dans la direction de Pioule (0.7), puis (**0.9**) celui de La Garde-Freinet (19.5).

La r., excellente, traverse un passage à niveau, au pied de la colline escarpée que couronne le village du Cannet-du-Luc, ensuite passe plus loin sous la ligne. Après une légère rampe, une descente, toute droite, conduit dans le riche bassin de Vidauban, arrosé par l'*Argens* et entouré de beaux sommets boisés, dont le plus élevé, une butte conique, porte la *chapelle Sainte-Brigitte;* à g., se détache (**8.2**) le ch. du Thoronet.

Le ch. du Thoronet, qui conduit également aux ruines de l'**abbaye du Thoronet,** remonte la charmante vallée de l'*Argens*, bientôt resserrée et très agreste; il passe dans le voisinage de la cascade du *Saut de Saint-Michel*. La rivière présente des rapides coulant entre de beaux rochers; sur les rives s'ouvrent plusieurs grottes dont la principale, appelée la *chapelle de Saint-Michel-sous-Terre*, mesure 7 m. de haut, 15 m. de long et 6 m. de larg.

Au delà du *moulin d'Entraigues* (**4.6**), le ch. continue à suivre les méandres de la vallée, passe au-dessous du hameau des Bertrands (**2.8**), et atteint l'embranchement (**4.2**) du ch. du *château de la Martinette*, situé sur la rive g. de l'Argens. Ici, obliquant vers l'O., on s'éloigne de la rivière pour aller rejoindre (**2.5**) la r. du Luc à Lorgues sur laquelle on tourne à dr. Cinq cents m. plus loin, abandonnant la r. de Lorgues, on s'engage à g. sur le ch. du Thoronet (**1**). Du Thoronet à l'abbaye du Thoronet (**3.5**), *V*. p. 180.

Au centre du village de Vidauban (**0.7** — Hôt. *Continental*), on néglige à dr. un autre ch. vers La Garde-Freinet (19.3) et Saint-Tropez (41.6); puis, après la place, ornée d'une fontaine avec lions, on laisse à g. le ch. de Lorgues (10.7).

A la sortie de Vidauban, la r. s'élève (8') à travers les gracieux mamelons de l'*Escaravol*, ensuite elle descend et franchit (**1.1**) l'Argens, au cours torrentueux, un peu avant le *carrefour des Quatre-Chemins* (**0.3**), où viennent rejoindre les deux r. de Lorgues (11) et de Draguignan (12 — *V.*, en sens inverse, de *Draguignan à Vidauban*, page 176).

La r. de Fréjus, à dr., ondule légèrement (Côtes : 3', 5' et 3') au milieu d'une opulente plaine vignoble; à g., on aperçoit à mi-colline le gros bourg des Arcs, tandis que de ravissants sommets limitent les deux versants de la vallée. Plus loin, après un passage à niveau, la *Roche-Rousse*, à dr., surgit de la verdure des bois; à g., se détache (**6.5**) un autre ch. vers Draguignan (12), par Trans (7 — *V.*, en sens inverse, de *Draguignan au Muy*, page 176).

Dépassé la bourgade prospère du **Muy** (**1.4** — Hôt. *Ferrat* — Tour de Charles-Quint — scieries — prunes Reine-Claude réputées), au débouché du ch. de Cogolin, par les Maures (*V.* page 93), on franchit la *Nartuby* près de son confluent avec l'Argens. Plus loin, la r. s'élève (6') sur un mamelon rocheux, puis traverse l'*Endre*, parallèlement au pont du ch. de fer. On monte encore (8'), doublant à dr. l'imposant *rocher de Roquebrune*, aux reflets rougeâtres, dernier éperon avancé du massif des Maures vers l'E.

A la descente suivante, la vue devient plus étendue : à g., les chaînons de la *Colle du Rouet* chevauchent joliment les uns sur les autres, colorés de mauve et de violet; à dr., la plaine de Fréjus s'ouvre largement dans la direction de la mer et du **chemin de Roquebrune** qu'on dépasse (**6**).

La r., décrivant une courbe, s'abaisse vers la plaine de Fréjus, bornée à l'E. par les capricieuses dentelures des *montagnes de l'Estérel;* elle ondule ensuite (Côtes : 3', 3', 4' et 3') jusqu'au delà de Puget-sur-Argens (**3.9**), village sans intérêt.

Après avoir longé un moment un canal d'irrigation, on laisse à g. (**3.9**) le ch. de Bagnols (16.8), puis, à dr. (**0.4**), le ch. du carrefour de La Foux, par Saint-Aygulf et Sainte-Maxime.

De l'embranchement du ch. de Sainte-Maxime à **Fréjus** (**0.9** — Côte : 3'), *V.* page 102.

DE FRÉJUS A CANNES

2 ITINÉRAIRES

Itinéraire A. — Par Saint-Raphaël, Boulouris, Agay, Anthéor, Le Trayas, Théoule, La Napoule et Les Termes.

Distance : **47** kil. **300** m. *Côtes :* **2** h. **4** min.
Pavé : **2** min.

Nota. — Cet itinéraire, par le littoral, longe la lisière S. du massif de l'Estérel, baignée par la Méditerranée, et suit la merveilleuse route de la Corniche de l'Esterel, due à l'initiative du Touring-Club de France, entre Saint-Raphaël et La Napoule.

Ce trajet, d'une incomparable beauté, légèrement accidenté de Saint-Raphaël à La Napoule, présente une côte de deux kil., après le Trayas, pour franchir le col de l'Esquillon.

Si l'on doit visiter l'intérieur de l'Estérel, Agay sera le meilleur point de départ des excursions.

Au delà de l'hôtel du *Midi*, on monte (2') la rue de la *Liberté* jusqu'à la place du *Marché* (**0.1**) d'où partent : à g., la rue *Nationale*, commencement de la r. de Cannes, par l'Estérel (*V.* itin. B., page 120), et, à dr., la rue *Grisolle* début de la r. de Saint-Raphaël.

La rue Grisolle, qu'on prend à dr., descend et passe au-dessous de la ville et de la terrasse du Cours. De ce côté, un peu à g. et à hauteur de la *borne 8.4*, on entrevoit les vestiges de la *citadelle romaine de l'Est* qui défendait le port de Fréjus, alors que toute la plaine fertile qu'on traverse, aujourd'hui occupée par des jardins maraichers, était autrefois recouverte par la mer.

La r. infléchit au S.; à dr., dans la campagne, pointe une petite tour, coiffée d'un cône de pierre, appelée la *Lanterne d'Auguste*; celle-ci aurait servi de phare à l'époque où existait le port romain. Ayant franchi la *Garonne*, on laisse à g. le bd de *Valescure* pour suivre à dr. la rue de *Fréjus*.

La station hivernale de **Valescure**, dont le territoire relève en partie de Fréjus, située à trois kil. sur le coteau boisé qui abrite Saint-Raphaël au N.-N.-O., forme une agglomération de villas, habitées par les hivernants, sans présenter le caractère d'un village ou d'un hameau. Cette station, avec celle de Boulouris (*V.* page 112), également voisine de Saint-Raphaël, mais plus rapprochée de la mer, se partagent la vogue.

La rue de Fréjus, laissant à g. la ruelle des *Templiers* (qui conduit à l'église du vieux Saint-Raphaël, adossée à la tour massive d'une ancienne commanderie de l'ordre des Templiers), monte (3') dans **Saint-Raphaël** (**3.2** — 4.270 hab. — *Continental Hôtel et des Bains*, 1er ordre; des *Négociants*, simple; Cafés du *Casino*, des *Bains*, — station hivernale et de bains de mer très fréquentée), ensuite descend vers la place *Carnot*, où se trouve la Mairie.

Ici, inclinant à dr., on arrive, au bas de la pente, vis-à-vis une voûte du ch. de fer. De l'autre côté de cette voûte, ne pas s'engager dans la rue *Gambetta*, devant soi, mais tourner de suite à g. le long de la ligne, pour monter (2'), presque aussitôt à dr., la rue du *Progrès*. On traverse la place *Alphonse-Karr* (à g., la place de la gare), puis l'on continue par le bd *Félix-Martin*.

Le bd Félix-Martin, principale artère de la ville, laissant à dr. les rues qui descendent au *port* (*pyramide commémorative* du débarquement du général Bonaparte à son retour d'Egypte), et, à g., celles qui desservent le quartier neuf, passe devant la belle *église de Notre-Dame de la Victoire*, puis devant le *Casino*, à dr., pour aboutir au rivage. A cet endroit, le bd tourne à g. et forme une ravissante terrasse au-dessus de la *plage des bains*, offrant une vue splendide sur le massif des Maures, à l'O., et sur la mer d'où émergent, un peu à g., deux curieux îlots rocheux, appelés le *Lion de terre* et le *Lion de mer*.

Plus loin, le bd, bordé à g. de nombreuses villas de tous styles, prend le nom de bd du *Touring-Club de France*, au début de l'enchanteresse *route de la Corniche de l'Estérel*, qui commence à Saint-Raphaël; vue magnifique sur le golfe et les deux îlots des Lions.

On s'écarte de la mer pour franchir la *pointe des Lions* (Côte : 5') et longer le *parc Calvet*, à dr. La r., courant entre les pins, se rapproche un moment d'une profonde tranchée où s'encaisse la ligne du ch. de fer; puis, ondulée, descend et remonte tour à tour (Côte : 2' et légère rampe), venant affleurer deux criques au bord de la mer, celle-ci longtemps masquée par des propriétés.

On passe au milieu des villas qui constituent le groupe de **Boulouris** (**4.1** — *Grand-Hôtel* — station hivernale très fréquentée) avant de regagner le rivage, au delà de bois de pins. La r. épouse alors les anfractuosités de la côte, déchiquetée en calanques ceintes de superbes roches de porphyre rouge (Montées : 2' et 3'); en face, se dresse le piton boisé du *cap Dramont*, couronné par un sémaphore.

Après avoir passé sous le pont de décharge d'une importante carrière de grès bleu, on revient en bordure de la voie ferrée pour gravir une assez longue rampe. (4' — Café du *Cap Dramont*). La r. descend ensuite en lacets le revers opposé de la base du cap; puis elle contourne (Côte : 6') la rive O. de la profonde *baie d'Agay*, rade de refuge, abritée au N.-E., par le beau chaînon du *Rastel d'Agay*. On laisse à dr. et à g. les quelques villas du hameau d'**Agay** (**5.8** — Hôt. d'*Agay*, avec terrasse et jardin), une des plus jolies et des plus agréables petites stations hivernales et de bains de mer de la côte.

Excursions recommandées au départ d'Agay. — Agay est le meilleur point de départ pour visiter et parcourir le massif des **monts de l'Estérel**, dont les magnifiques roches primitives sont entourées d'une forêt domaniale de toute beauté, véritable parc national percé d'un grand nombre de routes forestières et de sentiers bien entretenus. Les sites de l'Estérel, dans la zone comprise entre les deux itinéraires A. et B., rivalisent entre eux comme charme et variété. Les paysages de cette petite Suisse provençale présentent un enchevêtrement si extraordinaire de gorges sauvages, de vallons romantiques, de défilés farouches, au-dessus desquels émergent les cimes de pics superbement dentelés, qu'on croirait cette étonnante région appartenir à un monde élyséen. Cependant, malgré l'état relativement bon des routes du massif, les cyclistes et les automobilistes trouveront quelque difficulté à y circuler : les premiers, à cause de la nature du sol, dans maint endroit, très accidenté, parsemé de sable ou de cailloux; les seconds, à cause de l'étroitesse des voies, des tournants dangereux et de la rapidité des pentes.

Nous indiquons ci-dessous les quatre routes au départ d'Agay qui font le mieux connaître l'Estérel. A titre d'essai, on pourra parcourir en machine la première de ces r.; néanmoins, pour visiter agréablement cette belle région, beaucoup de personnes trouveront préférable de la parcourir soit à pied, soit en voiture particulière (voitures de louage à l'hôtel d'Agay; prix à débattre).

Les trois premières routes vont d'Agay au Trayas (*V.* ci-dessous), hameau qui possède une gare où l'on peut prendre le train pour rentrer à Agay (1 fr. 10, 75 c. ou 45 c.; trajet en 20 min.).

Note importante. — Dans la crainte des incendies, il est expressément recommandé de ne pas fumer, et interdit, sous les peines les plus sévères, d'allumer du feu dans la forêt de l'Estérel.

D'Agay au Trayas, trois itinéraires : 1° (**12** kil. **300** m.) — Par la maison forestière du Gratadis (**3.5**), la Baisse de l'Aire (**1.7** à la bifurcation de la r. de Saint-Barthélemy), la maison de refuge de la Sainte-Baume (**1.3**), le col l'Evêque (**2.5**) et Le Trayas (**3.3**).

Itinéraire : Partant de l'hôtel d'*Agay*, on descend la r. de Cannes pour passer sous la ligne du ch. de fer dont le talus barre. au N., dans toute sa largeur, l'entrée de la vallée de la rivière d'*Agay*. Cette rivière franchie, deux cents m. après le pont, on abandonne la r. de Cannes, qui repasse à dr. sous une seconde voûte, et l'on s'engage à g. sur la r. forestière du Gratadis.

Cette r., assez bonne, remonte insensiblement la rive g. de la vallée où vient déboucher, à g., le beau *val Perthus*, arrosé par le ruisseau de la *Cabre*, et traverse plus loin l'Agay, à un gué. On monte ensuite sous bois (18') jusqu'à la *maison forestière du Gratadis*, point de départ de la plupart des promenades dans l'Estérel.

La r. du Trayas, à dr., descend pour franchir de nouveau la rivière à un autre gué (pavé), puis s'élève (10', 15', 5' et 8') à l'ombre des pins dans le délicieux *vallon du Gravier*. Plus haut, négligeant à dr. la r. du Trayas, par Saint-Barthélemy (*V.* 2°), on arrive en vue de la *maison de refuge de la Sainte-Baume*. Près de l'habitation se détache à dr. le sentier qui conduit à la *fontaine de la Sainte-Baume* (à 200 m.), à l'*ermitage* ou *grotte de la Sainte-Baume* (à 20 min. de marche) et enfin au sommet du *cap Roux* (à 1 h.).

La r., aplanie, offre à g. un panorama étendu sur le massif de l'Estérel; parallèlement, on distingue, en contre-bas et de l'autre côté du vallon, le ch. du Gratadis au Trayas, par la rive dr. du Gravier.

Parvenu au *col l'Evêque* (Alt. : 150 m.), d'où l'on découvre la mer, laissant à g. le ch. du Mal-Infernet (3.7), on descend sur le revers S. de l'Estérel. Deux cents m. plus bas, un premier ch., à g., venant du *col des Lentisques* (1.8), rejoint la r. Un peu plus loin, encore du même côté, s'ouvre un second ch., également dans la direction du col des Lentisques (à 40 min.), qu'on pourrait prendre si l'on désirait gravir le *pic d'Aurelle* (Alt. : 316 m. — à 1 h.).

Après une courte montée, au-dessus de la tranchée du ch. de fer on descend pour traverser la ligne au passage à niveau, voisin de la gare du Trayas, et rejoindre la r. de la Corniche.

D'ici, on peut se rendre soit à la gare du Trayas, située à trois cents m. à g.; soit au hameau du Trayas, situé à huit cents m. à dr.

Du Trayas à Agay (10.7) par la r., *V.*, en sens inverse, page 117.

2° D'Agay au Trayas (**14** kil. **400** m.). — Par la maison forestière du Gratadis (**3.5**), la Baisse de l'Aire (**1.7** à la bifurcation de la r. de la Sainte-Baume), la Baisse de Theole (**1.4**), le Pas de Saint-Barthélemy (**2**) et Le Trayas (**5.8**).

Itinéraire : D'Agay à la Baisse de l'Aire (*V.* 1°). Abandonnant la r. du Trayas, par le col l'Evêque, on prend à dr. la r. de Saint-Barthélemy qui, plus loin, après avoir dépassé le *roc de Theole,* à dr., peut être considérée comme une seconde corniche superposée au-dessus de celle du littoral; trajet magnifique et superbes points de vue.

A g., se détache un ch. conduisant au *carrefour des Iris* (à 400 m.) et au *col du Mourlanchin* (à 1.200 m.). La r., qui monte, passe au pied de la *Croix de Mourrefrey* puis laisse, encore à g., un sentier conduisant au sommet *du cap Roux* et à la *chapelle de la Sainte-Baume*; on s'engage entre le *roc Saint-Barthélemy*, à dr. (grotte), et le *Saint-Pilon*, à g., contournant en corniche les masses rocheuses du cap Roux.

On descend franchir les ravins, qui déchirent le flanc du cap, pour se rapprocher de la voie ferrée. Après avoir dévalé quatre rapides lacets, on passe sous la ligne, ainsi que sous la r. de la Corniche, vis-à-vis la *calanque d'Aurelle,* dans le voisinage du hameau du Trayas (*V.* 1°).

3° D'Agay au Trayas (**14** kil. **500** m.). — Par la maison forestière du Gratadis (**3.5**), le col de Belle-Barbe (**0.8**), le roc de l'Evêque ou pas de l'Ecureuil (**3**), le col des Lentisques (**2.6**) et Le Trayas (**4.6**).

Itinéraire : D'Agay à la *maison forestière du Gratadis* (*V.* 1°).

A la maison forestière du Gratadis, laissant à dr. la r. du Trayas, soit par le col l'Evêque, soit par Saint-Barthélemy (*V.* 1° et 2°), on monte à g. la r. du col de Belle-Barbe. Au *col de Belle-Barbe* (Alt.: 44 m.), on néglige à g. la r. de Cannes, par le *col du Mistral* (*V.* p. 115), et l'on continue à dr. pour redescendre dans la vallée de la rivière d'Agay. On franchit cette dernière, à un gué, situé à 1 kil. du col. De l'autre côté de la rivière, on laisse à dr. le ch. du Trayas, par la rive dr. du *vallon du Gravier,* et l'on s'enfonce à g. dans la *gorge du Mal-Infernet* dont les sites sauvages, les rochers formidables, s'écroulant au milieu d'un chaos de blocs titaniques et de floraisons intensives, composent un paysage inoubliable, digne d'un décor de la Walkyrie.

On suit la gorge jusqu'au *roc de l'Evêque,* ou *pas de l'Ecureuil,* situé à 2 kil. environ du gué précédent. Ici, abandonnant la direction de la rivière d'Agay, tourner à dr. et suivre le ch. de chars, médiocrement entretenu, qui remonte le *vallon de l'Hubac de l'Escale* jusqu'au *col des Lentisques* (Alt. : 265 m.).

Du col des Lentisques, se détache sur la g. un sentier, à peu près plat, qui contourne la *montagne de l'Ours* et qui conduit à la *grotte de l'Uzel* (à 1 600 m.), en découvrant des vues merveilleuses sur toute la région.

Au col des Lentisques, on laisse : à g., la r. de Cannes, par le *col Notre-Dame* (1.5), le *col de la Cadière* (2.3), la *maison forestière des Trois-Termes* (2.3), l'embranchement de la r. nationale de Fréjus à Cannes (4.2) et Cannes (11.9) ; et, devant soi, le ch. du Trayas (2.3), par le ravin du *Gazal de Bœuf*, seulement praticable pour les piétons.

Prenant à dr. la r. du *col l'Evêque*, on contourne la base du *pic d'Aurelle*, à dr., et l'on rejoint, à dix-huit cents m. du col des Lentisques, la r. qui descend du col l'Evêque au Trayas. D'ici au Trayas, *V.* 1°.

D'Agay à Cannes (29 kil. 900 m.). — Par la maison forestière du Gratadis (**3.5**), le col de Belle-Barbe (**0.8**), le col du Mistral (**1.8**), le col de Baladou (**1.2**), la Baisse de la Petite-Vache (**1.3**), la Baisse de la Grosse-Vache (**1.2**), la Baisse de Mathieu (**0.5**), la Baisse des Suvières (**1.4**), la maison forestière des Trois-Termes (**2.3**), l'embranchement de la route nationale de Fréjus à Cannes (**4**) et Cannes (**11.9**).

Cette r., l'une des mieux entretenues de l'Estérel, mais aussi l'une des plus accidentées, traverse toute la partie centrale du massif, se maintenant, au delà du col de Belle-Barbe, au-dessous de la ligne de crêtes des monts jusqu'à la maison forestière des Trois-Termes.

Itinéraire : D'agay au col de Belle-Barbe, *V.* 3°

Au col de Belle-Barbe, la r. de Cannes, à g., se séparant de celle du Mal-Infernet, à dr., descend traverser le ravin du *Gratadis* puis monte au *col du Mistral* (Alt. : 90 m.). Ici, laissant à g. la r. qui descend dans le *vallon du Perthus*, on continue à dr. pour gagner le *col de Baladou* (Alt. : 164 m.).

La r. serpente au bas des *monts de la Petite-Vache* et de la *Grosse-Vache*, à g., et franchit une série de dépressions. On atteint ainsi le carrefour de la *Baisse des Suvières*, d'où se détache à g. un ch. qui conduit à la *maison forestière de la Duchesse* (à 5 kil.), cette dernière située a deux kil. et demi de *l'auberge des Adrets*, sur la r. nationale de Fréjus à Cannes (*V.* page 122).

Continuant devant soi, on arrive à la *maison forestière des Trois-Termes*, édifiée au pied des *roches du Marsaou* et des *Suvières*. La r. s'élève ensuite jusqu'au col (Alt. : 309 m.), néglige à dr. le ch. qui vient du *col des Lentisques* (6.1 — *V.* 3°), puis descend les

rampes tracées sur le flanc E. du *Mont-Pelat* pour rejoindre la r. nationale de Fréjus à Cannes, vis-à-vis la *borne 11*.
D'ici à Cannes, *V.* page 123.

Au delà de l'hôtel d'*Agay*, la r. de Cannes continue à descendre au-dessous de la gare; elle passe sous le ch. de fer, puis franchit la rivière d'*Agay*. A dr., la vue de la baie est fâcheusement interceptée par le talus de la ligne. Deux cents m. plus loin, laissant à g. (**0.5**) la r. forestière du Gratadis (*V.* page 113), on repasse à dr. sous une deuxième voûte de la voie ferrée.

La r. contourne la rive E. de la rade d'Agay et rencontre la seconde agglomération du hameau d'Agay, devant la plage et les bains. Ravissante vue de la baie, ouverte entre le *cap Dramont* et la *pointe de la Baumette;* deux petites montées (4' et 3'). Après un bouquet de pins, on laisse à dr. le phare de la Baumette; puis la r., véritable allée de parc, revenant border toutes les sinuosités du rivage, domine de nombreuses petites anses et criques, admirablement découpées, au milieu de roches couleur de feu qui affectent les formes les plus variées; deux montées (2' et 3').

Dépassé **Anthéor** (**1** — Hôt. de la *Corniche-d'Or*), petite station hivernale, composée de quelques élégantes villas, le trajet devient merveilleusement beau : à un tournant, le grandiose *cap Roux* apparait dans toute la somptuosité flamboyante de ses énormes rochers rougeâtres qui avancent dans la mer. La r. contourne la baie d'Anthéor, en passant au bas du grand viaduc à neuf arches du ch. de fer; puis elle s'élève (8') et, après avoir longé un tertre, d'où l'on peut admirer à dr. le *point de vue du Petit-Caneiret* (signalé par un poteau), elle franchit deux ravins sauvages, parallèlement à la voie ferrée. On laisse à g. (**2.3**) le sentier forestier du *col du Saint-Pilon* (1.8) et du *pic de Mourrefrey* (2.1); ensuite, montant encore (5'), on longe le pied du splendide chaos des roches cyclopéennes du cap Roux.

A cet endroit (**0.3**), au milieu d'un site où les magnificences de la nature s'allient heureusement aux plus hardis travaux d'art, le roc, à g., porte une *plaque com-*

mémorative de la construction de la r. (1901-1903). A dr., un banc du T. C. F. convie au repos; au fond de la crique, une petite roche rappelle le profil d'un lion.

On traverse plusieurs fois la ligne du ch. de fer qui s'enfonce dans de profondes tranchées, pour disparaître et reparaître tour à tour, tandis qu'à dr. on domine les belles *calanques Saint-Barthélemy*. Montée (5'), puis descente; à dr., second banc du T. C. F. et *pointe de l'Observatoire* (**1.4** — Vue signalée par un poteau).

La r. franchit la base de la pointe extrême du cap Roux, sur laquelle s'éparpillent en contre-bas quelques habitations; deux montées (3' et 3'). On passe au-dessus de la jolie *calanque du Maubois*; puis une nouvelle descente, au pied du *pic d'Aurelle*, mène au hameau du **Trayas** (**2.2** — 10 hab. — Hôt. de la *Réserve*), station hivernale dont les maisons et villas, coiffées de tuiles, tachettent joyeusement d'écarlate un délicieux fond de verdure.

La r. serpente, en descendant à travers les pins, et offre des échappées, à dr., sur les *pointes du Trayas* (banc du T. C. F.). On passe devant une maison forestière près de laquelle se détachent (**0.8**) : à g. les ch. forestiers du Gratadis (8.8), par la Sainte-Baume (*V.* page 113), des Trois-Termes (10.4), par le col des Lentisques (*V.* page 114), du pic d'Aurelle (2.4 — *V.* page 113) et du pic de l'Ours (3 — *V.* page 115); à dr., le ch. forestier du Gratadis (10.9), par Saint-Barthélemy (*V.* page 114).

Un peu plus loin, en face d'un modeste café (**0.2**), situé à mi-r. de Saint-Raphaël à Cannes, on laisse à g. le ch. qui monte à la gare du Trayas (0.1).

La r., taillée en corniche, monte (4' et 7') et descend alternativement; elle domine à dr. les superbes calanques et les plages découpées au milieu des roches, puis vient au bas du *pont Notre-Dame*, à une seule arche surélevée, de la ligne du ch. de fer, devant une jolie anse (**0.7**). Ce site ravissant a été choisi pour la pose d'une seconde *plaque commémorative* de la construction de l'admirable r.

Un majestueux contour, en descente, mène au-dessus de la *plage de la Figueirette*, encadrée d'un paysage élargi, au débouché de plusieurs vallons de l'Estérel. A dr., dans la direction de la mer, on aperçoit la bâtisse blanche du château de l'*île Saint-Honorat*, cette dernière appartenant au groupe des *îles de Lerins*.

On s'élève de nouveau (3') pour dépasser un port miniature, où balancent des barquettes, et décrire ensuite plusieurs circuits dans les ravins boisés qui précèdent les sept lacets (25') du **col de l'Esquillon** (**2** — Alt. : 85 m.).

Au col, un sentier à dr. monte (10'), parmi les pins, au *point de vue de l'Esquillon* (Alt. : 102 m). On accède sur la plate-forme, où se trouve une *table d'orientation*, due au T. C. F., par des escaliers taillés dans la roche, au-dessus d'un abri. De la plate-forme, le panorama est splendide sur le golfe de la Napoule, Cannes et les îles de Lérins.

Au delà du col, la r., bordée de parapets, demeure suspendue au flanc de la montagne, à une grande élévation au-dessus de la mer et de la *calanque des Deux-Frères;* elle se développe sinueuse, presque de niveau ou en rampe peu sensible, à l'ombre des pins.

Plus loin, on passe en contre-bas de la *villa des Mimosées*, enfouie au milieu de superbes plantations de mimosas, puis, au faîte de la montée, encore au-dessous de l'*hôtellerie* et de la *chapelle du père Virgile* (**2.2** — à g., fontaine du T. C. F.).

A partir d'ici commence une longue descente vers Théoule. Après deux courtes tranchées, on remarque à g. une troisième *plaque commémorative* de la construction de la r.; à dr., la vue s'étend magistrale sur le *golfe de la Napoule* et Cannes qu'abritent au N. les chaînons superposés des montagnes des Alpes-Maritimes.

La pente s'accentue dans le *vallon de l'Autel*, dominé par des villas, perchées çà et là sur de hauts versants boisés. Au bas du vallon, la petite station hivernale et de bains de mer de **Théoule** (**2.4** — 81 hab. — Hôt.-rest. de *Théoule*), avec son vieux *château*, sombre construction massive, bordent le rivage.

La r., ondulée (Côtes : 2', 3' et 2'), laisse la gare, à g., puis descend dans le *ravin de la Rague* que franchit le viaduc du ch. de fer. On remonte (6') ensuite vers la voie ferrée pour traverser le court *défilé des Pendus* et bientôt on longe à dr. la terrasse de l'*hôtel des Bains*, à l'entrée de **La Napoule (2.7)**, petit village, station de bains de mer, avec les restes d'une ancienne forteresse du XIVe s.

A La Napoule cesse la r. de la Corniche et sous peu l'aveuglante blancheur des chaussées provençales remplace la coloration reposante du sol mordoré de l'Estérel. Le ch., raboteux, contourne le monticule conique de *Saint-Peiré*, à g., franchit *le Riou*, sur un pont en dos d'âne, et rejoint, à travers plaine, la **route nationale de Fréjus à Cannes** (**1.9** — *V.* itin. B., page 120).

Celle-ci, à dr., longe le *champ de courses* (Côte : 4') et passe au pied des *collines des Nègres*. On traverse le village des Termes (**1** — Montée : 2'), sans intérêt, puis l'on franchit la *Siagne* (Raidillon : 1'), qui arrose la *plaine de Laval*, ensuite un ruisseau sur un autre pont en dos d'âne. A dr. (**2**), à cinq cents m. de la r., un tertre ombragé abrite l'*ermitage de Saint-Cassien*, lieu de pèlerinage très fréquenté au mois de juillet, là où existait jadis un temple dédié à Vénus.

Au faubourg de la Bocca (**1.5** — nombreuses guinguettes), à la tête de ligne du tramway de *Cannes à Antibes*, commence l'entrée de la ville de **Cannes**, l'aristocratique station hivernale de la Côte d'Azur (Ch.-l. de c. — 22,959 hab. — Café des *Allées* — Commerce important de parfumerie, de fleurs, de fruits et de poterie).

Ici, pour éviter le tramway et le pavage en ville de la rue de *Fréjus*, celle-ci encaissée entre des murs, on prendra à dr., vis-à-vis la station du tramway, l'avenue de la *Gare* qui traverse la ligne du ch. de fer et descend au bd *Jean-Hibert*. Ce bd, à g., se dirige vers Cannes en longeant la plage, une des plus belles du littoral, étendue sur une distance de 7 kil. entre La Napoule et Cannes. On passe au-dessous des superbes jardins, à la végétation tropicale, de la *villa Laroche-foucauld* (visible le mercredi, après-midi), du *square Brougham*, des villas *Roccamane*, *Périgord* et *Dubuffe*.

Au delà des *bains de la Belle-Plage*, une courte descente, rapide, mène au quai *Saint-Pierre*, à l'angle d'une petite maison carrée (bureau du port, à dr.), près de laquelle se trouvent l'embarcadère du bateau qui fait le service des *îles de Lérins* (*V.* page 125) et le môle qui porte un phare.

Le quai Saint-Pierre, à g. (Pavé : 1'), borde la partie du port spécialement affectée au yachting. A l'extrémité du quai, continuant à dr., on passe devant l'*Hôtel de Ville*, puis sous les beaux ombrages de la *promenade des allées de la Liberté*.

Au bout des allées, à la petite place des *Iles*, abandonnant la direction des quais, on inclinera à g. vers un bassin pour prendre à dr. la rue *Bivouac*. Celle-ci aboutit à la rue *Bossu* qu'il faut suivre à g. pour gagner presque aussitôt la rue transversale d'*Antibes*.

Tourner à g. dans la rue d'Antibes, puis de suite à dr. dans la rue de la *Gare des Voyageurs* (dallée à l'italienne : 1'), où se trouve situé à dr., au nº 13, l'hôtel recommandé des *Colonies et des Négociants*, vis-à-vis de la gare de Cannes (1 — Ateliers de réparations pour les machines; garage et location d'automobiles chez M. *Glatier*, 11, square *Mérimée* et au *chalet Véronique*, pont de Gabres sur la route d'Antibes).

Itinéraire B. — Par le col d'Auriasque, L'Estérel, Tremblant et Les Termes.

Distance : **36** kil. *Côtes* : **2** h. **22** min. *Pavé* : **2** min.

Nota. — Cet itinéraire, suivi par la route nationale de Fréjus à Cannes, traverse la partie centrale du massif de l'Estérel, dont les majestueux paysages, plutôt sauvages et solitaires, peuvent, dans leur genre, rivaliser en beauté avec ceux de l'itinéraire du littoral.

Sur le parcours, accidenté, on rencontre de nombreuses côtes et descentes : la plus longue rampe, qui précède le col d'Auriasque, mesure cinq kil. et demi ; la descente, intermittente, présente trois kil., très rapides.

Le voiturier de Fréjus demande 10 fr. pour conduire à l'auberge des Adrets, au hameau de l'Estérel.

Au delà de l'hôtel du *Midi*, la rue de la *Liberté* monte (2') à la place du *Marché* (**0.1**) où la r. bifurque.

Ici, négligeant à dr. la direction de Saint-Raphaël (V. itin. A., page 110), continuer à g. par la rue *Nationale*, début de la r. de Cannes (Côte : 4'). On passe successivement devant l'Hôtel de Ville, l'Hôtel-Dieu et la porte donnant sur le Cours, à dr., avant de sortir de la ville.

La r. descend ensuite légèrement, puis remonte (3'), après avoir longé à g., à hauteur de la *borne 90.5*, le clos (**0.7**) où se trouvent les ruines de quelques piliers et arcades de l'*aqueduc romain*.

L'aqueduc qui amenait à Fréjus les eaux de la *Siagnole*, prises près du village de Mons, avait un développement de 50 kil., dont une partie était supportée par 87 arcades. Ce sont les débris de ces arcades, dont plusieurs sont encore debout, qu'on aperçoit à g. et à dr. de la r. de Cannes, à peu de distance de Fréjus.

En pénétrant dans le clos, à g., et, en s'avançant jusqu'à la maison, on a une très belle vue de l'ensemble des ruines disséminées dans un paysage de grand caractère.

Cinq cents m. plus loin, toujours à g., dans une autre propriété privée, subsiste l'un des tronçons les mieux conservés de l'aqueduc; deux côtes (4' et 3').

La r. laisse à dr. (**1.1**) le b[d] de Valescure (3 — V. page 110), puis descend pendant huit cents m.; elle traverse une campagne que particularise un sol rocheux, complanté de pins parasols. On se rapproche peu à peu des **monts de l'Estérel** aux sommets capricieusement dentelés; à dr., se détache (**0.9**) la vieille r., utilisée aujourd'hui seulement comme voie forestière.

Après une série de petites montées (3', 2' et 3') et de descentes, entre lesquelles apparaît à g. un bel horizon formé de chaînons boisés, on pénètre dans le massif de l'Estérel par un défilé sauvage. La r. franchit deux ravins, puis s'élève sans discontinuer, pendant cinq kil. et demi (1 h. 1/2), au-dessus d'un vallon solitaire; elle décrit de larges contours sur des bosselures, tantôt rocheuses, tantôt couvertes de bois, permettant parfois d'apercevoir en arrière une échappée sur le golfe de Fréjus et les minarets de l'église de Saint-Raphaël.

Plus haut, après un étranglement aride du vallon, on découvre subitement à g. une belle trouée sur les montagnes, à l'endroit qui, bien qu'appelé le *col d'Au-*

riasque (**6.1**), ne donne pas l'impression de cet accident topographique.

La rampe cesse à l'embranchement (**2.3**) du ch. du Malpey (0.9), maison forestière qu'on remarque à dr. sur la hauteur. Descente douce; à g., on domine un étrange entassement de monts aux croupes arrondies, d'un aspect sauvage, au-dessus duquel tranchent les lignes de crêtes sévèrement découpées des *montagnes du Rouet* et de *Bagnols*.

Au carrefour suivant, dit le *Logis de Paris*, on atteint le culmen du passage (**3.1** — Alt. : 314 m.), où vient rejoindre à dr. la vieille r.; tandis qu'à g. s'éloigne le ch. du village des Adrets (3.7), à travers un délicieux et riant décor, enchevêtré de frais vallons et de monticules.

La descente, que coupe un raidillon (2'), s'accentue. Vue très belle : au loin, vers Cannes, baigné par le golfe de la Napoule, et, à g., sur la profonde vallée de l'*Argentière*. Un peu plus bas, on arrive au hameau de l'Estérel (**1.1**), dépendant de la commune des Adrets, composé de l'*auberge des Adrets* et d'un poste de gendarmerie, dans un site ravissant, qu'ombragent de magnifiques ormes et des châtaigniers.

L'auberge des Adrets, jadis la terreur des voyageurs, alors qu'au XVIIIe s. le fameux brigand Gaspard de Besse exerçait ses sinistres exploits dans ce coin de l'Estérel, est aujourd'hui un des principaux buts d'excursion de la contrée. On trouve à l'auberge quelques chambres sommaires mais propres, et on peut y déjeuner frugalement (vin, œufs, volailles, fromage).

Du hameau de l'Estérel part le sentier le plus direct pour monter (à pied : 1 h. 1/2) au **Mont-Vinaigre**, le point culminant du massif de l'Estérel (Alt. : 616 m.), couronné d'une tour belvédère d'où l'on découvre un panorama splendide, d'une étendue extraordinaire.

Bien que le sentier qui conduit au Mont-Vinaigre soit facile, il est prudent de se faire accompagner par une personne du pays pour éviter de se perdre.

Dépassé l'Estérel, la r. franchit un premier ravin, laissant se détacher à dr. (**0.5**), de l'autre côté du pont, le ch. forestier de La Duchesse (1.9); une côte (3'). On descend ensuite pour traverser un second ravin, au *pont de l'Espaulier*, suivi d'une nouvelle côte (7'); à g., paysage superbe dans la direction du petit village des Adrets, à mi-colline, qui surplombe la rive g. de la vallée.

Au delà du hameau et de la chapelle de La Baraque (**2.1**), au pied d'un rideau de pins, l'horizon, plus dégagé, offre un décor élargi qui permet d'apercevoir le *golfe de la Napoule*, ainsi que Cannes, dont les nombreuses villas couvrent les versants de collines mollement inclinées vers la mer.

La r., sinueuse, tracée sur une admirable terrasse, plane un instant à dr. au-dessus d'un cirque dantesque qu'entoure une ceinture de roches menaçantes, contrefort du *Mont-Marsaou*; une côte (2'). Laissant à g. (**2**) un autre ch. vers les Adrets (3.2), on perd de vue la vallée de l'Argentière pour descendre très rapidement (tournants brusques et dangereux) le sauvage et solitaire vallon du *Riou*, borné à l'O. par une ligne imposante de rochers runiformes; à g., logements de cantonniers.

La descente cesse, dans le fond du ravin, au *pont Saint-Jean* (**2.8**), sur la limite des départements du Var et des Alpes-Maritimes. De l'autre côté du ruisseau, la r. s'élève (7') entre des pins et des chênes-lièges, qui verdissent une succession de petits vallonnements, et dépasse à dr. (**1**) le **chemin des Trois-Termes** (3.9) et d'Agay (18.1), une des plus belles voies forestières de l'Estérel (*V.* page 115). La descente reprend, encore très rapide; à dr., de curieuses croupes grises, nues et arrondies, ressemblent à d'énormes coulées de lave figée, tandis qu'entre les montagnes supérieures, aux roches déchiquetées, s'ouvrent de sombres défilés.

Après le hameau du Tremblant (**1.2**), la r., aplanie, traverse le Riou, grossi de l'Argentière; puis, par une rampe douce, au milieu d'une région sévère que domine à dr. le *Mont Saint-Peiré*, à la cime conique et boisée, on sort définitivement de l'Estérel pour venir déboucher dans la fertile *plaine de Laval*.

Dépassé la *villa Minelle*, à g., on rejoint à dr. (**2.2**), la r. de La Napoule, dite la route de la Corniche de l'Estérel. De cet embranchement à **Cannes** (**8.5** — Côtes: 7' — Pavé: 2'), *V.* itin. A., page 119.

Visite de la ville de Cannes (environ 2 h. 1/2). — Sortant de l'hôtel des *Colonies et des Négociants*, tourner à g. ; puis, à l'extrémité de la rue de la *Gare des Voyageurs*, prendre à dr. la rue d'*Antibes*, la principale artère de la ville. Le prolongement de la rue d'Antibes, la rue *Félix-Faure*, passe derrière les *allées de la Liberté* (*statue de lord Brougham*, le créateur de Cannes) et, plus loin, devant la façade N. de l'Hôtel de Ville (**Musée Lycklama**, ouvert les dimanches, mardis, jeudis et samedis, de 10 h. à midi et de 2 h. à 4 h., et **Musée des Beaux-Arts** et **Muséum d'histoire naturelle**, ouverts tous les jours, de 9 h. à midi et de 2 h. à 5 h., sauf les dimanches et jours de fêtes; les musées sont fermés en août).

La rue Félix-Faure aboutit à la place de l'*Hôtel-de-Ville*, où, laissant à g. une fontaine et le quai *Saint-Pierre*, on gravira, à dr. de la rue de *Fréjus*, la rue escarpée du *Mont-Chevalier* qui conduit à une terrasse, sur l'emplacement de l'ancien château. A cet endroit s'élève l'**église de Notre-Dame d'Espérance**, adossée à une vieille tour, convertie en beffroi, et qui sert de clocher. Passant à g. sous le beffroi, on gagnera une cour voisine, dépendant d'une manufacture de faïences d'art, au milieu de laquelle se dresse la **tour du Mont-Chevalier**.

De la plate-forme de cette tour (50 c. par personne), d'où l'on peut seulement bien apprécier la situation de Cannes, la vue est splendide sur la ville et ses environs : au N., les montagnes des Alpes-Maritimes étagent leurs gradins successifs, entrecoupés de majestueuses échancrures, et abritent la ville du Cannet, plus rapprochée; à l'E., c'est Cannes, son port et la pointe de la Croisette, puis des hôtels princiers et de nombreuses villas éparpillées sur les pentes de la colline de la Californie ; à l'O., les jolies hauteurs du bois de la Croix-des-Gardes s'abaissent jusqu'à la grève d'or du golfe de la Napoule, borné à l'horizon par les dentelures du massif de l'Estérel ; enfin, au S., la mer bleue s'étend à l'infini et baigne d'azur l'archipel de Lérins, composé des îles Sainte-Marguerite et Saint-Honorat, la première masquant un peu la seconde.

A la descente de la tour, après avoir jeté un coup d'œil dans les magasins où sont exposées les faïences d'art de la manufacture, on suivra, au-dessous de la rampe de la faïencerie, la rue de la *Cure*, à dr., jusqu'à l'angle de la maison portant le n° 32. Ici, descendre à g. les *escaliers de la Tour*, divisés par cinq paliers, qui mènent à la r. de Fréjus, puis continuer à dr. par la r. de Fréjus jusqu'à hauteur de la maison portant le n° 79. A cet endroit, tournant à g. dans la rue *Jean-Dolfus*, on arrivera devant la porte d'entrée du **square Brougham**, délicieux jardin, couvert d'une luxuriante flore exotique, situé sur le bord de la plage.

Du square Brougham, regagner Cannes par le b^d^ *Jean-Hibert*, le long de la plage, le quai *Saint-Pierre* et les *Allées de la Liberté*.

A l'extrémité des Allées, à la place des *Iles*, laissant à dr. la large *contre-jetée*, puis, à g., le petit *square Mérimée*, planté de palmiers, on continuera par le b[d] de la *Croisette*, ravissante promenade, rendez-vous favori des étrangers, qui côtoie le rivage (sur le b[d], la première rue à g., dite passage du *Châtaignier*, mène à **l'église de Notre-Dame de Bon-Voyage**).

Parvenu à hauteur des *bains Bottin* (si l'on ne tient pas à aller jusqu'à la pointe de la Croisette, par où l'on passera plus tard pour se rendre de Cannes à Nice, *V.* page 128), quitter le b[d] de la Croisette et prendre à g. la rue du *Cercle nautique*, à l'angle du bâtiment du Cercle nautique. Cette rue, contourne plus haut la *villa d'Hozier*, au rond-point *Duboys-d'Angers*, et aboutit à la rue d'*Antibes*, qui à g. ramène au centre de la ville.

Excursions recommandées au départ de Cannes. — Les Iles de Lérins (île Sainte-Marguerite et île Saint-Honorat).

Un service régulier pour les îles de Lérins a lieu tous les jours; du 1er novembre au 30 avril, par le bateau à vapeur le *Titan*, dont l'embarcadère se trouve à l'extrémité du quai *Saint-Pierre*, près de la jetée du phare. En été, il n'y a qu'un départ par semaine, le dimanche, et encore le bateau ne touche pas toujours aux deux îles (prix du billet d'aller et retour, avec arrêts facultatifs dans les deux îles, 4 fr. Trajet de Cannes à l'île Sainte-Marguerite en 20 min. et de l'île Sainte-Marguerite à l'île Saint-Honorat également en 20 min.).

Le moyen le plus pratique pour visiter les îles de Lérins est de prendre le bateau pour l'île Sainte-Marguerite, qui quitte Cannes à 10 h. du matin.

Dans l'*île Sainte-Marguerite* (long. 3 kil. 300 m.; larg. 1 kil.), on visite le *fort de Sainte-Marguerite* (rétribution), célèbre par la captivité de l'Homme au masque de fer, le mystérieux prisonnier de Louis XIV, et par l'évasion du maréchal Bazaine, dans la nuit du 9 au 10 août 1874.

Ayant visité le fort, on reprend, après une heure environ d'arrêt, le bateau à vapeur pour se rendre à l'île Saint-Honorat.

Arrivé dans l'*île Saint-Honorat* (long. 1 kil. 500 m.; larg. 400 m.), on déjeunera au restaurant en face du débarcadère; puis l'on ira visiter le *monastère*, un des plus célèbres et des plus anciens de la chrétienté, ainsi que le *donjon*.

On rentre ensuite à Cannes par le deuxième bateau partant de Saint-Honorat vers 3 h. 1/2.

Le Cannet (6 kil. aller et retour — Côtes : 18').

Pour cette excursion, le plus simple est d'utiliser le tramway électrique qui part de la gare de Cannes et s'arrête à l'hôtel *Saint-James*, au Cannet (prix : 15 et 20 c. ; trajet en 15 min.).

Itinéraire : A g. de la place de la gare, gravir (3') la rue de *Châteaudun* pour traverser ensuite à dr. le pont au-dessus du ch. de fer. De l'autre côté du pont, le magnifique bd *Carnot* conduit directement au village du Cannet, succursale de Cannes préférée par les hivernants qui craignent le voisinage de la mer.

Le bd Carnot s'élève en rampe douce, au N. de Cannes, dans le large vallon que limitent : à dr., les collines de La Californie et, à g., les hauteurs de La Croix-des-Gardes. Sur le parcours on passe à côté du *square du Cannet*, et, plus loin, on contourne à dr. l'immense construction de l'hôtel de la *Grande-Bretagne*. Ici la rampe s'accentue (15') jusqu'au point terminus où s'arrête le tramway, devant l'hôtel *Saint-James* (**3**), au bas du Cannet.

A g., la rue de la *République* monte dans le village bâti en amphithéâtre sur le penchant de collines ravissantes, au milieu des oliviers et des orangers. On suit la rue de la République jusqu'à la petite place *Belle-Vue* ; puis, revenant sur ses pas, on prend à dr. la ruelle des *Prés* qui conduit à l'église Sainte-Philomène. De l'église, on descend à la r. voisine de Cannes, où l'on attendra le passage du tramway.

La Californie (à pied : 1 h. 1/4) — *Itinéraire* : Suivre la rue d'*Antibes* jusqu'à la rue d'*Oran* (à l'angle de la maison portant le n° 99) qu'on prend à g. On traverse la ligne du ch. de fer et l'on coupe le bd d'*Alsace* pour monter, vis-à-vis, par le bd de *Strasbourg*. Celui-ci aboutit au bd *Mont-Fleury*, au pied du superbe hôtel *Gallia*. Ici, laissant l'hôtel à g., prendre à dr. le ch. de la *Californie*, prolongé par le bd des *Pins*. Au delà d'un bois de pins, abandonnant le bd des Pins, on suivra à g. le bd *Beau-Soleil* qui longe un moment le *canal de la Siagne*. Plus loin, quitter encore le bd Beau-Soleil et s'engager à g. dans le bd de la *Santé*. Parvenu au sommet de la colline, négligeant à g. le bd de *Vallauris*, on suit à dr. l'avenue des *Fleurs* qui aboutit au square, où s'élève l'*Observatoire de la Californie*, belvédère d'où l'on a une vue splendide sur toute la région (50 c. par personne pour monter au belvédère ; lunette d'approche, buffet pendant la saison hivernale).

La Croix-des-Gardes (à pied : 45') — *Itinéraire :* Suivre la rue de *Fréjus* jusqu'au delà de l'hôtel du *Parc* où l'on prend à dr. le ch. de la *Croix-des-Gardes*. Celui-ci monte et passe entre l'hôtel *Bellevue*, à g., et la *villa Luynes*, à dr., pour atteindre la *Croix-des-Gardes*, scellée, au sommet de la colline, sur un petit obélisque au-dessus de rochers. Magnifique panorama.

Pour mémoire. — De Cannes à Grasse, deux itinéraires : 1° (**18** kil.), par Les Baraques (**7**), le pont Tournamy (**2**), Mouans-Sartoux (**1** — Hôt de la *Paix*), Les Quatre-Chemins (**4**) et Grasse (**4** — *V*. page 165).

2° (**23** kil. **200** m.), par La Bocca (**4**), le moulin de la Badie (**3.4**), Pégomas (**3.6** — Café rest. *Gandolfe*), Auribeau (**3**), le moulin de Valcluse (**2**), Les Quatre-Chemins (**3.2**) et Grasse (**4** — *V.* page 169).

Le premier des itinéraires ci-dessus est celui de la r. directe de Cannes à Grasse. Il se détache à g. du b[d] *Carnot* (r. du Cannet, *V.* page 125), sitôt après le pont sur le ch. de fer, et monte longuement en lacets. Plus loin, on contourne la colline de Mougins. Après le hameau des Baraques, commence une descente rapide qui conduit dans le sauvage ravin de la *Grande-Frayère* ; à un kil. des Baraques, se détache à dr. la r. d'Antibes (12.5 — *V.* page 132).

On franchit la Grande-Frayère au *pont Tournamy* avant de croiser le ch. de fer et d'atteindre le village de Mouans-Sartoux. La r. traverse ensuite la *Mourachone*, dans une riche vallée, et rejoint au carrefour des Quatre-Chemins le ch. de Cannes à Grasse, par Auribeau (*V.* ci-dessous). Longue rampe en lacets pour gravir la montagne de Grasse.

Le second itinéraire, un peu plus long, offre une très belle promenade. On quitte Cannes par la r. de Fréjus et l'on prend, au delà du faubourg de la Bocca, la r. de Pégomas, à dr. ; celle-ci, ombragée, contourne le versant O. de la colline de la Croix-des-Gardes et franchit successivement les ruisseaux de *Roquebillère*, de la *Grande-Frayère* et de la *Frayère*, affluents de la *Siagne*, rivière qui arrose à l'E. les prairies de la *plaine de Laval*.

Forte côte suivie d'une descente au moulin de la Badie. On dépasse successivement le petit *château de Cravezan* et la *chapelle Saint-Georges*; puis on laisse à dr. le ch. de Pégomas, village situé, un peu à dr. de la r., dans la jolie vallée de la *Mourachone*.

La r. continue au-dessus de la rive g. de la Siagne, qui creuse ici de magnifiques gorges, dominées à l'O. par le massif de la *montagne du Tanneron*. Plus loin, ayant franchi la Frayère, au confluent du *vallon de Saint-Antoine*, on dépasse à g. le ch. qui mène à l'intéressant village d'Auribeau, au faîte d'une colline rocheuse, et l'on remonte le pittoresque vallon boisé de Saint-Antoine.

Près du moulin de Valcluse, se trouve la *chapelle de Notre-Dame de Valcluse* (à pied, à 15 min. du moulin), but de pèlerinage très fréquenté les 25 mars et 8 septembre.

La r. s'élève en lacets à travers l'étroite plaine de Saint-Antoine pour gagner le carrefour des Quatre-Chemins où vient aboutir la r. directe de Cannes à Grasse par Mouans-Sartoux (*V.* ci-dessus).

DE CANNES A NICE

Par La Croisette, Le Golfe-Juan, Antibes et Cagnes.

Distance : **36** kil. **100** m. *Côtes :* **87** min. *Pavé :* **4** min.

Nota. — L'itinéraire indiqué au départ de Cannes, par La Croisette, allonge de deux kil. environ ; mais il est si joli qu'on ne regrettera pas ce détour insignifiant. Parcours légèrement ondulé. Entre Cannes et Nice, faire attention au tramway électrique dont la ligne emprunte la route.

Quittant l'hôtel des *Colonies et des Négociants*, suivre à g. la rue de la *Gare des Voyageurs* (Pavé : 1'). A l'extrémité de cette rue, tourner à g. dans la rue d'*Antibes*, puis aussitôt à dr. dans la rue *Bossu*. Celle-ci aboutit au b^d de la *Croisette* qu'on prend à g.

La r. nationale suit la rue d'*Antibes* dans toute sa longueur (Pavé : 3') et s'élève légèrement (3') pour traverser le ch. de fer au *pont de Gabres*, à la sortie de la ville. Au delà du pont, elle continue entre deux bordures de villas qui masquent la vue. A dr. et à g. se détachent plusieurs ch. : ceux de dr., dans la direction du *cap de la Croisette ;* ceux de g., dans la direction de la *colline de la Californie* dont on aperçoit le belvédère. Après une montée (3'), suivie d'une descente, la r., atteignant la *borne 14.8* (**2.5**), passe devant l'entrée du b^d *Eugène Gazagnaire*, à dr., qui vient du cap de la Croisette (*V.* ci-dessous).

Le b^d de la Croisette, bordé d'hôtels princiers et de villas luxueuses, aux jardins abondant de verdure grasse, suit toutes les sinuosités de la rive O. du cap et présente une vue admirable sur la rade de Cannes et le massif de l'Estérel. On passe entre les *bains Bottin*, à dr., et le *Cercle nautique*, à g., dont la construction rappelle celle du palais de la Légion d'Honneur à Paris. Plus loin, on dépasse : à dr., le restaurant de la *Réserve*, voisin d'un petit parc à huîtres ; à g., l'entrée du *Jardin des Hespérides*, magnifique propriété particulière qui mérite d'être visitée (50 c.).

Le prolongement du b^d de la Croisette, sous le nom de b^d *Eugène Gazagnaire*, conduit à la place du *Masque-de-Fer*, située à l'extrême pointe du **cap de la**

Croisette (**2.8**), dont on fait entièrement le tour. Sur cette place, s'élèvent les assises d'une ancienne tour sarrasine ; du banc, placé sur la plate-forme, on découvre le panorama splendide des deux golfes de La Napoule et Juan, de l'île Sainte-Marguerite (séparée de la Croisette par un chenal de quinze cents m. — passage en barque, 50 c. par personne), et, au N., de Cannes, au pied des hauteurs de la Californie, tandis qu'à l'arrière-plan, les montagnes des Alpes-Maritimes bornent l'horizon.

Continuant par le b[d] Eugène Gazagnaire, on longe la rive E. du cap qui regarde le *golfe Juan*. A son extrémité N., le b[d] passe sous la ligne du ch. de fer (Côte : 3') et rejoint (**1.8**) la r. nationale de Cannes à Antibes, vis-à-vis la *borne 14.8 ;* ici, tourner à dr.

La r. se déroule entre de riches villas, enfouies dans des bosquets de palmiers et d'eucalyptus, à g., et la ligne du ch. de fer, à dr., qui sépare de la mer. De ce côté, belles échappées sur le golfe Juan, où l'escadre de la Méditerranée vient souvent mouiller, à l'abri du *cap d'Antibes* formé à l'E. par la *presqu'île de la Garoupe.*

On laisse à g. (**1**) le b[d] de *Cannes-Eden,* qui monte à Vallauris (*V.* ci-dessous), près du petit pont de Cannes-La-Forcade. Nombreuses ondulations (Raidillons : 2', 2', 2', 1' et 2'); à dr., l'originale villa *Eden-Roc* attire le regard.

En arrivant au village du **Golfe-Juan** (**2.1** — 1.450 hab. — Hôt. *Central*), petit port et station de bains de mer, on passe devant la manufacture de poteries et faïences d'art *Clément Massier* (on peut visiter), située à g. à l'angle du ch. de Vallauris (2.5).

Le ch. de Vallauris monte continuellement (45' — service de tramways depuis le Golfe-Juan). Au début, la vue, interceptée par des murs, se dégage seulement après le pont sur le ruisseau de Vallauris. On remonte l'agreste et sinueux *vallon de la Gabelle*, entouré de rochers, pour gagner **Vallauris**. Ce gros village (6.247 hab.), qui possède une industrie importante de terres cuites, de poteries communes et de faïences d'art, est situé, à l'extrémité du vallon, sur le penchant des collines fertiles; sa position, très abritée, l'a fait choisir comme station hivernale (Hôt. de *France ;* pensions; nombreuses villas).

Cinquante m. plus loin, on laisse à dr. le ch. qui conduit au port et à la plage du Golfe-Juan (*0.3* — Colonne commémorative du débarquement de Napoléon au retour de l'île d'Elbe, le 1er mars 1815).

La r. s'écarte de la mer, tandis qu'à g. les montagnes s'abaissent. Après avoir dépassé la *villa des Eucalyptus* (**1.4**), à l'angle du ch. de Saint-Jean (1.5), à g., on perd de vue le golfe et l'on gravit deux côtes (3' et 3').

Parvenu à hauteur de la *borne 20.3* (**0.7**), vis-à-vis le café du *Petit-Trianon*, négligeant devant soi le tracé de l'ancienne r., on continue à dr.; légère descente. Au bas, la r., infléchissant à g., laisse à dr. (**0.6**) le ch. de Juan-les-Pins.

En passant par Juan-les-Pins et le cap d'Antibes, pour se rendre ensuite à Antibes, on peut faire une ravissante excursion qui permet de visiter la **presqu'île de la Garoupe.**

Le ch. de Juan-les-Pins traverse sous une voûte la voie ferrée et gagne la plage de sable fin de **Juan-les-Pins** (**0.8** — *Grand-Hôtel*), hameau d'Antibes, station hivernale et de bains de mer.

Au delà du Grand-Hôtel, situé devant une digue-promenade de deux kil., le long de la mer, la *route de la Plage*, qu'abritent des pins parasols, suit les méandres du rivage et conduit directement au *Grand-Hôtel du Cap* (**2.5** — magnifique parc), l'ancienne *villa Soleil* que M. de Villemesant, le fondateur du *Figaro* avait fait construire dans le but de servir de maison de retraite aux hommes de lettres.

Au Grand-Hôtel du Cap, prenant le ch. à g. on passe devant la *villa Dennery* et l'on gagne (**0.6**) la *route transversale du Cap*. Celle-ci, à dr., mène à la fastueuse *villa Eilen-Roc* (**0.8**), bâtie sur un énorme rocher à pic et entourée de splendides jardins (on peut visiter le mardi et le vendredi, de 1 h. à 5 h.; 1 fr. par personne).

Revenant sur ses pas, on suivra la *route du Cap* dans toute sa longueur. Successivement, on laisse à g. les *villas Rose-Marie* (**1.2**) et *Dracopoli* (**0.4**), puis, à dr. (**0.2**), le ch. qui monte (20') à la *chapelle de Notre-Dame*, élevée sur le monticule de la *Garoupe* (Alt : 75 m.), dans le voisinage du phare et du sémaphore. De la terrasse de la chapelle, la vue sur la presqu'île d'Antibes et le littoral est admirable.

Au delà du ch. de Notre-Dame, la r. passe (**0.2**) entre les *villas Magnique* et *Taormina*, puis, après le *château Thénard*, atteint (**0.2**) le ch. qui, à g., mène à la *villa Thuret* (**0.1**) où l'on peut admirer un merveilleux jardin botanique, succursale du Muséum d'histoire naturelle de Paris (ouvert le mardi, de 8 h. du matin à 6 h. du soir).

La r. du Cap se rapproche de la mer, près de la *baie de la Salis*, où l'on rejoint (**1.1**) le ch. de la Salis. Plus loin, le b^d du *Cap*, inclinant à g., traverse les terrains à bâtir, disposés sur l'emplacement des anciens remparts d'Antibes, et aboutit, au centre de la nouvelle ville, à la place *Macé*, vis-à-vis le *Grand-Hôtel* (1 — *V.* ci-dessous).

La r., formant avenue, s'élève en rampe douce et coupe la base N. de la presqu'île de la Garoupe. Après la gare de Juan-les-Pins, laissée à dr., on franchit le pont du ch. de fer, puis l'on descend vers Antibes, découvrant de nouveau un horizon très montagneux, au N.-O., vers les Alpes.

Au bas de la pente, près du petit café de la *Porte de France* (**1.9**), s'ouvre à dr. une courte rue oblique (b^d de la *Badine*) donnant accès sur la place *Macé*, à l'entrée d'**Antibes** (Ch.-l. de c. — 9.329 hab.), jadis place forte, aujourd'hui station hivernale.

Visite de la ville d'Antibes (environ 1 h.). — Si l'on désire visiter Antibes avant de continuer vers Nice, on devra se diriger à dr. vers la place *Macé*, entourée de beaux immeubles et ornée d'un kiosque de musique, à l'endroit où les remparts existaient autrefois. On déposera sa machine et l'on déjeunera (avant ou après la visite de la ville), soit au *Grand-Hôtel*, soit à l'hôtel *Cosmopolitain*, tous deux situés sur la place.

Suivant la direction du tramway, on contourne la place Macé et l'on passe devant le b^d du *Cap*, au S., qui conduit dans la *presqu'île de la Garoupe* (*V.* page 130) ; puis l'on continue à descendre vers la vieille ville par l'étroite rue de la *République*. Celle-ci longe plus loin la place *Nationale*, également ornée d'un kiosque pour la musique et d'une fontaine avec colonne commémorative de la défense d'Antibes en 1815.

A l'extrémité de la place Nationale, tourner à g. dans la rue *Thuret*, en négligeant à dr. une autre petite fontaine ainsi que la rue de l'*Hôtel-de-Ville*. Parvenu au bout de la rue Thuret, suivre à dr. le b^d d'*Aiguillon*; ensuite, atteignant la rue *Aubernon*, passer à g. sous une ancienne porte de la ville pour gagner le **port**.

Après avoir jeté un coup d'œil sur le port, malheureusement trop resserré entre des casemates, mais offrant quand même une très jolie vue sur le *fort Carré* et les Alpes, on repassera sous la porte et l'on montera vis-à-vis la rue Aubernon. Cette rue traverse la place de la *Marine* puis atteint la place *Championnet*, où s'élève l'Hôtel de Ville, à g. A l'angle de l'Hôtel de Ville, la rue de la Paroisse, mène à l'église, sans intérêt, si ce n'était son adossement à deux massives tours carrées dont l'une sert de clocher.

Revenu à la place Championnet, suivre à g. le cours *Masséna*, bordé à dr. de vieilles maisons à arcades. A l'extrémité du cours, monter à g. le double escalier qui conduit à une antique porte, flanquée de deux tours, dépendant de l'enceinte primitive.

De l'autre côté de la porte, la ruelle de l'*Orme* coupe la rue du *Bateau* et mène à la *promenade du Front-de-Mer*, établie sur les anciens remparts de Vauban. Suivant la ligne des remparts, à dr., on a une très belle vue sur la mer et la presqu'île de la Garoupe, a g., ainsi que sur la vieille ville, à dr.

A l'extrémité de la promenade, après avoir contourné le rocher de la Poudrière, à dr., on rejoint le b^d du *Cap* qui ramène à dr. à la place *Macé*.

Pour mémoire. — D'Antibes à Grasse (22 kil. 500 m.), par le moulin de Vallauris (**6**), Mougins (**6.5**), le pont Tournamy (**1**), Mouans-Sartoux (**1** — Hôt. de la *Paix*), Les Quatre-Chemins (**4**) et Grasse (**4**).

Cette r., très accidentée et montueuse, traverse la vallée de la *Valmasque* au *moulin de Vallauris*. Plus loin, on passe au pied du *Mont du Font-Merle* et de la colline isolée qui porte le village de Mougins, à g.; puis l'on descend la rive dr. du vallon de Tournamy pour rejoindre la r. de Cannes à Grasse. Prenant celle-ci, à dr., on franchit le ravin de la *Grande-Frayère*, au *pont Tournamy*.

Du pont Tournamy à Grasse, *V.* de *Cannes à Grasse*, 1°, page 126.

La r. nationale de Nice, coupe le b^d de la *Badine*, laissant à dr. la place *Macé*, et monte (4') pour franchir le pont du ch. de fer; à g., se détache (**0.1**) la r. de Grasse (*V.* ci-dessus).

On s'élève (4') en longeant à g. la caserne des Chasseurs alpins; tandis qu'à dr. des échappées offrent une vue ravissante sur la Méditerranée, le môle, le phare d'Antibes et le fort Carré.

Descente pour traverser un torrent et gagner une large plaine, séparée de la mer par une étroite bande de prairies; vis-à-vis, se dresse la majestueuse chaîne des Alpes. On dépasse plusieurs débits et, après avoir franchi la *Brague*, on néglige à g. (**2.8**) le ch. de Biot (2.8), village sur une éminence entourée de collines boisées.

Plus loin, la r. monte (3' et 2'), entre des champs d'oliviers, jusqu'à l'embranchement (**4.1**) d'un premier ch. de Vence (12.9), à g.; puis descend franchir le *Loup* dans un vallon ombragé. Petite côte (2') suivie d'une descente; à g., se détache (**2**) une autre r. de Grasse (24.1).

Sur la r. Grasse, à deux kil., se trouve le village de Villeneuve-Loubet (**2** — Hôt. *Beau-Site; Beau Séjour*) où l'on peut visiter un beau *château* féodal, restauré, propriété du marquis de Panisse.

En remontant à pied, depuis Villeneuve, la rive g. de la vallée du Loup, on atteint (**2.5**) l'entrée d'une *clue*, très pittoresque, taillée dans les rochers, qui débouche (**2**) un kil. en deçà de l'ancien bourg fortifié de La Colle (**1**); promenade intéressante.

A l'entrée de **Cagnes** (Ch.-l. de c. — 3.029 hab.), station hivernale, dont le vieux bourg escalade une colline en pain de sucre couronnée d'un massif donjon, la r. passe devant la gare (**0.2**). Un peu plus loin, on laisse encore à g. (**0.5**) **la route de Vence** (*V.* page 165) avant d'atteindre la grille du jardin de l'hôtel recommandé *Savournin*, à g. (**0.2**).

C'est à l'hôtel *Savournin* qu'on devra s'arrêter pour y laisser en garde sa machine, si l'on désire visiter ensuite le curieux bourg de Cagnes et son *château*, ancienne forteresse des Grimaldi, aujourd'hui propriété de Me Greeck (à pied : 1 h., aller et retour).

Ayant traversé le jardin, puis le couloir de l'hôtel Savournin, on gravira, de l'autre côté de la maison, les degrés de la rue du *Marché*. Celle-ci rejoint la rue *Carnot*, très escarpée, qui passe devant l'église. Plus haut, la rue bifurque : la branche de g. conduit à la place *Petite* et la branche de dr. à la place *Grande*, ces deux places devant les deux entrées de l'énorme donjon carré du château. On pénètre généralement dans le château (demander la permission de visiter) par la place *Grande* d'où l'on a une vue magnifique sur les montagnes.

A l'intérieur du château on voit une cour à péristyle en marbre et deux salles décorées de fresques remarquables.

Au delà de l'hôtel *Savournin*, la r. infléchit à dr. et traverse la *Cagne* (Raidillon : 1'); puis, laissant à g. (**0.5**) le ch. de La Gaude (7.4), elle appuie encore à dr. pour franchir le pont du ch. de fer; légère rampe (Côte : 3'). On descend ensuite entre des haies, sans avoir de vue; à dr., se détache (**1.3**) le ch. du Cros de Cagnes (0.2), hameau qui possède de jolies villas au bord de la mer.

La r., ondulée, traverse le torrent des *Vaux*, ainsi qu'un autre ruisseau, avant de passer devant la gare de Saint-Laurent-du-Var (**2.5**). Un peu plus loin, on franchit le large lit du *Var*, près de son embouchure, sur un pont-viaduc de cinq arches; très belle vue à g., sur les Alpes.

Ici, faire attention. En descendant la légère pente qui succède au pont, on domine le *champ de courses de Nice*, situé à dr., en contre-bas; arrivé à l'extrémité de la pente (**1**), vis-à-vis le poteau métallique du tramway portant le nº 170, on devra abandonner la r. nationale, plantée d'arbres, et prendre à dr. l'avenue conduisant à l'entrée du champ de courses.

Cette avenue, d'abord en bordure de l'hippodrome, aboutit bientôt (**0.7**) au superbe boulevard, début de la fameuse *promenade des Anglais*, qui, à g., côtoie le rivage, pendant sept kil. Panorama splendide : à dr., sur la Méditerranée et la *baie des Anges* (plage et bains) et, devant soi, vers Nice-la-Belle, abritée à l'E. par la chaîne qui s'étend du *Mont-Boron* au *Mont-Gros*, tandis que plus à g. le *Mont-Chauve* se dresse au-dessus d'un majestueux amphithéâtre de montagnes.

En approchant de **Nice** on longe les faubourgs de Sainte-Hélène et du Magnan; puis, après avoir franchi le ruisseau du *Magnan*, près du petit *square Magnan* (**1.8**), on atteint la promenade proprement dite des Anglais, plantée de palmiers, bordée à g. d'une succession ininterrompue de villas et d'hôtels particuliers de tous styles et rivalisant de luxe.

Après avoir dépassé : à dr., la *Jetée-promenade*, avec son *Casino* de style mauresque (music-hall), soutenus au-dessus de la mer par une curieuse forêt de pilotis de fer; puis, à g., le *Jardin public*, où s'élève le *Monument commémoratif* de la réunion de Nice à la France, on continuera par le quai du *Midi*.

Ayant parcouru cent m. sur le quai du Midi, il faut abandonner ce quai pour prendre à g., à l'angle de la maison portant le nº 105, la rue *Sulzer*. Celle-ci aboutit à la rue transversale *Saint-François-de-Paule* (dallée à l'italienne : 3') qu'on suivra à dr. jusqu'à la rue de l'*Hôtel-de-Ville*, la deuxième à g. Tourner à g. dans la rue de l'Hôtel-de-Ville, ensuite, presque aussitôt à dr., dans la rue du *Palais*, où se trouve situé à g., au nº 6, l'hôtel recommandé des *Etrangers* (**2.5**).

VILLE DE NICE

Nice, chef-lieu du département des Alpes-Maritimes la grande station hivernale et la ville de plaisir de la Côte d'Azur, compte 93.760 habitants, ce chiffre doublé par les étrangers pendant la saison d'hiver.

Hôtel recommandé : — Hôtel des *Etrangers*, 6, rue du *Palais*.

Cafés et brasseries : — *Grand-Café brasserie Viennoise*, *Monnot*, tous deux place *Masséna*; de la *Régence*, 8, avenue de la *Gare*.

Spécialités : — Grand commerce de *fleurs*. — *Fruits confits* et *fleurs cristallisées* chez *Féa Lapie*, 13, place *Masséna* et chez *Guitton* et *Rudel*, 31, avenue de la *Gare*.

Visite de la ville de Nice. — Une journée suffit pour voir Nice. Dans la matinée on se rendra à Cimiez et l'après-midi sera consacré à la visite de la ville.

Déjeuner au Jardin zoologique de Cimiez, ou à Nice, au retour.

Itinéraire de la matinée (environ 3 h. 1/2, arrêts compris): De Nice au Jardin zoologique de Cimiez (4 kil. 300 m.) la r. monte constamment, aussi est-il préférable d'utiliser pour ce trajet le tramway électrique partant de la rue de l'*Hôtel-des-Postes*, à l'angle de l'avenue de la *Gare* et du café de la *Régence*.

De l'hôtel des *Etrangers* à la rue de l'*Hôtel-des-Postes*, V. p. 136.

Le tramway (15 c. et 30 c. jusque aux Arènes; trajet en 15 min.) suit successivement les rues de l'*Hôtel-des-Postes* et *Scaliero*, puis tourne à g. sur le b^d^ *Carabacel*; il gravit ensuite par une rampe très dure le b^d^ de *Cimiez*, tracé au milieu d'un des nouveaux et des plus riches quartiers de Nice.

Parvenu à hauteur du *Grand-Hôtel de Cimiez*, colossale bâtisse, à g., on descend du tramway pour visiter les **Arènes**, à dr., en bordure de la r. Cet amphithéâtre, dont les ruines, assez dégradées, sont traversées par le vieux chemin de Cimiez, occupe une partie de l'emplacement de l'antique *Cemenelum*, la capitale des Alpes-Maritimes à l'époque romaine.

Après avoir vu les Arènes, on continuera de monter la r. de Cimiez pendant cinquante m. pour prendre ensuite à dr. la *route du Monastère*. Celle-ci conduit au **couvent** et à **l'église de Cimiez**, situés à trois cents m. Le cimetière disposé en terrasses, à g. de l'église, contient des monuments remarquables et offre une belle vue sur la vallée du *Paillon*. On en aura une encore plus magnifique en suivant, à dr. du couvent, un petit ch. entre des murs qui bientôt tourne à dr. et qui mène, en prenant une r. à g. près d'une croix, à la grille de la *Maison Romaine* (à quatre cents m. du couvent ; entrée libre). De cette propriété, sur un plateau planté d'oliviers, on découvre un panorama merveilleux de la ville et des environs de Nice.

Revenant a la r. de Cimiez, on continuera encore à la monter à dr., pendant six cents m., pour atteindre l'entrée du **Jardin zoologique de Cimiez**. Ce jardin, très intéressant à visiter (1 fr. par personne), renferme des animaux de toutes espèces (lions, tigres et ours) et contient une ferme bretonne, un café restaurant ainsi qu'un petit casino ; belle vue sur la vallée du Paillon.

Retour à Nice en tramway (20 c. et 40 c.).

Itinéraire de l'après-midi (environ 4 h.) : A la sortie de l'hôtel des *Etrangers*, suivre à dr. la rue du *Palais* qui débouche sur la magnifique et spacieuse place *Masséna*, centre du Nice élégant et des distractions. Ici, se diriger à dr. vers la station centrale des tramways, située au milieu de la place. Du refuge de cette station, le visage tourné vers le N., on voit : à dr., le **Casino municipal** (théâtre, salles de bal et de concert, salons de conversation et de lecture, salles de jeux, etc.) ; à g., le **Jardin public** qui s'étend vers le S.-O. jusqu'à la promenade des Anglais, vis-à-vis la Jetée-promenade ; et, devant soi, la partie N. de la place Masséna, entourée de maisons à arcades, où s'ouvre l'avenue de la *Gare*, la principale artère de la ville.

Suivant l'avenue de la Gare, on laisse à g. la rue *Masséna* et, à dr., la rue *Gioffredo*, bordées de nombreux magasins. Un peu plus loin, sur l'avenue de la Gare, se détache à dr. la rue de l'*Hôtel-des-Postes* d'où part, à l'angle du café de la *Régence*, le tramway électrique pour Cimiez (*V.* ci-dessus).

Continuant l'avenue de la Gare, on croise plusieurs rues, ainsi que le beau boulevard ombragé qui porte le nom de b[d] *Dubouchage*, à dr., et celui de b[d] *Victor-Hugo*, à g., et l'on atteindra **l'église Notre-Dame**, à g.

Ici, abandonner l'avenue de la Gare (qui conduit à la gare du P.-L.-M. à 500 m. et à la gare du Sud de la France à 1.500 m.), et prendre à dr., vis-à-vis le portail de l'église, l'avenue *Notre-Dame*.

Dans l'avenue Notre-Dame, à l'angle de la rue *Hancy*, se trouve à g. le **Musée municipal des Beaux-Arts** (ouvert tous les jours, de 9 h. à midi et de 2 h. à 4 h.; fermé en août et septembre).

A la sortie du Musée, continuant à g. l'avenue Notre-Dame, on arrive à la place *Toselli*. Sur cette place, ayant croisé la rue de *Lépante*, on suivra vis-à-vis, à dr., la rue *Valperga*, prolongée par l'avenue *Beaulieu*. Celle-ci aboutit au b[d] *Dubouchage* qu'il faut prendre à g. pour gagner, à son extrémité, le b[d] *Carabacel*.

Tournant à dr. sur le b[d] Carabacel, on parvient au quai du torrent du *Paillon*. Ici, tourner encore à dr. et suivre le quai *Saint-Jean-Baptiste* jusqu'au pont *Garibaldi*, le premier qu'on rencontre à g., où l'on traverse le Paillon.

De l'autre côté du pont, se trouve situé à g., au n° 62, sur le b[d] *Risso*, le **Musée d'histoire naturelle** (ouvert les mardis, jeudis et samedis, de midi à 3 h. ; fermé en août et septembre). A dr., les quais, très animés, des deux rives du Paillon ramènent à la place Masséna. Continuant vis-à-vis du pont par une courte rue on arrive sur la place *Garibaldi*, vaste quadrilatère entouré de maisons à arcades, où s'élève la *statue de Garibaldi*. Traverser la place du N. au S. en passant entre la statue, à g., et la *chapelle du Saint-Sépulcre*, à dr., puis prendre à dr., à l'angle de la place, la rue *Ségurane* qui conduit au port.

A l'extrémité de la rue Ségurane, et au commencement de la rue de *Foresta*, une rampe à g. descend au quai *Lunel* en bordure du **port**, appelé aussi *port de Lympia*. Suivant le quai à dr., on rejoindra par une autre rampe la rue de Foresta, près de la *statue du roi Charles-Félix*, devant l'entrée du môle qui porte le phare du port. Continuer devant soi en contournant, par le quai des *Ponchettes*, l'abrupte falaise que couronnait autrefois le *Château*, dont il reste à peine trace. Au delà de ce passage pittoresque, taillé dans le roc du promontoire, appelé populairement le *Raouba-Capeou* (enlève chapeau), à cause de la brise violente qui souffle parfois sur ce point, on découvre tout à coup, au tournant, une vue admirable sur Nice et la baie des Anges.

Le quai du *Midi*, prolongement du quai des Ponchettes, longe deux doubles et parallèles **terrasses**, bitumées, au-dessus de boutiques, qui jadis étaient très fréquentées, et ramène vers le centre de la ville. Mais au lieu de suivre le quai du Midi, inclinant à dr., on gravira les escaliers de la *Montée Lesage*, situés un peu en retrait à la base du rocher. Ces escaliers, qui montent en lacets, contournent la massive *tour Bellanda* (enclavée dans un jardin) et mènent à la promenade ainsi qu'à la terrasse du Château.

Parvenu au haut des escaliers, près de l'entrée de la tour (hôtel *Suisse*), il faut abandonner le ch. à g., et gravir à dr. le sentier supérieur, bordé d'une rampe en bois ; puis, tenant toujours la dr., on gagne la promenade, sillonnée d'allées et de sentiers ombragés, qui a remplacé la forteresse féodale. Arrivé près d'une sorte de batterie, on passe devant une petite cascade, à g., pour continuer, derrière cette cascade, par une avenue de voitures qui s'élève en lacets et conduit au point culminant du rocher, à la **terrasse du Château**, précédée d'un escalier à double rampe. De la terrasse (Alt. : 92 m. — Table d'orientation du T. C. F. — Boutiques d'objets en bois d'olivier), on admire un panorama merveilleux sur Nice, la mer et les Alpes-Maritimes.

Descendu de la terrasse, au bas de l'escalier à double rampe, suivre le ch. à g. menant à une sorte de balcon, situé au-dessous de la terrasse, là où tombe une grande cascade artificielle alimentée par les eaux de la *Vésubie*. Prenant ensuite à dr. l'avenue des voitures, en-contre bas, on quitte bientôt cette avenue pour descendre à g., par des sentiers, vers le cimetière qui apparait entre les arbres. A l'extrémité g. du mur de la nécropole s'ouvre une porte, avec grille en bois, par laquelle on sortira de la promenade.

La r., à dr., longe à présent le mur O. du cimetière, passe plus bas devant la *Morgue*, puis descend à g. entre des murs. Arrivé à cent m. environ d'une autre porte, qu'on aperçoit entre deux pilastres, il faut quitter la r. et descendre l'escalier ouvert dans le mur de dr. Cet escalier conduit à l'entrée de la rue *Rossetti*, dans le vieux Nice, cité à part, d'une couleur locale très caractérisée.

On descend la rue Rossetti, négligeant à dr. et à g. des ruelles obscures, tortueuses, où grouille toute une population. Cinquante m. environ avant d'atteindre le bas de la rue, prendre à dr. la curieuse rue *Droite* (à g., au n° 15, l'antique *palais des Lascaris*). La rue Droite, prolongée par la rue *Saint-François*, mène à la petite place Saint-François où s'élève l'ancien Hôtel de Ville, affecté aujourd'hui au tribunal des Prud'hommes. Revenir ensuite sur ses pas à la rue Rossetti et, descendant celle-ci à dr., on atteindra la place Rossetti, devant la **cathédrale Sainte-Reparate.**

A la sortie de l'église, suivre à dr. la rue *Sainte-Reparate* qui aboutit à la rue de la *Préfecture*. Tournant à dr. dans cette rue, puis aussitôt à g. dans la rue *Saint-Gaetan*, enfin encore à dr. dans la rue du *Palais*, on sort du vieux Nice. La rue du Palais traverse la place de la *Préfecture*, ensuite la place du *Palais-de-Justice*, ces deux monuments situés à dr.

A hauteur de la place du Palais-de-Justice, abandonner la rue du Palais pour prendre à g. la rue du *Cours* conduisant au *Cours Saléya* où se tient le marché.

Ici, tournant à dr., on entre dans la rue *Saint-François-de-Paule*, point central du Grand Corso de gala, à l'époque du Carnaval. Plus loin on voit le **Théâtre municipal** (opéra), à g., presqu'en face de l'**église Saint-François-de-Paule**, à dr.

La rue Saint-François-de-Paule débouche vis-à-vis le Jardin public. En inclinant à g., on peut gagner la promenade des Anglais, devant la Jetée-promenade ; ou bien, en se dirigeant à dr., revenir à la place *Masséna*.

Excursion recommandée au départ de Nice. — La grotte de Saint-André et Falicon (10 kil., aller et retour).

Itinéraire : Sur la place *Masséna*, prendre, à g. du Casino municipal, l'avenue *Félix-Faure*, prolongée par les quais *Saint-Jean-Baptiste* et de la *Place-d'Armes*, sur la rive dr. du *Paillon*.

Continuant par la r. de Levens, qui borde le torrent, on contourne le coteau de Cimiez. à g. (*V.* page 135), pour passer près de l'ancienne *abbaye de Saint-Pons,* aujourd'hui annexe de l'hôpital de Nice (**4** — du portique de l'abbaye, la vue est admirable sur la vallée du Paillon, au pied d'un amphithéâtre de montagnes).

La r. atteint bientôt (**1**) le confluent de la *Garbe* et du *Paillon* ; ici, négligeant à dr. le pont et le ch. de l'Ariane, qui passe au bas de la curieuse colline conique du *Brec*, ou *Broc*, taillée en escalier, on continuera à remonter la rive dr. de la Garbe, encaissée dans un étroit vallon, jusqu'au hameau de Saint-André (**1.5** — Restaurant de la *Valière*).

Du hameau de Saint-André, où l'on déposera sa machine en garde, on monte au *château de Saint-André* en traversant la Garbe, en amont du hameau. De l'autre côté de la rivière, un sentier très raide aboutit à une terrasse; avec bassin, devant le château (belle vue).

Du château, revenir sur ses pas et, laissant à *g.* le sentier de Saint-André, suivre à dr. un ch. qui contourne une ravine et rejoint une allée, plantée d'eucalyptus. Cette allée, à *g.*, à peu près horizontale, domine le torrent à une grande profondeur et conduit au *chalet de la grotte.* Du chalet, se détache un sentier qui, longeant la rive g. du torrent, mène jusqu'à l'entrée de l'intéressante *grotte de Saint-André* (50 m. de long. ; 50 c. par visiteur).

De Saint-André, on pourra encore continuer par la r. de Levens pour aller visiter le village de Falicon, perché au faîte d'un roc d'où l'on découvre une vue splendide.

Après avoir traversé la Garbe sur une arche naturelle, au-dessus de la grotte de Saint-André, la r. laisse à g. (**0.8**) le sentier de piétons qui gravit le rocher de Falicon, puis franchit une seconde fois le torrent (**0.5**). Ici on abandonne la r. de Levens pour prendre le ch. de voitures montant à Falicon (**1.7**), à g.

Pour mémoire. — De **Nice** à **Saint-Martin-Vésubie,** deux itinéraires : 1° (**59** kil. **300** m.), par Saint-André (**6.5**), Les Moulins (**3.8**), Tourette-le-Bas (**2** — Hôt. des *Voyageurs* à Tourette-Levens), Le Colombier (**2**), Les Traversettes (**7**), Bas-Levens (**1** — Aub. — Hôt. *Beau-Séjour* à **Levens.** Ch.-l. de c. — 1.511 hab.), Saint-Jean-la-Rivière (**13.5**), Le Suchet (**4.5**), Bas-Lantosque (**5**), Roquebillière (**6** — Hôt. de *France*) et Saint-Martin-Vésubie (**8** — Ch.-l. de c. — 1.720 hab. — Hôt. des *Alpes ; Régina*).

2° (**63** kil. **100** m.), par Colomars (**18**), Saint-Martin-du-Var (**7.7**), Vésubie (**3.8**), Saint-Jean-la-Rivière (**10.1**) et Saint-Martin-Vésubie (**23.5** — *V.* ci-dessus 1°).

Ces deux itinéraires font connaître la *vallée supérieure de la Vésubie* dont certaines localités, telles que Saint-Martin-Vésubie,

La Bollène, Belvédère, les Bains de Berthemont, la Madone de Fenestre, sont devenues des stations estivales très fréquentées.

Le premier itinéraire sort de Nice par la r. de Levens. De Nice à Saint-André et à l'embranchement du ch. de Falicon, *V. excursion à Falicon*, page 138.

La r., laissant à g. le ch. qui monte à Falicon, s'engage dans un sombre défilé au sortir duquel on débouche subitement dans le gracieux bassin, planté de vignes, où repose le hameau des Moulins.

Au delà de Tourette-le-Bas, faubourg de Tourette-Levens, vieux village bâti sur un rocher à dr., la r. monte assez durement au milieu de bois de pins, puis franchit le torrent ; elle passe ensuite au hameau du Colombier, dans une jolie vallée, entre le *Mont-Férion*, à dr., et le *Mont-Cima*, à g.

En approchant du hameau de Bas-Levens, au pied de la montagne aride, à g., qui porte le bourg de Levens, étagé en amphithéâtre, on embrasse une vue superbe sur les montagnes des vallées de la Vésubie et du Var. Dépassé le Bas-Levens, après une courte montée, la r. vient surplomber, à peu de distance, la magnifique *gorge de la Vésubie* qui forme à g. un énorme précipice. Après avoir décrit de multiples lacets sur le flanc des escarpements du *Mont-Castelard*, on contourne un grand ravin dominé à g. par le village de Duranus, au bord d'un éperon qui avance au-dessus de la profonde crevasse de la Vésubie.

La r. traverse un tunnel de 80 m., puis découvre le gros village d'Utelle sur la rive opposée de l'abîme. Descente rapide et dangereuse pour rejoindre la r. venant de Vésubie (*V.* 2°), aux premières maisons du hameau de Saint-Jean-la-Rivière.

On s'engage ensuite dans une sorte de défilé où la r. passe deux fois d'une rive à l'autre du torrent. Plus loin, le petit bassin pittoresque du Suchet, au confluent du *Figaret* et de l'*Infernet* avec la Vésubie, précède de nouvelles gorges.

La r. passe au-dessus du bourg de Lantosque, à g., et franchit encore à deux reprises la rivière. Trois kil. au delà du hameau du Bas-Lantosque on laisse à dr. le ch. de La Bollène.

Le ch. de La Bollène monte à dr. à **La Bollène** (5.9 du Bas-Lantosque — 610 hab. — Hôt. de *La Bollène ; Cassini*), ravissant séjour d'été, au centre de jolies promenades.

La r. de Saint-Martin-Vésubie pénètre dans une région délicieuse dont l'aspect alpestre lui a valu le nom de *Suisse Niçoise*, et franchit la *Gordolasque*. Au bourg maussade de Roquebillière se détache à dr. le ch. Belvédère.

Le ch. de Belvédère s'élève en longs lacets jusqu'à **Belvédère** (4 de Roquebillière — 1.185 hab. — Hôt. de *Bel-*

védère), station estivale dans un site incomparable dominant les montagnes.

Deux kil. et demi au delà de Roquebillière on laisse encore à dr. le ch. des Bains de Berthemont.

Le ch. des Bains de Berthemont gravit des lacets, entre deux ravins, puis rejoint le bord du torrent du *Spaillard* aux **Bains de Berthemont** (**6.8** de Roquebillière — *Grand-Hôtel* ; des *Bains*), station thermale et estivale très fréquentée pour la cure des rhumatismes, de la goutte et de l'arthritisme.

La r. monte une côte assez dure, à travers des châtaigneraies, et traverse le *ravin de la Madone*; elle pénètre dans Saint-Martin-Vésubie par une magnifique promenade, ombragée de platanes; vue merveilleuse.

Saint-Martin est le principal séjour d'été de la Vésubie, dans un centre admirable de promenades et d'excursions. De Saint-Martin, on peut encore gagner par un bon ch. muletier (3 h. de marche) la **Madone de Fenestre** (Alt. : 1.886 m. — Hôt. de la *Madone*), station d'été composée de l'hôtel, de trois autres habitations et de la *chapelle de la Madone*, but de pèlerinage.

Le second itinéraire quitte Nice par la r. de Puget-Théniers. De Nice à Vésubie, *V*. page 193.

Après avoir traversé le hameau de Vésubie, on franchit la *Vésubie ;* de l'autre côté du pont, abandonnant la r. de Puget-Théniers, on prend à dr. le ch. de Saint-Jean-la-Rivière.

Ce ch., qui remonte la rive dr. de la vallée, s'engage immédiatement dans une gorge splendide dont les parois abruptes, et les escarpements runiformes, présentent des aspects tout à la fois bizarres et imposants. On traverse un premier court tunnel ; à dr. le vieux ch. de Levens descend dans la vallée, un moment élargie en un cirque planté d'oliviers. Le défilé recommence ensuite entre des colossales roches taillées à pic. Après un second tunnel, on franchit deux ravins, puis la r. s'engage sous une troisième galerie, longue de trois cents m.

Plus loin, après une vue saisissante sur la profonde rainure que s'est creusée la rivière, on franchit la Vésubie au *pont de Pagari* pour passer sur la rive g. et rejoindre la r. venant de Levens, aux premières maisons de Saint-Jean-la-Rivière.

De Saint-Jean-la-Rivière à Saint-Martin-Vésubie, *V*., ci-dessus, le premier itinéraire.

De Nice à Saint-Sauveur et à **Saint-Etienne-de-Tinée** (**90** kil. **400** m.), par Colomars (**18**), Saint-Martin-du-Var (**7.7**), Vésubie (**3.8**), Ciaudan (**1.8**), La Tinée (**2.3**), le pont de la Mescla (**4.1**), le pont de la Lune (**2.7** — Aub.), Roussillon (**6**), Pont-de-Clans (**1.5** — Aub.), **Saint-Sauveur** (**13.5** —

Ch.-l. de c. — 697 hab. — Hôt. *Wiard ; des Alpes-Maritimes*), Pont-Saint-Honorat (**13**), Isola (**2** — Hôt. de *France*), le pont de Rabuons (**13.2**) et Saint-Etienne-de-Tinée (**0.8** — Ch.-l. de c. — 1.858 hab. — Hôt. *Autheman ; Issautier* — A voir : l'église).

La *vallée de Tinée*, à l'égal de celle de la Vésubie, mérite d'être visitée. Saint-Sauveur et Saint-Etienne-de-Tinée offrent deux stations estivales moins fréquentées que les localités de séjour de la Vésubie mais cependant très agréables pour qui aime le calme et la tranquillité. Toutefois, à l'époque des manœuvres des troupes alpines dans cette région, il sera prudent de retenir d'avance les chambres aux hôtels.

De Nice au *pont de la Mescla*, *V*. l'itinéraire de la page 193.

La r. de Saint-Sauveur, laissant à g. le pont de la Mescla, ainsi que la r. de Puget-Théniers, continue à dr. et traverse un petit tunnel ; on domine à g. le confluent, ou *Mescla* (mélange), du *Var* et de la *Tinée*.

La r. remonte la rive g. puis la rive dr. de la Tinée, qui se fraye un passage à travers une gorge splendide, jusqu'au *pont de la Lune* où l'on franchit de nouveau la rivière.

Le parcours continue très intéressant dans la vallée qui se resserre de nouveau. Après un tunnel, la r., taillée dans le roc, gagne Saint-Sauveur.

Au delà de Saint-Sauveur, on passe encore sous deux galeries. La r. serpente dans de nouvelles gorges où elle traverse deux fois la rivière avant d'atteindre Isola. Ce bourg est situé a la jonction de la Tinée et du torrent de *Ciastiglion*, au milieu de châtaigniers, en face de la belle *cascade de la Loucle* tombant d'une hauteur de cent m.

La r. continue sur la rive g. de la Tinée ; on dépasse à g. le sauvage *ravin de Roya*, avant de pénétrer dans un défilé rocheux, que commande a dr. la *montagne de la Colla Lunga*.

Après le pont de Rabuons la chaussée revient sur la rive dr. de la rivière, celle-ci arrosant la fraîche et verdoyante vallée où se trouve situé Saint-Étienne-de-Tinée.

De **Nice** à **Puget-Théniers**, *V*. l'itinéraire de la page 193.

De **Nice** à **Turin** (*Italie* — **214** kil.), par la Trinité-Victor (**6.5**), Drap (**2.5**), le pont de Peille (**3**), le pont de Contes (**1.5**), le col de Nice (**5** — Alt. : 377 m.), **L'Escarène** (**1** — Ch.-l. de c. — 1.370 hab. — Hôt. de *France*). Touët-de-L'Escarène (**2.5**), Saint-Laurent (**2**), le col de Braus (**6.5** — Alt. : 999 m. — Aub.), **Sospel** (**11.5** — Ch. l. de c. — Hôt. *Carenco* — 3.756 hab.), le col de Brouis (**12** — Alt. : 838 m. — Aub.), La Giandola (**8** — Hôt. des *Etrangers*), Fontan (**8** — Hôt. *Crivelli ; Valerio* — Douane française), frontière (**3** — Aub. d'*Italie* — Douane italienne),

Saint-Dalmas-de-Tende (4 — Etablissement hydrothérapique et Hôt. de *Saint-Dalmas*), Tende (5 — 1.700 hab. — Hôt. *National* — Belle église), Vievola (5), Tunnel du col de Tende (5 — Alt. : 1.400 m. — Longueur 3.360 m.), Limone (9), Vernante (9), Robilante (7), Roccavione (3), Borgo San-Dalmazzo (1), Boves (5), **Coni** (7 —27.529 hab. — Hôt. *Barra-di-Ferro*), Centallo (14 — 4.900 hab.), **Savigliano** (10 — 17.000 hab. — Hôt. *Corona*), Racconigi (13), **Carignan** (15 — 7.800 hab. — Hôt. de la *Bonne-Renommée* — Belles églises) et Turin (20 — 350.000 hab. — Hôt. de *France*; *Drogana-Vecchia*. — A voir : le palais Madame, le Palais-Royal et le Musée des Armures, le palais Carignan, le palais de l'Académie des sciences et son Musée, la Cathédrale, les églises Corpus-Domini, de La Consolata et Saint-Maxime, l'Académie Albertino des Beaux-Arts et son Musée, le Musée municipal, le jardin public du Valentin, le couvent des capucins de la Monte, le Campo-Santo, la Superga).

De l'hôtel des *Etrangers* à la place *Risso*, *V.* page 145.

A la place Risso, laissant à dr. la r. de Gênes, dite de la Corniche, on continue devant soi par la r. de Turin.

Au sortir de Nice, la r. longe la rive g. du *Paillon*, puis, après le confluent du torrent de *Saint-André*, elle contourne, avec la vallée, le pied N. du *Mont-Gros*. On traverse la plaine fertile de La Trinité-Victor et l'on franchit le Paillon au pont de Peille.

Au pont de Peille se détache à dr. un autre ch. dans la direction de l'Escarène (*V.* ci-dessous), moins accidenté que la r. nationale. Ce ch., qui remonte au début la rive dr. du Paillon, passe plus loin en vue des curieux villages de Peillon (4) et de Peille (2) pour gagner L'Escarène (7.2).

Au delà du pont de Contes, la r., qui présente vingt-neuf kil. consécutifs de côte, suit à dr. le vallon de Blausasc pour atteindre par une forte rampe le *col de Nice*. Une descente rapide ramène, dans la vallée du Paillon, à L'Escarène, village situé à la jonction des torrents de *Braus* et de *Lucéram*.

La r., très pittoresque, longe la rive dr. du *riou de Braus*; rampe accentuée, au delà du hameau de Saint-Laurent, et série de lacets jusqu'au *col de Braus*. A la descente, la r., décrivant de longs circuits, contourne à g. le *Mont-Barbonnet*, et gagne la vallée du *Merlançon* où reparaissent les oliviers.

Après Sospel, ayant franchi la *Bevera*, on remonte un vallon de prairies pour attaquer ensuite les lacets qui précèdent la région aride du *col de Brouis*.

Du col de Brouis à La Giandola, descente rapide; nombreux lacets. De La Giandola, village situé à la rencontre de la *Roya* et du *riou de Moille*, jusqu'à Fontan, la r., en rampe assez douce, suit l'étroite vallée de la Roya, formant ici la magnifique *gorge de Saorge*. Dépassé

Fontan, on pénètre dans un des plus beaux défilés des Alpes, dans la *gorge de Berghe.*

La r. franchit la frontière, puis gravit, au delà de Saint-Dalmas-de Tende, des pentes très dures pour atteindre le pittoresque village de Tende, sur les confins de la région du littoral. Ensuite la montée reprend pénible, au début à travers un paysage dénudé entre de sauvages défilés ; puis continue, en lacets très raides, jusqu'à l'entrée du *tunnel du col de Tende.* Celui-ci, long de près de trois kil. et demi, évite à présent les soixante-neuf courbes de l'ancienne r. qui escaladait le *col de Tende* (Alt. : 1.873 m.), au-dessus de la montagne.

Magnifique panorama à la sortie du tunnel. Une descente rapide en zigzags conduit vers Limone. Depuis Limone la r. s'aplanit. Après la ville manufacturière de Coni (ou *Cuneo*) on descend insensiblement, entre Centallo et Turin, les luxuriantes vallées de la *Grana*, de la *Maira* et du *Pô*.

DE NICE A MENTON

Par Les Quatre-Chemins, La Drette, La Turbie, Ricard et Roquebrune.

Distance : **30** kil. **900** m. *Côtes :* **2** h. **36** min.
Pavé : **2** min.

Nota. — De Nice à Menton on a le choix entre deux itinéraires : l'un passe par la route dite de l'Ancienne Corniche et La Turbie, l'autre par la route dite de la Nouvelle Corniche, Villefranche et Monaco. Le premier, taillé à flanc de montagne, domine en partie le second qui suit, en contre-bas, le bord de la côte. Tous deux étant merveilleusement beaux, il ne faut pas hésiter de faire à l'aller le trajet de Nice à Menton, par La Turbie, ce qui est préférable à tous égards, et de revenir ensuite à Nice, par Monaco.

Bien que la distance entre Nice et Menton soit relativement courte, comme on a plusieurs points à visiter sur le parcours, on devra quitter Nice assez tôt pour arriver à l'Observatoire du Mont-Gros à l'heure de l'ouverture des portes (8 h. du matin), ce qui permet, après la visite de l'Observatoire, de gagner à temps La Turbie pour déjeuner.

Entre Nice et La Drette, longue côte de neuf kil. ; ensuite, descente continuelle jusqu'à Menton, à part la petite montée de La Turbie.

Les voituriers de Nice demandent 20 fr. (voiture à 2 places et à un cheval) pour conduire jusqu'à La Turbie, compris le temps d'arrêt nécessaire pour visiter l'Observatoire du Mont-Gros.

Si l'on n'est pas pressé, on pourra consacrer agréablement une demi-journée à La Turbie, en allant visiter, près de cette localité, le monastère de Laghet ; dans ce cas on couchera à La Turbie.

Quittant l'hôtel des *Etrangers*, suivre à g. la rue du *Palais* (Pavé : 2'), puis tourner aussitôt à g. dans la rue de la *Terrasse*. A l'extrémité de cette dernière, on croise la rue de la *Caserne* et l'on monte à dr. (2') la *descente Crotti* qui mène au b[d] *Mac-Mahon*, sur la rive g. du *Paillon*. Le b[d] du *Pont-Vieux*, prolongement du b[d] Mac-Mahon, aboutit sur la place *Garibaldi*. Traverser cette place, devant soi, pour s'engager, vis-à-vis la statue de Garibaldi, dans la rue de la *République* (**0.9**).

On suit la rue de la République jusqu'à la place *Risso* (**0.8**), où, abandonnant la r. de Turin (*V.* page 142), on prend à dr. la r. de Gênes, dite de la Corniche. Après l'usine à gaz et les casernes de Riquier, laissées à g., on passe sous la voie ferrée; cinq cents m. plus loin commence une côte, longue de neuf kil. (2 h. 1/2).

La r., infléchissant à g., s'élève sur le flanc du *Mont-Vinaigrier*, planté d'oliviers, et domine la vallée du Paillon que borne au N. le massif du *Mont-Chauve;* en arrière, on aperçoit la ville de Nice, étalée en éventail devant la mer, et, en contre-bas de la r., les jardins d'orangers de Saint-Roch.

A hauteur de la petite *chapelle Saint-Hubert* (**2.6**), on passe au-dessous des blancs bâtiments de l'Observatoire. A g., s'étend un paysage magnifique : on découvre Falicon, sur son roc, et La Trinité-Victor, au bord du large lit pierreux du Paillon; au loin, se dresse la cime du *Mont-Agel* que couronne un fort. La r., contournant le Mont-Gros, remonte un spacieux ravin et atteint, sur le versant opposé de la montagne, l'entrée du ch. (**2.5**) qui, à dr., conduit à l'Observatoire.

Une grille précède le pavillon où habite le garde. Celui-ci reçoit la carte des visiteurs qui veulent entrer dans le parc, domaine de l'**Observatoire de Nice** ou du **Mont-Gros** (ouvert de 8 h. du mat. à 6 h. du soir; fermé du 1er août au 15 septembre. La visite de l'Observatoire demande environ 1 h. 1/2).

Le garde ouvre la grille pour les voitures et les automobiles qui peuvent avancer dans le parc jusqu'aux *bureaux de la Direction* (situés à 1.500 m. de la grille), où sont délivrés les permis de visiter; tandis que les cyclistes pourront à leur gré se rendre jusqu'aux bureaux soit à pied, soit en machine.

De l'autre côté de la grille, dans le parc, la r. conduit à une bifurcation: à dr., la r. de voitures s'élève en rampe douce (15') et contourne par une grande courbe le Mont-Gros; à g., le ch. des piétons longe le flanc de la montagne et permet d'atteindre en dix min. les bureaux de la Direction, construits sur une terrasse d'où l'on jouit d'une vue superbe.

Muni de l'autorisation nécessaire, on gravira, derrière les bâtiments de la Direction, un escalier qui aboutit au sentier débouchant devant les divers *pavillons d'observation*.

L'Observatoire du Mont-Gros, don princier offert à la ville de Nice par M. R. Bischoffsheim, comprend quinze pavillons où sont installés les instruments. Le principal de ces pavillons, surmonté d'une énorme coupole mobile d'acier, contient le fameux *grand équatorial*, le plus puissant télescope de l'Europe.

La r., continuant à s'élever au-dessus du ravin que domine à g. le *Mont-Pacanaille*, atteint le **col des Quatre-Chemins** (**0.9** — Alt. : 345m. — Auberge), où s'écarte à dr. un ch. qui descend vers Villefranche (2.3); de ce côté, une profonde brèche permet d'apercevoir la rade de Villefranche. A mesure qu'on avance, le paysage devient de plus en plus grandiose. Une nouvelle échancrure laisse entrevoir Beaulieu, ainsi que les presqu'îles du *cap Ferrat* et du *cap de Saint-Hospice*, se découpant sur la mer bleue tel un plan relief; à dr., s'éloigne (**0.9**) le ch. de la *chapelle Saint-Michel* (0.6).

La r., véritable balcon, taillée dans la roche vive, contourne les contreforts supérieurs du *Mont-Pacanaille* et du *Mont-Fourche;* on passe devant une poudrière. La rampe s'adoucit, puis, brusquement, à un détour, apparait à dr. le rocher granitique sur lequel est perché le village d'Eze d'un aspect tout africain.

Un peu plus loin, au **col d'Eze** (**3.8** — Restaurant), se détachent : à dr., le ch. d'Eze (1.6 — *V.* page 160) et, à g., celui du *fort de La Drette* (0.8). A partir d'ici, la r., accrochée au flanc de superbes falaises, descend agréablement, offrant des points de vue admirables, à dr., sur le site extraordinaire d'Eze, la mer et le promontoire de la *Tête-de-Chien*. On passe devant l'auberge de la *Belle-Vue* (**2.2**), puis au pied d'énormes roches.

Laissant à g. (**2.7**) la r. qui mène au célèbre *sanctuaire de Laghet* (2 — *V*. page 148), on monte un peu (4') pour atteindre l'ancien et curieux village de **La Turbie** (**0.5** — 3.067 hab.), jadis, à l'époque romaine, situé sur la limite de l'Italie et des Gaules. Parvenu à la place *Detras*, quelques m. au delà de la Mairie, tourner à dr. sur le cours *Saint-Bernard*, puis s'arrêter à l'hôtel *National*, à g. (**0.1**), où l'on déjeunera.

De passage à La Turbie, on ne devra pas manquer de se rendre à la *terrasse*, située à l'extrémité du cours *Saint-Bernard* (à 300 m. de la r.), ensuite à la *tour d'Auguste*, dans le village (en tout 30'), puis de monter au *col de Guerre* (1 kil. 800 m., aller et retour), enfin, si l'on dispose de tout son temps, d'aller visiter le *monastère de Laghet* (5 kil., aller et retour) ; le tour complet de la promenade demandant environ trois heures.

A l'extrémité du cours *Saint-Bernard*, on dépasse la gare du ch. de fer à crémaillère de *La Turbie à Monte-Carlo* (1 fr. 55 ou 1 fr. 15, à la descente; 3 fr. 10 ou 2 fr. 30 à la montée; 4 fr. 65 ou 3 fr. 45, aller et retour; transport gratuit des bicyclettes; trajet en 25 min.) et l'on atteint une sorte de **terrasse**, demi-circulaire, planant au-dessus du *ravin de Moneghetti*. De cette terrasse la vue est féerique sur la principauté de Monaco, enclavée dans les Alpes-Maritimes. D'un coup d'œil, on découvre tout entier le minuscule État avec ses deux rochers : l'un portant la ville proprement dite de Monaco et son palais, l'autre surmonté du casino de Monte-Carlo; tandis qu'entre les deux promontoires s'étend le quartier intermédiaire de la Condamine, devant la rade et le port.

De la terrasse revenir sur ses pas et, parvenu devant l'hôtel *National*, monter à g. la ruelle qui, passant sous une porte ogivale, dite *portail romain*, pénètre dans le vieux bourg de La Turbie. De l'autre côté de la porte, suivre à g. la rue *Incalat*; à son extrémité, tourner à dr sur la place *Saint-Jean*. Ici, franchissant à g. un portail, on débouchera dans la rue du *Ghetto* qui, à g., mène à la place *Millo* : sur cette place, une voûte à dr. donne accès dans l'enclos où s'élève la **tour d'Auguste**, remarquable ruine romaine, surmontée d'une tour féodale fendue en deux.

De la tour d'Auguste, on regagnera la place *Saint-Jean* où l'on prend à g. la rue du *Four*. Celle-ci, laissant à g. la rue de l'*Eglise*, ramène par un autre passage voûté à la place *Detras*, en dehors du bourg.

D'ici, pour se rendre au *col de Guerre* (à 900 m.), tournant à dr. sur la place *Detras*, on suit la r. de Menton et, après avoir dépassé l'entrée du cours *Saint-Bernard*, on monte à g., à l'angle du bureau de poste, la route militaire du *Mont-Agel* (*V*. page 148). Suivre cette r. pendant six cents m., puis gravir à g. le ch. escarpé qui atteint le **col de Guerre**, situé trois cents m. plus haut; très belle vue sur les montagnes des Alpes-Maritimes.

Du col de Guerre un mauvais sentier, à g., descend dans le vallon et au monastère de Laghet (*V.* ci-dessous); toutefois ce sentier étant peu commode, si l'on n'est pas accompagné par une personne du pays, il vaudra mieux revenir à La Turbie pour prendre la r. directe de Laghet.

La r. militaire du Mont-Agel conduit au sommet du *Mont-Agel* (Alt. : 1.149 m.), d'où l'on jouit d'une vue incomparable sur le littoral; mais depuis la construction du nouveau fort, on ne peut plus faire l'ascension entière de cette montagne, les abords du fort étant interdits au public. Cependant les touristes peuvent aller par la r. militaire jusqu'à la *cantine du Mont-Agel*, située à huit kil. de La Turbie, d'où le panorama est déjà splendide.

Revenu à La Turbie, si l'on veut aller visiter le sanctuaire de Laghet (5 kil., aller et retour), on descendra la r. de Nice, en laissant à g. le ch. stratégique qui conduit au *fort de la Tête-de-Chien* (situé à dix-huit cents m., mais dont les abords sont rigoureusement interdits au public), pour prendre plus bas à dr., à cinq cents m. de La Turbie, le ch. de Laghet. Ce ch., poudreux, descend, pendant deux kil., dans un ravin rocheux qui débouche dans le vallon, à la fois pittoresque et sauvage, entouré de hautes montagnes, où se cache le hameau de Laghet (Hôt-rest. *Regis-Fangel*).

Cet endroit doit sa célébrité au **monastère de Notre-Dame de Laghet**, un des pèlerinages les plus fréquentés du midi de la France. Les murs du cloître qui entourent la chapelle, au centre du monastère, sont tapissés d'une étonnante collection de peintures naïves, destinées à servir d'ex-voto.

Au départ de l'hôtel *National*, venant reprendre la r. de Menton, à dr. (**O.1**), on laisse à g. le ch. militaire du *Mont-Agel* (*V.* ci-dessus) et l'on domine à dr. le profond ravin du *Moneghetti*, au bas duquel apparaît la principauté de Monaco.

La r., dont les vues sont un enchantement perpétuel, descend et décrit de nombreux circuits sur le flanc des contreforts du Mont-Agel; à dr., un pilier isolé, qui couronne le plateau d'une hauteur rocheuse, porte le nom de *Pilier de justice*.

Plus bas, à un tournant, on embrasse l'ensemble de la principauté de Monaco, dont les claires habitations, en forme de dés, recouvertes de toits rouges, et semblables aux bâtisses de quelque grand joujou, se groupent au bord de la mer, abrité par l'éperon granitique de la Tête-de-Chien. On passe au pied de formidables roches, tandis qu'en arrière Monaco, au bas de la montagne, et La Turbie, à cheval sur son col, paraissent et disparaissent tour à tour dans de divins décors.

Au hameau de Ricard (**1.6**) la r. contourne un autre *Mont-Gros*, puis un large ravin d'où l'on contemple tout à coup un nouveau panorama merveilleux : vis-à-vis, sur le village de Roquebrune, accroché au hasard de la dégringolade du versant opposé; plus à dr., sur le *cap Martin*, très boisé; enfin au delà, à l'E., sur les promontoires alanguis de la rive italienne qui se profilent vers la mer jusqu'à la *pointe de Bordighera*.

On passe devant une fontaine (**0.7**); ensuite, après une grande courbe, laissant à dr. (**1.8**) le ch. de piétons qui descend à la station de Cabbé-Roquebrune, on atteint à dr. (**0.1**) l'embranchement de la r. de voitures qui monte à Roquebrune, très ancien village qu'il ne faut pas négliger de visiter (50').

La r. de Roquebrune, à g., s'élevant (4') par deux lacets, dépasse un lavoir, puis, plus haut, le bureau de poste ; elle atteint ainsi la petite place de l'*Ecole*, formant terrasse à l'entrée de **Roquebrune (0.5)**. Ici, laisser sa machine en garde au café-rest. *National*, voisin d'une fontaine contiguë à une grotte, et pénétrer dans le village par la rue qui s'ouvre entre deux rochers. Parvenu devant le portail de l'église Sainte-Marguerite, tournant à g., on gravira la rue, tracée en escaliers, qui passe successivement sous trois arcades voûtées et qui conduit dans le haut du bourg. Là, inclinant toujours à g., on traverse une sorte de petite plate-forme rocheuse et l'on accède par une porte délabrée dans l'intérieur des ruines du *château de Roquebrune*. Des escaliers, taillés dans l'ancien chemin de ronde, permettent de monter sur le donjon d'où l'on découvre une vue splendide; remarquer au-dessous de soi le bizarre enchevêtrement des toitures du bourg.

Jusqu'en 1848 Roquebrune et Menton (*V.* page 150) appartenaient à la principauté de Monaco, mais à cette époque ces deux villes s'étant déclarées libres, le prince de Monaco, qui n'avait cessé de protester contre leur rébellion, consentit en 1861 à les céder à l'empereur Napoléon III pour la somme de quatre millions.

La r. de la Corniche, descendant au-dessous du rocher de Roquebrune, rejoint (**1.5**) la r. de Nice à

Menton, par la côte, Villefranche et Monaco (3.5); elle continue à offrir de magnifiques points de vue sur le cap Martin, Menton et les hautes montagnes qui entourent cette ville.

Après une descente très rapide, à travers des bois d'oliviers qui tapissent un ravin, on rejoint encore, au bas de la pente (1.9), la r. à dr. suivie par la ligne du tramway électrique qui fait le service de Monaco à Menton. On passe sous la voie ferrée et l'on entre par l'avenue de la *Madone*, plantée de platanes, dans **Menton**, station essentiellement hivernale située sur l'une des parties les plus chaudes du littoral (Ch.-l. de c. — 9.014 hab. — Café de *Paris*, 2, rue *Saint-Michel*; *Grand café Glacier*, 3, avenue de la *Gare*; restaurant du *Cercle*, rue *Honorine*).

Un peu plus bas, on franchit le *pont de l'Union* (0.5) sur le torrent du *Gorbio*. Ici, de l'autre côté du pont, vis-à-vis le poteau métallique du tramway, portant le n° 243, on devra abandonner l'avenue de la Madone et tourner à dr. le long du torrent; ensuite, après quelques m., prendre à g. la *promenade du Midi*, en laissant à dr. le *pont Elisabeth*, dans la direction du cap Martin..

La promenade du Midi, alignée de villas, côtoie la mer; plus loin, dépassé les bains, à dr., et un petit square, à g., elle franchit encore le torrent du *Borigo*. On longe ensuite le *Jardin public*, planté d'arbres exotiques et où se trouve un kiosque pour la musique, puis les jardins particuliers de nombreux hôtels. Arrivé à hauteur de celui de l'hôtel de *Menton*, pénétrer à g. dans ce jardin pour entrer dans l'hôtel (1.8).

Visite de la ville de Menton[1] (environ 6 h. l'excursion comprise au pont Saint-Louis et au musée Præhistoricum).

Sortant de l'hôtel de *Menton* par la porte qui donne sur la rue *Saint-Michel*, on suivra à g. l'avenue *Félix-Faure*, bordée d'hôtels et de magasins. Après la petite place *Saint-Roch* continuer l'avenue Félix-Faure, ombragée d'arbres, jusqu'à hauteur du **Jardin public** où l'on voit à g. le kiosque de la musique. Ici, prendre à dr. l'avenue *Boyer*, en bordure du **Jardin du Careï**, dont la large bande recouvre le lit du torrent du *Careï*. Suivre l'avenue Boyer jusqu'à mi-longueur de la promenade, là où s'élève à g. le **Monu-**

ment commémoratif de la réunion de Menton à la France. A cet endroit, abandonner l'avenue et s'engager à dr. dans la rue *Partouneaux*. Arrivé près du buste, érigé sur une colonne, du Dr *James-Henry Bennet*, le préconisateur de Menton, on prendra à g. la r. de la *République*, en laissant à dr. l'Hôtel des postes. Plus loin, la rue de la République croise la rue *Villarey* (à l'extrémité de laquelle on aperçoit à g. le *Grand Casino*) et mène à la place *Arduino*, où s'élève devant un petit square l'Hôtel de Ville, renfermant le **Musée** (ouvert les lundis, mercredis et vendredis, de 10 h. à midi, et de 2 h. à 4 h.).

Vis-à-vis la façade de l'Hôtel de Ville, tourner à dr. dans la courte rue *Honorine*, à arcades, qui relie à l'avenue *Félix-Faure*; suivre l'avenue à g. pour repasser devant l'hôtel de *Menton* et continuer par la rue *Saint-Michel*. Celle-ci longe la place *Nationale*, au fond de laquelle s'élève à dr. l'ancien *Palais Trenca*, puis laisse, un peu plus loin, à g., la rue de la *Caserne*, conduisant à **l'église de la Miséricorde**, sans intérêt. La rue Saint-Michel traverse encore la place du *Marché*, à dr., et aboutit. un peu avant le port, à la place du *Cap*. Ici, se dirigeant à dr. vers le fond de la place du Cap, on prendra, dans l'angle droit de cette place, la ruelle du *Bastion*, qui descend à la place du Bastion, vis-à-vis le mur de la jetée, flanqué d'une ancienne tour carrée. Des escaliers permettent de monter sur la jetée, qu'on parcourra jusqu'au phare; vue splendide de la baie de l'Est, de la côte italienne et de la pointe de Bordighera.

Du phare, revenir sur ses pas à la place du Cap et, ayant croisé la rue Saint-Michel, gravir vis-à-vis la rue des *Logettes*. Parvenu devant un passage voûté, on laisse à g. la rue de *Bréa* et l'on continue, au delà de la voûte, par la rue *Longue*, qui traverse tout le vieux Menton, jusqu'à la *porte Saint-Julien*.

Au milieu de la rue Longue, un escalier à double rampe, à g., monte à la place *Saint-Michel*, où se trouve à g. **l'église Saint-Michel**; quelques marches unissent la place Saint-Michel à un autre terre-plein où s'élève **l'église de la Conception**.

A dr. de l'église de la Conception, une ruelle, qui contourne le rocher sur lequel se dressait jadis l'ancien *château*, dont l'emplacement est actuellement occupé par le vieux cimetière, aboutit au **boulevard de Garavan** et domine à g. l'entrée du pittoresque *vallon du Fossan*.

Tournant à dr., on passera entre le vieux cimetière, à dr. (monuments remarquables, très belle vue du point culminant), et le nouveau cimetière, à g. (sans intérêt), et l'on suivra dans toute sa longueur le bd de Garavan. Cette magnifique promenade, tracée en corniche au flanc de la montagne, offre une série de vues de toute beauté.

Le bd rejoint, au pied de la formidable arête des *Rochers-Rouges*, l'avenue de la *Frontière*, ou *montée Saint-Louis* (à 2 kil. 700 m.

du cimetière). Ici, en montant à g., on atteint, cent m. plus haut, le **pont Saint-Louis**, composé d'une arche unique, jeté à 70 m. de hauteur au-dessus d'un ravin extraordinairement sauvage qui sert de limite entre la France et l'Italie.

Du pont Saint-Louis, redescendant la r. vers la France, on laisse à dr. le b[d] de Garavan et l'on rejoint le quai de *Garavan*, au bord de la baie, à l'angle de la *fontaine Hanbury* (à 600 m. du pont Saint-Louis), près de la station terminus du tramway.

En suivant à g. le quai *Saint-Louis*, le long de la mer, on passe au bas du viaduc du ch. de fer et au pied des *Rochers-Rouges* (célèbres par leurs grottes, dans l'une desquelles fut découvert, en 1873, le fameux squelette de l'homme préhistorique); puis, pénétrant sur le territoire italien, on gagne le *restaurant des Grottes*, qu'on aperçoit à dr. du ch. C'est à ce restaurant qu'il faut s'adresser pour visiter le **Museum Præhistoricum** (ouvert tous les jours, de 9 h. à midi et de 1 h. à 4 h.; entrée : 1 fr.; enfants, 50 c.), situé un peu plus loin à g. (à 900 m. de la fontaine Hanbury).

Du Museum, revenir au quai de Garavan, puis, de là, à Menton, soit à pied, soit par le tramway. Au retour, on côtoie la baie de Garavan, bordée d'hôtels et de villas, en ayant une belle vue d'ensemble du vieux Menton, dont certaines maisons, sur le quai *Bonaparte*, vis-à-vis du port, atteignent jusqu'à dix étages de hauteur.

Excursions recommandées au départ de Menton. — Les belles montagnes et les pittoresques vallons, qui s'étendent en éventail au N. de Menton, offrent une grande variété de promenades et d'excursions. Toutefois, comme il est toujours nécessaire de remonter vers la montagne, ces promenades présentent des côtes continuelles, à l'aller, et seulement des descentes au retour. Parmi les plus intéressantes excursions, nous mentionnerons :

Castellar (**13** kil., aller et retour). *Itinéraire* : Passer devant l'église de la Miséricorde et suivre la r. de Castellar qui s'élève sur une arête d'où l'on domine, à dr., le val de Menton et, à g., la vallée du Careï. On monte ensuite, en lacets, à travers une magnifique forêt d'oliviers, pour atteindre le curieux village de Castellar, dont l'aspect est demeuré tout à fait féodal.

Dans Castellar, en suivant la rue de la *République*, on arrive à la place de la *Mairie*, terrasse surplombant la mer à 400 m. d'alt.; vues admirables des belvédères voisins du café des *Alpes* ou du café de la *Renaissance* (**6.5**).

Au retour, si l'on est à pied, la descente de Castellar à Menton par le ch. muletier de raccourci, est à recommander.

Gorbio (**16** kil., aller et retour). *Itinéraire* : On suit la r. de Nice pendant deux kil. pour prendre, à l'extrémité de l'avenue de la *Madone*, la r. de Gorbio, à dr., à l'angle du *palais Carnolès* (ancien palais des princes de Monaco).

La r., très sinueuse, remonte la jolie vallée de *Gorbio* et découvre bientôt le *Sanatorium de Gorbio*, situé sur une terrasse qu'abrite une cime conique boisée.

On laisse à dr. (**3**) le ch. particulier, en lacets, qui dessert le sanatorium (?), magnifique établissement de cure, et l'on franchit le torrent Côte très dure pour atteindre le village de Gorbio (**5** — Café-rest. *Raynaud*), admirablement situé sur une terrasse d'où l'on jouit d'une vue splendide.

Les **Jardins Hanbury**, à la Mortola (**12** kil., aller et retour), *V.* ci-dessous de *Menton à Gênes*.

Le **cap Martin**, *V.* page 155.

Pour mémoire. — De **Menton** à **Sospel** (**22** kil.), par Les Monti (**6**), Castillon (**9**) et Sospel (**7** — *V.* page 142).

Cette r., qui sort de Menton par la promenade des *Jardins du Careï* et l'avenue de la *Gare*, passe sous le ch. de fer, puis remonte la rive dr. du *Careï* dans une vallée ravissante.

Au delà des Monti, la r., entourée d'un paysage alpestre, s'élève sur le flanc du *Mont-Razet* et gravit sept lacets; vue merveilleuse sur Menton.

Après Castillon on franchit, dans un tunnel de 80 m., l'arête du *col de Castillon* (Alt. : 771 m.), puis l'on descend vers Sospel, dans la vallée du *Merlanson*, en décrivant trois circuits bordés de précipices.

De Menton à **Gênes** (*Italie* — **175** kil.), par le pont Saint-Louis (**3**), La Mortola (**3**), **Vintimille** (**7**. — 9.000 hab. — Hôt. des *Voyageurs* — A voir : la Cathédrale, les églises Saint-Jean-Baptiste et Saint-Michel, les ruines du château d'Appio), **Bordighera** (**7** — 2 620 hab. — Hôt. *Bellevue*; *Ligure*), Ospedaletti (**5** — Hôt. de la *Reine*), **San-Remo** (**8** — 20.000 hab. — Hôt. *Métropole*; de *Rome* — A voir : l'église de Notre-Dame della Costa, la cathédrale San-Siro, le Port, le Jardin public), Arma-di-Taggia (**7**), Riva-Ligure (**3**), San-Stefano (**2**), San-Lorenzo (**5**). **Porto-Maurizio** (**6** — 7.800 hab. — Hôt. de *France*), **Oneglia** (**3** — 8.000 hab. — Hôt. du *Commerce*), Diano-Marina (**5**), Cevro (**4**), Laigueglia (**9**), Alassio (**4** — 5.517 hab. — Hôt. d'*Alassio*), **Albenga** (**6** — 6.000 hab. — Hôt. d'*Italie*), Cériale (**6**), Loano (**4**), Pietra-Ligure (**3**), **Finale-Marina** (**5** — Hôt. *National*), Noli (**9**), Bergeggi (**6**), Vado (**6**), **Savone** (**6** — 29.000 hab. — Hôt. *Suisse*; de *Rome* — A voir : la Cathédrale), Albissola (**3**), **Varazze** (**7** — 8 000 hab.), Cogoleto (**9**), Arenzano (**5**), **Voltri** (**7** — 13.700 hab.), Sestri-Ponente (**5**), San-Pier-d'Arena (**4**) et Gênes

(3 — 245.000 hab. — Hôt. *Milan*; des *Etrangers* — A voir : la via Nuova et ses palais, les églises San-Lorenzo, San-Ambrogio, San-Matteo, San-Steffano, San-Annunziata et San-Maria di Carignano, le Port, l'Académie des Beaux-Arts et son Musée, les palais Municipal, Pallavicini, Brignole-Sale, Filippo Durazzo, de l'Université, Balbi, Royal, Doria, le parc d'Acqua Sola, la villa Negro, le Campo-Santo).

Cette r., au sortir de Menton, suit le quai *Bonaparte* puis le quai de *Garavan*; elle monte l'avenue de la *Frontière* et franchit le *pont Saint-Louis*. De l'autre côté du pont, en Italie, continuant à s'élever, on laisse à dr. la douane italienne, ensuite le restaurant *Garibaldi*. A la montée, succède une descente rapide dans une gorge sauvage et l'on arrive à la Mortola où l'on passe devant l'entrée des merveilleux *Jardins Hanbury* (ouverts au public seulement les lundis et vendredis, de midi au coucher du soleil ; entrée : 1 fr.).

La r. descend jusqu'à la plaine de Latte ; ensuite elle remonte en longeant le pied de la montagne qui porte à g. les ruines du *château d'Appio*, situées près de Vintimille.

Entre Vintimille et Gênes, le trajet est passablement accidenté et le terrain souvent médiocre.

DE MENTON A NICE

Par Cabbé, Saint-Roman, Monaco, Beaulieu et Villefranche

Distance : **31** kil. *Côtes :* **1** h. **35** min. *Pavé :* **3** min.

Nota. — Cette mangnifique route, dite de la Côte, ou de la Nouvelle Corniche, présente trois montées un peu dures : la première, longue de deux kil., à la sortie de Menton ; la seconde, de deux kil. trois cents m., au départ de Monaco ; la troisième, d'un kil., entre Beaulieu et Villefranche. Ces rampes sont suivies d'agréables descentes.

A quatre kil. sept cents m. de Menton, on rejoint la ligne du tramway électrique *Nice-Littoral*, qui sillonne la route jusqu'à Nice.

S'arranger pour aller déjeuner à Monaco. L'après-midi sera entièrement consacré à la visite de la principauté; le lendemain, seulement, on terminera l'itinéraire vers Nice.

Sortant de l'hôtel de *Menton* par le jardin qui donne sur la promenade du *Midi*, on suivra cette promenade à dr. jusqu'au *pont Elisabeth*, jeté sur le torrent du *Gorbio* (**1.8**). Ici, abandonnant devant soi la direction du *cap Martin*, on tourne à dr., puis, quelques m. plus loin, on traverse à g. le torrent sur le *pont de l'Union*, pour continuer par la r. de Nice.

On peut aussi regagner la r. de Nice en faisant le tour du **cap Martin**. Toutefois le domaine du cap étant privé, il arrive que, parfois l'été, le passage en est fermé; ce cas, quoique très rare, étant possible, on fera bien de s'informer d'avance.

La r. du cap Martin franchit le Gorbio sur le *pont Elisabeth* et suit le rivage. Au delà du *Tassano's Hôtel* (**0.9**), on croise la ligne du tramway de Menton à Monaco pour s'engager à g. sur le ch. qui conduit au cap; légère montée (3'). Un portail inachevé précède l'entrée du domaine du cap, véritable parc qu'ombrage une forêt touffue de pins et d'oliviers; à g., vue admirable sur le golfe jusqu'à la pointe de Bordighera, et sur le cirque des sévères montagnes, hérissées de cimes aiguës, qui abritent Menton.

Après quelques légères ondulations, le ch. double l'extrémité du cap et s'élève par une côte très dure (15') pour contourner la partie E. du princier et colossal *Cap-Martin-Hôtel* (**1.3**); à dr., une *colonne* a été érigée à la mémoire de l'impératrice Elisabeth d'Autriche. On néglige successivement, à dr., devant la façade N. de l'hôtel, les deux avenues de *Monte-Cristo* et de *Monte-Carlo*; et, bien que cette dernière soit indiquée comme étant celle que doivent suivre les automobiles, on continue devant soi, l'avenue de *Roquebrune* en traversant une barrière.

Cette avenue, qui longe à g. les jardins de plusieurs villas, dépasse, à dr., l'avenue du *Sémaphore* (**0.5** — l'accès du sémaphore est interdit au public), puis descend pour aboutir, à l'angle de la *villa Cyrnos* (propriété de l'impératrice Eugénie), à la route de la *Dragonnière* (**0.3** —sur cette route à g., un peu plus bas, très beau point de vue).

Ici, tournant à dr., on monte (3') pour rejoindre l'avenue de *Monte-Carlo* qui, à g., sort du domaine (**0.4**) et ramène au ch. suivi par la ligne du tramway de Menton à Monaco. Ce ch. encore à g., bordé de quelques restaurants, atteint un coude (**0.6**) près duquel on aperçoit. à dr., au milieu des broussailles, dans une propriété plantée d'oliviers et entourée de grillage, les débris d'une petite construction en briques, avec niches, derniers vestiges de la station romaine de *Lumone*. On passe au pied de l'hôtel *Riva-Bella* et, découvrant une vue éblouissante sur la principauté de Monaco, on ne tarde pas à rejoindre (**0.7**) la r. de la Côte, ou de la Nouvelle Corniche.

Au delà du pont de l'Union la r. de Nice, quittant Menton par l'avenue de la *Madone*, remonte un ravin ombragé et s'élève durement pendant deux kil. (25') pour franchir, au pied des montagnes, la base du cap Martin, paré d'un manteau de verdure. Au faite de la rampe, on laisse à dr. (**2.4**) la r. de l'Ancienne Corniche, par La Turbie, et l'on continue à g. par la r. de la Côte, ou de la Nouvelle Corniche. Celle-ci descend en pente douce, offrant une vue merveilleuse sur la principauté de Monaco, blottie au pied du promontoire de la Tête-de-Chien, tandis qu'au sommet de la montagne, vers la dr., apparaissent le clocher de La Turbie, et la tour d'Auguste (*V.* page 147).

Plus loin, au bas du rocher de Roquebrune, on rejoint (**0.5**) le ch. qui vient à g. du cap Martin (*V.* page 155). La r., délicieuse, à flanc de montagne, contourne le profond ravin de Roquebrune et passe au-dessus du hameau de Cabbé (**0.8**) où de charmantes villas, disséminées çà et là, égayent un paysage idéal; ensuite elle se fraye un passage au pied de grands rochers, et suit toutes les découpures de la côte.

Immédiatement après le hameau de Saint-Roman (**2.1** — nombreux cafés), on traverse sur un pont l'étroite ravine qui sert de limite entre la France et la principauté de Monaco.

Avant le pont, sur le territoire français, se détache à dr. une r. qui gravit la montagne, au-dessus de Saint-Roman. Après avoir suivi cette r. pendant dix min., on trouve à g. un ch. qui conduit (3') près d'un ancien chalet-restaurant. Derrière cette maison s'ouvre la petite *grotte de Saint-Laurent*, longue de 60 m. environ (entrée: 1 franc par personne).

Dès qu'on pénètre sur le territoire de la **principauté de Monaco** (Etat souverain, long de 3 kil. 500 m. sur une largeur de 1 kil. à 200 m. — 13.350 hab.), sans contredit la première station hivernale d'Europe, dans un pays de féerie, au milieu d'un décor enchanteur de grâce et de lumière, tout respire l'opulence, jusqu'aux poteaux métalliques des cables conducteurs des tramways qui sont argentés.

On passe devant une petite fontaine, spécialement destinée aux animaux, à dr., et, plus bas, devant l'une des casernes des carabiniers de S. A. S., à g.

La descente s'accentue un moment, puis on monte (5') le b^{d} des *Moulins* où s'alignent d'élégantes et coquettes villas; tandis qu'au flanc des monts, à dr., c'est l'adorable superposition d'innombrables propriétés, d'hôtels, ceux-ci plus beaux, plus aériens les uns que les autres, se hissant à travers un dédale pittoresque de rampes, d'escaliers et de terrasses que séparent des jardins suspendus débordant de fleurs.

Dépassé l'église Saint-Charles, à dr., on continue entre deux bordures de riches et de luxueux immeubles pour atteindre un carrefour de rues (**1.6**). Ici, négligeant à dr. l'avenue *Saint-Charles* et le b^{d} du *Nord* (ce dernier conduit à la gare du ch. de fer de la Turbie, à 200 m.), on abandonnera le b^{d} des Moulins devant soi, pour descendre à g. l'avenue de la *Madone*. Au bas de celle-ci, l'avenue des *Spélugues*, à dr., monte (2') à la place du *Casino* (**0.2**) où s'élève le fastueux édifice du *Casino de Monte-Carlo*, le temple dédié au dieu du jeu.

Traversant la place, en biais à dr., entre le café de *Paris*, à g., et le palatial hôtel de *Paris*, à dr., on descendra, à dr. de l'entrée du Casino, l'avenue de *Monte-Carlo* (pente très rapide); cette avenue, bordée à dr. par de somptueuses demeures, offre une vue étonnante sur le port, la Condamine et le rocher que couronne **Monaco**, la capitale de la principauté.

Au bas de l'avenue de Monte-Carlo, on passe devant l'entrée de l'étroit *ravin des Gaumates*, ouvert audessous de trois viaducs dont le premier encadre la *chapelle de Sainte-Dévote*, qu'un curieux effet d'optique fait ressembler à un jouet. Continuant par le b^{d} de *la Condamine*, en bordure du port, à g., et du quartier neuf de *la Condamine*, à dr., on s'arrêtera, à peu près vis-à-vis le milieu du port, à l'hôtel-restaurant *Bristol*, situé à dr., au n° 23 (**0.8** — dans le voisinage : les hôtels de la *Paix*, des *Rives-d'Or*, rue *Albert*. Café-restaurant *Méditerranée*, 11, b^{d} de *la Condamine*; *International*, ouvert seulement pendant l'été, place du *Palais*).

Visite de la ville de Monaco (environ 5 h.). — Suivant le bᵈ de *la Condamine*, dans la direction du rocher de Monaco, on laisse à g. une *tour-beffroi*, élégamment sculptée, ainsi que les *thermes Valentia*, établissement de bains muni de tout le confort moderne, et l'on arrive au pied du rocher, au tournant du bᵈ. Ici, devant l'*usine à gaz*, quitter le bᵈ (dont le prolongement conduit vers la gare de Monaco et la r. de Nice) et monter à g. l'escalier qui aboutit à l'avenue de la *Porte-Neuve*. Celle-ci, à g., offrant une magnifique vue sur le port et le rocher de Monte-Carlo, mène à la *porte Neuve* sur le flanc du promontoire de Monaco. De l'autre côté de la porte, longeant la ligne du tramway, on suit l'avenue des *Pins*, à dr., en négligeant, quelques m. plus loin à g., une autre allée, par laquelle on reviendra.

L'avenue des Pins aboutit dans Monaco à la place de la *Visitation* où s'élèvent : à dr., l'Hôtel du Gouvernement, et, à g., la chapelle de la Visitation. Traversant la place, on continue à dr. par la rue de *Lorraine* qui conduit à une autre placette où se trouvent : à dr., la chapelle des Pénitents, et, à g., la Mairie. Ici, prendre à g. la rue du *Milieu* (aux nᵒˢ 42, 23 et 4, portes ornées de sculptures) pour gagner la place du *Palais*, bordée à dr. et à g. par les remparts et au fond par la façade originale semi-gothique du **Palais** (on peut visiter le palais, tous les jours de 1 h. à 5 h., en *l'absence du prince seulement*, en s'adressant, sous le vestibule, au suisse, et en donnant sa carte ; gratification volontaire).

A la sortie du palais, se diriger à dr. vers la fontaine surmontée du buste en marbre du prince *Charles III*. Ici, faisant le tour du parapet, où dorment les canons, cadeaux des rois de France aux princes de Monaco, on admirera la vue grandiose de la mer et de la côte. Ensuite passer à dr., à l'angle de la place, sous la voûte qui précède la rue du *Tribunal*. Celle-ci aboutit au début de l'avenue *Saint-Martin*, près du **Musée anthropologique**, à dr., et de la **cathédrale Saint-Nicolas**, à g.

L'avenue Saint-Martin longe à g. de jolies propriétés, au-dessus desquelles apparaissent les deux tourelles à l'italienne du collège Saint-Charles, et, à dr., les ravissants *Jardins Saint-Martin*, étagés sur les anciens remparts. De ce même côté s'élève le grandiose monument du **Musée océanographique**, destiné à renfermer toutes les découvertes du prince régnant, Albert Iᵉʳ, un savant et un explorateur, adonné à l'étude des sciences.

A l'extrémité de l'avenue Saint-Martin, ayant rejoint l'avenue des Pins, près de la *Porte Neuve*, on redescendra l'avenue de la Porte-Neuve, dans toute sa longueur, pour regagner le bᵈ de la Condamine, en face de la place d'*Armes*. A l'angle N. de cette place, laissant devant soi l'avenue de la *Gare*, et, à g., le bᵈ *Charles III* (r. de Nice), on prendra à dr. la rue *Grimaldi* ; celle-ci traverse tout le haut du quartier de la Condamine et vient rejoindre l'extrémité E. du b[d] de la *Condamine*, au bas de la rampe de l'avenue de *Monte-Carlo.*

A g., s'ouvre le *ravin des Gaumates*, à l'entrée duquel on voit la **chapelle de Sainte-Dévote**, encadrée par les arches du viaduc du ch. de fer. Après avoir visité cette chapelle, on remontera le ravin pendant quelques m., jusqu'à un lavoir, en remarquant les deux ponts hardis d'un aqueduc et d'un boulevard qui relient les bords supérieurs du ravin, ceux-ci plaqués d'énormes murs de soutènement, qui portent des villas et des hôtels.

Revenant ensuite sur ses pas, on gravira à g. l'avenue de *Monte-Carlo*; dépassé la Poste, on néglige à g. l'avenue de la *Princesse-Alice* pour atteindre la place du *Casino*. Un peu en deçà de cette place, quelques marches à dr. descendent à la fameuse **Terrasse de Monte-Carlo**, véritable merveille, située au-dessous de la façade S. du Casino, qui domine la mer. Longeant la terrasse, à g., on fait le tour complet du casino, pour passer au-dessus de la gare de Monte-Carlo (ascenseur, 25 c.; aller et retour, 35 c.) et gagner, par les jardins, la façade principale N. du Casino, devant la place du *Casino*, ornée d'un bassin central qu'entoure un parterre. Ici, on voit : à dr., le café de *Paris*, puis une large avenue, en face du parterre du bassin, qui monte directement au bâtiment du *Crédit Lyonnais* sur le territoire français; devant soi, l'hôtel de *Paris*, voisin du **Palais des Beaux-Arts** (exposition en Février et Mars); et enfin, à g., l'entrée du célèbre Casino de Monte-Carlo.

Le **Casino** est ouvert gratuitement à tous les étrangers. Dans le vestibule, à g., se trouve le bureau où les commissaires délivrent les cartes d'admission, sur présentation d'une pièce quelconque d'identité. Ces cartes sont *valables pour la journée seulement*, mais elles peuvent être échangées contre des cartes de séjour si l'on en fait la demande.

A l'intérieur du Casino, on visite le hall central, la splendide salle des Fêtes, les salons de lecture et surtout les luxueuses salles de jeux où sont installées les tables de roulette et de trente-et-quarante, le grand foyer d'attraction de Monte-Carlo.

Au delà du port de Monaco, le b[d] de *la Condamine*, passe entre les thermes Valentia et l'usine à gaz, puis, tournant vers le N., s'élève (4') dans la direction de la gare de Monaco; on longe la place d'*Armes*, à dr. Parvenu à l'extrémité de cette place, laissant devant soi l'avenue de la *Gare*, on prend à g. le b[d] *Charles III* qui traverse une brèche naturelle, ouverte entre les contreforts à pic de la Tête-de-Chien et le rocher de Monaco, parallèlement au talus du ch. de fer.

De l'autre côté de la voûte de la voie ferrée, la r. de Nice longe la base du roc qui porte l'*Observatoire de Monaco*, à dr., puis, dépassant le cimetière, sort de la principauté (**1.4**). Une longue côte de deux kil. (30'), pendant laquelle la vue est fréquemment masquée par diverses habitations, conduit, au-dessus des versants du *cap d'Ail*, à l'entrée de deux courts tunnels percés à même le rocher. Ici, le paysage présente un panorama magnifique sur les nombreuses baies de la côte, Beaulieu et le cap Ferrat. Agréable descente jusqu'à la gare d'Eze, en suivant le pied de gigantesques falaises et en contournant un pittoresque ravin.

Un peu avant d'arriver à la gare d'Eze, quelques m. après avoir dépassé la *borne 35*, presque vis-à-vis un pont en dos d'âne jeté au-dessus de la ligne, se détache à dr. (**5.9**) le ch. muletier qui monte au curieux village d'Eze.

Après quelques m. de parcours, le ch. muletier d'Eze, ou Eza (à pied : 1 h. 15' à la montée, 55' à la descente), tourne à g. devant la *villa Marguerite*, puis grimpe un moment entre des murs; il décrit ensuite d'innombrables zigzags sur le flanc escarpé de la montagne. Plus haut, le ch., obliquant vers le S.-E., longe des gradins superposés, plantés d'oliviers, à dr., et contourne de gigantesques roches, à g. (30'). On descend un moment pour s'engager dans un profond et sauvage ravin dirigé au N.; puis, après de nouveaux lacets très durs, suivis encore d'une courte descente, on gravit presqu'à pic le versant E. de la montagne, au-dessus de laquelle apparaît Eze, tel un nid d'aigle.

Au pied de ce village, on rejoint (30') une r. meilleure (qui doit être prolongée à dr. jusqu'à La Turbie), qu'on monte à g. pour gagner la petite terrasse qui précède l'entrée d'**Eze**.

On pénètre dans le village, d'origine sarrasine, par deux portes voûtées, jadis fortifiées. Après la deuxième voûte, on rencontre une autre étroite terrasse; ici, négligeant la ruelle, en escaliers, à dr., qui monte directement vers l'église, on continuera à g. par la ruelle qui contourne le bourg. Parvenu à hauteur d'une troisième porte voûtée, à dr., on franchit cette voûte et, ayant parcouru trente m. environ, on tourne à g. pour gravir, entre des masures abandonnées, le faîte du roc. On atteint ainsi le point culminant sur lequel subsistent encore quelques pans de murs de l'ancien *château* (15' — vue superbe; banc du T. C. F.).

A la descente, se diriger vers l'église, située à g. au-dessous du rocher du château; puis, inclinant à dr., on regagnera la sortie du village par une ruelle avec marches en briques. Redescendre ensuite à la r. de Nice (55').

Au delà du hameau de la gare d'Eze (Café-hôt. du *Littoral*), la r. contourne l'anse, découvrant à g. un décor admirable sur les hautes montagnes du littoral, splendidement profilées, et sur le pic, qui semble inaccessible, couronné par le village d'Eze (V. page 160). Petite montée (2') pour franchir le ch. de fer et doubler le *cap Roux;* on traverse encore une galerie avant de passer au-dessous de colossales parois rocheuses taillées en encorbellement.

L'entrée dans **Beaulieu** (1.058 hab. — Hôt. *Beau-Rivage; du Commerce*), station hivernale et de bains de mer, s'effectue par le b^d^ *Félix-Faure*, tracé à la base des escarpements, dits de la *Petite-Afrique*, sur lesquels s'étagent de nombreuses villas, au milieu des bosquets d'orangers, de palmiers et d'eucalyptus. Au delà du petit port de Beaulieu, une courte montée (2'), près du chevet de la vieille église, conduit au centre du village (**3.4**).

La r., inclinant brusquement à dr., passe sous la voie ferrée, puis s'élève un moment (4') entre de grands murs. On domine ensuite à g. les bosselures boisées de la *presqu'île de Saint-Jean* terminée par deux promontoires : la *pointe de Saint-Hospice* et le *cap Ferrat*. De ce côté, descend (**1.2**) le ch. de Saint-Jean.

Le ch. de Saint-Jean, le seul carrossable pour se rendre à l'extrémité du **cap Ferrat**, franchit le *pont Saint-Jean*, au-dessus du ch. de fer, puis descend un peu à dr. ; il s'élève ensuite (10') en dominant la rade de Villefranche et la petite *anse de Passable*, au bord de laquelle se trouve l'une des villas du roi des Belges. Ayant dépassé le ch. de Passable (0.5), cinquante m. plus loin, on atteint (**1.2**) la **bifurcation** d'où partent les deux ch. du cap Ferrat et de Saint-Jean.

Prenant à g., on descend rapidement sur le versant opposé de la presqu'île qui regarde la baie de Beaulieu, pour atteindre le joli village de Saint-Jean, à l'entrée d'une placette où stationnent les voitures, vis-à-vis l'hôtel de la *Bouillabaise* (**1**). Continuant devant l'hôtel par le ch. de Saint-Hospice, on côtoie le port dont le quai est orné d'une statue en bronze représentant un Pêcheur. A l'extrémité du quai, au delà de l'hôtel et parc *Saint-Jean*, laissés à g., on gravit (3') une ruelle qui conduit, dans l'étroite presqu'île de Saint-Hospice, à un tournant brusque devant un bois de pins (**0.8**).

Ici, ayant déposé en garde sa machine à la maison située à l'angle du ch., on suivra à pied (30' aller et retour) le ch. à g. du bois. Plus loin, à la bifurcation, continuer à dr. et, après quelques zigzags, on atteindra le sommet du promontoire du *cap Saint-Hospice*, qui porte une tour, reste de l'ancien fort, une chapelle et un petit cimetière (**0.8**). De ce point, la vue est merveilleuse sur la baie de Beaulieu, encadrée par les grandioses montagnes sur lesquelles on découvre Eze, La Turbie et les forts de la Tête-de-Chien et du Mont-Agel.

Redescendre à la lisière du bois (**0.8**), et reprendre sa machine pour continuer par le ch. à g. qui monte (2' et 2'). d'abord en cotoyant l'*anse des Fossettes*, puis qui, sous le nom d'avenue *Claude Vignon*, longe l'*anse des Fosses*. Après avoir décrit une courbe, ce ch. ramène à la place des voitures à Saint-Jean (**1**).

De Saint-Jean, on regagnera (Côte : 10') la bifurcation (**1**) du ch. du cap Ferrat (*V.* page 161). Ici, laissant à dr. la r. par laquelle on est venu, on monte à g. (3') le ch. du cap. Celui-ci domine à g. Saint-Jean et la presqu'île de Saint-Hospice, dans la verdure, et passe devant la *chapelle de Saint-François-de-Salles*, précédée d'un portique. Un peu plus loin, on atteint le rond-point (**0.5** — Café de la *Renaissance*) situé à l'entrée du beau *domaine du cap Ferrat*.

On fait le tour complet du domaine, pour revenir ensuite au rond-point, en suivant devant soi la belle voie circulaire qui débute sous le nom de b[d] de l'*Est*. Ce b[d], à peu près en palier, à mi-côte, et en partie ombragé, se dirige vers l'extrémité S. du cap, en laissant à dr. et à g. plusieurs amorces d'avenues appelées dans l'avenir à se peupler de villas. Au b[d] de l'Est succède le b[d] du *Midi* qui double le cap entre la colline du *Sémaphore*, à dr., et le penchant sur lequel se dresse le *phare de Villefranche*, à g.; légère rampe et petite montée (2'). Le b[d] de l'*Ouest*, à la suite, descend sous les pins, au-dessus des grandes falaises qui commandent la rade de Villefranche. Ayant passé entre la *villa du Parc* et le restaurant de la *Réserve*, on négligera momentanément l'avenue du *Parc*, qui s'éloigne à dr., pour continuer à g. par l'avenue du *Lac*. Cette avenue contourne les bosquets du *parc*, au milieu desquels on aperçoit un kiosque rustique, et conduit à l'angle d'un petit *lac* artificiel, réservoir alimenté par les eaux de la *Vésubie*. Ici, faisant le tour du lac, en passant entre le lac, à dr., et une batterie, à g., on rejoindra l'avenue du *Parc* (à g., reproduction d'une ancienne *porte romaine*) qui ramène au rond-point (**4.5**).

Du rond-point, on regagne la r. de Menton à Nice par le ch. déjà parcouru à l'aller (**1.7** — Côte : 5').

La r. de Nice monte assez durement (10') et atteint une grande élévation au-dessus de la *rade de Villefranche*, superbe bassin, très abrité, mouillage favori des escadres françaises et étrangères. On domine également la ville de Villefranche, bien bâtie en amphithéâtre au bas des versants E. du *Mont-Alban* et du *Mont-Soleyal* que défend un fort trapu. Après une descente, décrivant un large circuit autour de la rade, on passe près de l'octroi, dans le haut de **Villefranche** (**2.1** — Ch.-l. de c. et port militaire — 4.430 hab. — Hôt. de l'*Univers*. Café du *Centenaire*), localité surtout intéressante par sa belle situation.

Visite de la ville de Villefranche (environ 1 h.). — Sur la r. de Nice, vis-à-vis le café du *Centenaire*, et à g. du bureau de l'octroi, une avenue, qui descend à dr. vers la rade, passe devant la façade O. de la **Citadelle** et contourne plus bas l'usine à gaz. En face de l'entrée de l'usine, descendant le ch. à dr., on arrive au pied du mur du *parc à charbon*. A dr., s'ouvre le portail de la cour de la caserne des Chasseurs alpins; en traversant cette cour, en bordure du *port militaire*, on arrive au **Laboratoire russe de zoologie** (à quatre cents m. de l'usine à gaz) qui renferme un aquarium (ouvert le mercredi et le samedi, de 2 h. à 4 h.).

Revenant sur ses pas, on repasse le portail de la caserne et on laisse à g. l'avenue par laquelle on est descendu pour suivre tout droit le ch. qui longe le mur du parc à charbon. Ce ch. se transforme bientôt en un ravissant balcon-terrasse, dominant la rade, pratiqué au pied des murailles de la citadelle, dont il faut faire le tour. Au bout de la terrasse on débouche, dans le bas de la ville, à la petite place *Sadi-Carnot*. Ici, descendre à dr. quelques marches, devant la *chapelle Saint-Pierre* (tribunal de pêche), pour gagner le quai *Amiral-Courbet*, en bordure du *port de pêche*. Un peu plus loin, parvenu à l'angle de l'hôtel de l'*Univers*, orné du *buste de Sadi-Carnot*, on gravira à g. les marches de la rue de l'*Eglise*. Cette rue, très pittoresque, dépasse la place du *Marché*, à g., croise la rue de la *Gare* et mène à l'église paroissiale. Au chevet de l'église, la place de la *Paix* se prolonge par la rue du même nom qui aboutit à un ch. regagnant à g. la r. de Nice.

Au delà de Villefranche, la montée (8') reprend plus douce pour conduire à la pointe du *cap de Rascasse*, qu'on double au-dessous du *Mont-Boron*; ensuite la r., à peu près de niveau, surplombant la mer, gagne l'octroi de **Nice** (**3**), où se détache à dr. le ch. escarpé du *fort du Mont-Boron* (0.5) et du *fort du Mont-Alban* (2).

Ici, commence la longue, rapide et sinueuse descente du b^d *Carnot*. A g., le *château de Mont-Boron*, ou de l'*Anglais*, peint en rouge, présente une originale construction avec donjon et murs crénelés en festons ; à dr., s'étage toute une série de luxueuses villas; devant soi, vue féerique sur Nice et la baie des Anges.

Au bas du b^d Carnot, ayant croisé le b^d de l'*Impératrice de Russie*, on entre dans Nice par la place *Cassini*, située à l'extrémité du port, vis-à-vis l'*église du Port*. Au fond de la place, laissant devant soi la rue Cassini, on tourne à g. sur le quai *Lunel* pour longer le bassin.

Une petite rampe (3'), devant la *statue du roi Charles-Félix*, mène ensuite au quai des *Ponchettes* qui contourne la falaise, au-dessous de la promenade du château. Continuant par le quai du *Midi*, prolongement du quai des Ponchettes, lorsqu'on sera arrivé à hauteur de la maison portant le n° 89, on abandonnera le quai pour prendre à dr. la rue de la *Terrasse* (Pavé : 3'). Celle-ci longe le Théâtre municipal, coupe la rue *Saint-François-de-Paule*, puis rencontre le croisement de la rue du *Palais*; cette dernière, à g., conduit à l'hôtel des *Etrangers*, situé à dr. au n° 6 (**3.5**).

Nota. — Pour la visite de la ville de Nice, *V*. page 135.

DE NICE A VENCE

Par Cagnes

Distance : **22** kil. **900** m. *Côtes :* **2** h. **6** min.
Pavé : **3** min.

Nota. — Le trajet de Cagnes à Nice ayant été déjà fait (*V*. page 133), si l'on ne tient pas à le refaire en sens inverse, on pourra se rendre à Cagnes, soit par le tramway électrique (de la place Masséna, 90 c. et 60 c.), soit par le ch. de fer (1 fr. 35; 90 c.; 60 c. — trajet en 35 min.).

De l'hôtel des *Etrangers* à la gare de Nice (1.6), on suit la rue du *Palais*, la place *Masséna*, l'avenue de la *Gare* et l'avenue *Thiers*.

A la sortie de la gare de Cagnes, on tourne à dr. dans le village et l'on atteint l'entrée de la r. de Vence, à g., à cinq cents m. de la gare.

De Cagnes à Vence, sauf une descente de huit cents m., la montée est continuelle pendant huit kil. On trouve à la gare de Cagnes une voiture publique (50 c.), ou des voitures particulières (6 fr), pour Vence.

A partir de Cagnes la r. s'éloigne du littoral pour pénétrer dans l'intérieur des terres et gagner la région montagneuse de la Provence, confinant aux départements des Alpes-Maritimes et des Basses-Alpes.

De Nice à Cagnes et à la route de Vence (**13.5** — Côtes : 6' — Pavé : 3'), *V.* en sens inverse, l'itinéraire de *Cannes à Nice*, page 133.

La r. de Vence passe devant quelques maisons de campagne et commence aussitôt à s'élever doucement, au début (Côte : 1 h. 10'). On contourne la colline sur laquelle est juché Cagnes, puis on remonte, au delà du cimetière, un ravin boisé qui débouche sur la vallée du *Malvan*. La r., atteignant une assez grande élévation à flanc de colline, domine une belle contrée montagneuse, vallonnée et couverte de bois. A g., sur le versant opposé, le village de Saint-Paul (**4.3**) a conservé ses anciens remparts; en arrière, apparait le blanc château et le donjon de Villeneuve-Loubet. Devant soi, on aperçoit Vence, sur un plateau agréable, au pied de montagnes sévères et des rochers à pic du *Raou de Saint-Jeannet*.

La r. infléchit à l'E. et vient au-dessus du vallon de la *Cagne;* un moment, on distingue la mer au S. Descente de huits cents m,; puis la rampe, plus accentuée (50'), reprend jusqu'à Vence. Dans le lointain, vers l'E., se dresse la cime dénudée du *Mont-Agel,* au-dessus de La Turbie et en arrière du promontoire de la *Tête-de-Chien*.

A l'entrée de **Vence** (**1.7** — Ch.-l. de c. — 3.013 hab. — figues renommées), petite station estivale et hivernale, l'avenue *Victor-Hugo*, à g., longe une partie de l'enceinte ellipsoïde du vieux bourg. Après la place Victor-Hugo, ornée d'une fontaine, continuant par la rue également circulaire *Marcelin-Maurel* , on atteindra bientôt la place *Nationale,* à g. Au fond de cette place se trouve, à g., le *Nouvel-Hôtel Auzias* (**0.1**).

DE VENCE A GRASSE

Par Tourette-sur-Loup, Le Loup, Le Bar et Le Pré-du-Lac.

Distance : **26** kil. **600** m. *Côtes* : **2** h. **17** min.

Nota. — Cette route, qui offre d'admirables points de vue sur la vallée du Loup et le bassin de Grasse, présente deux fortes côtes : la première, longue de trois kil., entre Vence et Tourette-sur-Loup; la seconde, longue de six kil., entre Le Loup et Le Pré-du-Lac. Ces rampes sont suivies de belles descentes.

Au départ du *Nouvel-Hôtel Auzias*, contournant à g. la place Nationale, on prend, encore à g., la r. de Grasse qui débute par une avenue bordée de platanes et d'acacias. A dr., se détachent (**0.4**) le ch. de Saint-Jeannet (7), puis celui de la gare; petite montée (2') au pont de la *ligne Sud-France*.

La r. s'élève d'abord insensiblement et serpente au milieu d'une ravissante campagne, très fertile, où les plantations d'oliviers alternent avec les vergers et quelques champs de vignes. Après le circuit d'un ravin, à la naissance de la jolie vallée du *Malvan*, que la voie ferrée franchit parallèlement sur un viaduc de sept arches, la rampe s'accentue (Côte : 10'); à g., belles échappées sur la mer, au delà de fortes dépressions de terrain que recouvrent à perte de vue d'immenses forêts d'oliviers.

Dépassé une grande villa, à dr., la côte reprend assez dure (35') pendant deux kil. La large courbe que décrit la r. permet d'embrasser un magnifique paysage, limité à l'E. par le *Mont-Agel* et, au S., par la perspective azurée de la Méditerranée. Au tournant qui succède, le panorama, plus sévère, s'étend sur de grandes croupes, dallées de surfaces rocheuses de molasse, présentant de curieux effets d'érosion; tandis qu'à l'O. le massif de l'*Estérel* dentèle de mauve l'horizon.

La côte cesse à Tourette-sur-Loup (**6.1**), curieux bourg campé sur des rochers qu'environnent de pittoresques précipices. La r., tranchant un énorme bloc de calcaire, fait le tour du bourg dont les maisons, aux fenêtres percées en meurtrières, se confondent avec le roc. A partir d'ici commence une agréable descente; au loin, vers la mer, on reconnait Antibes et la presqu'île de la Garoupe.

Après quelques courbes pour traverser des ravins, on arrive subitement au-dessus de l'abime sauvage creusé par le cours du *Loup*. La r., suspendue à une grande élévation au flanc de la *montagne de Courniettes*, se superpose aux deux tracés de la vieille r. et de la ligne du ch. de fer, et domine dans son ensemble toute la vallée; celle-ci s'épanouit à l'O., en un majestueux bassin que commande Le Bar, gros village qu'on aperçoit bientôt à mi-colline, devant soi, après avoir franchi la voie ferrée.

La r., infléchissant vers le N., laisse à dr. (**7.7**) le nouveau ch. de voitures de Gréolières (par lequel on peut se rendre à la *cascade du Pas de l'Echelle* dans les gorges du Loup, *V.* ci-dessous) et descend au pont et au hameau du Loup (**0.4**), ce dernier appelé aussi Patarast.

C'est au hameau du Loup, situé devant l'entrée de la profonde et imposante entaille des gorges du Loup, au pied du hardi viaduc courbe de la *ligne Sud-France*, qu'on devra s'arrêter si l'on veut visiter les gorges, une des curiosités naturelles les plus remarquables des Alpes-Maritimes. Un peu avant le pont, se trouve à dr. l'hôtel restaurant des *Gorges du Loup et de la Cascade* (simple), et, quelques m. après le pont, est situé à g. le coquet *Grand-Hôtel du Loup* (plus cher), deux bons établissements où l'on pourra déjeuner et déposer sa machine en garde.

Le sentier des **gorges du Loup** (à pied : 2 h., aller et retour) se détache à dr. de la r. de Grasse, en venant de Vence, immédiatement avant de traverser le pont sur le torrent. Ce sentier passe sous le viaduc du ch. de fer, construction d'une élégance remarquable, et remonte d'abord la rive g. du vallon. Sur la rive dr., au pied du viaduc, on voit l'usine électrique qui fournit une partie de l'énergie nécessaire à l'éclairage et à la traction des tramways des villes de Cannes, Nice et Menton.

Bientôt le vallon se rétrécit pour former d'étroites et grandioses gorges, resserrées entre d'énormes murailles de rochers à pic. Plus loin, ayant franchi le torrent (20'), on néglige à dr. un ch. (6') qui descend traverser le Loup et qui conduit à la petite *chapelle Saint-Arnoux* (pèlerinage), située sur la rive opposée.

Ce sentier revient (6') sur la rive g.; puis, s'élevant plus rapide, mène devant la *cascade du Pas de l'Échelle*, ou de *Courmes* (40'), produite par la chute d'un affluent du Loup qui tombe du haut d'une paroi de quarante m.

L'excursion des gorges se termine généralement ici et l'on redescent au hameau du Loup sur la r. de Grasse (1 h.). Le sentier, au delà de la cascade du Pas de l'Échelle, est taillé dans le rocher et passe derrière la chute, où se trouve une modeste buvette, ainsi que de l'autre côté de la nouvelle r. de Gréolières ; ensuite il continue à monter en encorbellement, protégé par une main courante en fer, jusqu'à une bifurcation. La branche de dr., qui s'éloigne de la gorge, s'élève en zigzags jusqu'au village de Courmes (35'), situé sur le plateau : tandis que la branche de g., étroit et difficile sentier, se dirige vers la *cascade du Saut du Loup* (1 h.), peu visitée.

Au delà du pont du Loup, la r. de Grasse attaque une côte de six kil. (1 h. 1/2) et s'élève en dessinant une grande courbe. On franchit le *riou du Gourdon*; à g., magnifique vue de l'entrée des gorges du Loup et, plus haut, de l'enfilade de la vallée, après avoir contourné la base du gros village du **Bar** (**2.9** — Ch.-l. de c. — 1.253 hab. — Restes d'un château féodal).

On traverse le ravin du *riou du Bar*; puis, gagnant la partie supérieure du vallon, on atteint le faîte du passage au hameau du Pré-du-Lac (**3.5** — Cafés), situé au carrefour des ch. de Gourdon (8.2) et du Pont-du-Revest (13), de Châteauneuf (8) et des r. du Rouret (3.2) et de Grasse. Cette dernière, à dr., traverse tout le hameau et descend en pente douce au milieu d'une campagne embaumée. Panorama superbe de la ville de Grasse, bâtie en amphithéâtre au-dessus du *Roquevignon*, et, à g., dans le lointain, des collines de Cannes.

A l'octroi de **Grasse** (Ch.-l. d'arr. — 15.020 hab. — Café du *Casino* — Grand commerce de parfumerie et de confiserie), négligeant à g. l'avenue *Riou-Blanquet* (*V.* page 169), on continuera à dr. par l'avenue *Victoria*, bordée de belles villas, qui passe entre l'*église anglicane*, à dr., et, plus loin, le *Grand-Hôtel* (1er ordre), à g. L'avenue Victoria, prenant ensuite le nom d'avenue *Thiers*, longe une terrasse-promenade, suspendue au-dessus de la profonde vallée du Roquevignon ; vue charmante de la ville et de ses environs.

Dépassé la place de *la Foux*, commence le bd du *Jeu-de-Ballon*, ombragé de platanes, la principale artère de la ville, où se trouve situé, à g., l'hôtel *Muraour et de la Poste* (5.6 — Ateliers de réparations pour les machines; garage d'automobiles, chez M. *C. Guigonnet*, 5, bd *Thiers*).

L'avenue *Riou-Blanquet* (*V.* page 163) se détache à g. de l'avenue *Victoria* et descend dans la vallée du Roquevignon, vers le bas de la ville. Après avoir décrit une large courbe, au-dessous de la terrasse de l'avenue Thiers, on franchit le Roquevignon, puis, continuant par le bd Gambetta, on arrive à la place *Neuve* où se trouve situé à dr. l'hôtel *Gondran* (bon).

Visite de la ville de Grasse (environ 1 h.). — Le bd du *Jeu-de-Ballon* descend au *Cours* en passant entre le café-restaurant du *Casino*, à dr., sur une terrasse, et le petit *square Billaud*, à g., en contrebas (kiosque de musique). Parvenu au Cours, tourner à g.; vue étendue à dr. au-dessus du *Jardin public*. A l'extrémité du Cours on descend quelques marches et, coupant le bd *Fragonard*, on continue vis-à-vis par la rue du *Cours* qui pénètre dans la ville.

On suit la rue du Cours, prolongée par la rue *Droite*, jusqu'à l'angle de la rue *Gazan*; celle-ci, à dr., débouche devant une ancienne tour, massive, attenante à l'entrée de l'**Hôtel de Ville**, à g., tandis qu'à dr. se trouve la place du *Petit-Puy*, où s'élève l'ancienne **Cathédrale**, aujourd'hui église paroissiale.

A g. du portail de l'église, un passage voûté donne accès à la place du *Grand-Puy*, offrant une terrasse d'où l'on a également une jolie vue. De la place du Grand-Puy, revenir sur ses pas et repasser par la rue Gazan pour regagner la rue *Droite* qu'on suivra à dr. Un peu plus loin, la rue *Courte*, à dr., descend à la place du *Marché*; mais, continuant par la rue Droite, on atteint bientôt un carrefour. Ici, négligeant la rue de la *Vieille-Boucherie*, à dr., on prendra à g. la rue des *Suisses*. Cette rue, qui infléchit à g., se prolonge par la rue montante des *Cordeliers*. Dans le haut de la rue des Cordeliers, laissant à dr. la place du *Pâtis* et, devant soi, l'avenue *Maximin-Isnard*, on s'engagera à g. dans la rue des *Quatre-Coins*. Celle-ci tourne presque aussitôt à dr. et vient aboutir sur la place *aux Aires*, ornée d'une fontaine et ombragée d'arbres.

Traverser à g. la place aux Aires (à dr., maisons à arcades) dans toute sa longueur, puis continuer par la rue des *Dominicains*. Dans cette dernière, parvenu à hauteur de la maison portant le no 12, on montera à dr. les degrés de la rue des *Augustins* qui débutent sous une arcade. La rue des Dominicains ayant tourné brusquement à dr., on rencontre aussitôt à g. l'entrée du passage du *Théâtre*, sorte d'escalier voûté qui ramène au bd du *Jeu-de-Ballon*.

Si l'on disposait encore d'une heure avant le dîner, on pourrait se rendre à la **cascade du Foulon**, comme il est indiqué ci-dessous.

Remontant à dr. le b[d] du Jeu-de-Ballon on arrive, deux cents m. après avoir dépassé l'hôtel *Muraour*, à la petite place de *la Foux*. Ici, gravir la rampe de la r. de Saint-Vallier, à g., qui conduit devant un grand lavoir couvert, alimenté par l'abondante *source de la Foux*. A l'extrémité dr. du lavoir on trouve des escaliers qui rejoignent une r. transversale qu'on traverse pour gravir, vis-à-vis, un ch. montant à g. Plus haut, sans s'occuper d'un autre ch. qui s'écarte à dr., après un lacet, on passe devant les ruines d'une chapelle. Le ch., s'élevant toujours, finit par atteindre l'ancienne r. de Lyon à Antibes. Si l'on suit cette r. à dr., pendant cent m., on arrive devant la jolie cascade artificielle formée par le *château d'eau* du canal du Foulon.

Ce château d'eau, établi dans un renfoncement pittoresque du rocher, est environné de rocailles. Un escalier rustique, à g. de la cascade, permet de gagner le balcon du château d'eau ; mais l'admirable panorama qu'on embrasse d'ici sur Grasse et, de l'Estérel au golfe Juan, se trouve plus dégagé vu de la r. que du balcon même du château d'eau.

Pour mémoire. — De **Grasse** à **Thorenc**, deux itinéraires : 1° (**34** kil.), par la chapelle Saint-Calixte (**4**), le col du Pilon (**4.8** — Alt. : 785 m.), **Saint-Vallier** (**3.2** — Ch.-l. de c. — 521 hab. — Hôt. du *Nord*), le col de Ferrier (**3**), le col de la Sine (**5** — Alt. : 825 m.), le pont d'Andon (**6**), le col du Castellaras (**3**), les Quatre-Routes (**2**) et Thorenc (**3** — Hôt. du *Haut-Thorenc ; Grand-Hôtel climatérique*).

2° (**50** kil.), par **Saint-Vallier** (**12** — *V.* ci-dessus), le pas de la Faye (**5**), Le Logis-de-Nans (**3**), Escragnolles (**9.1** — Hôt. du *Levent*), La Clue-de-Séranon (**8.3** — Aub.), Caille (**2.3** — Hôt. *Funel*), La Ferrière (**4.8**) et Thorenc (**5.5**).

Ces deux itinéraires, très accidentés, conduisent dans la charmante vallée de Thorenc, ou l'agglomération de Thorenc, composée de plusieurs hameaux, d'hôtels et de villas, est devenue une des stations estivales les plus fréquentées du Midi.

Le premier itinéraire sort de Grasse par la r. de Saint-Vallier qui, se détachant à g., à l'extrémité du b[d] du *Jeu-de-Ballon*, de la place de la *Foux*, passe devant le grand lavoir couvert et s'élève par des rampes très dures, jusqu'au *col du Pilon*. La r. descend ensuite sur un plateau maigrement boisé vers Saint-Vallier.

Cinq cents m. au delà de Saint-Vallier, si l'on suit le premier itinéraire, on quitte la r. de Castellane (*V.* page 171) pour prendre à dr. le ch. direct de Thorenc. Celui-ci gravit les pentes raides et dénudées du *col de Ferrier*, que domine au N.-E. la *Crête de Ferrier;* puis, après s'être maintenu d'abord à une grande hauteur au-dessus du ravin, descend vers le *vallon de Nans*.

On s'élève de nouveau pour franchir le *col de la Sine*; ensuite une descente rapide mène vers la vallée du *Loup*. En vue de la rivière, le ch. infléchit à l'O., décrivant un coude de deux kil. dans les bois.

Après le pont d'Andon, sur le Loup, le ch. remonte dans la direction du *col du Castellaras* d'où l'on descend ensuite vers la vallée de Thorenc, ou de la *Lane*. Au *carrefour des Quatre-Routes*, le ch. de Thorenc, à g., continue au milieu de prairies et de bois pour descendre doucement la vallée. Bientôt apparaissent à dr. le hameau de Thorenc-la-Barraque ainsi que le Grand-Hôtel climatérique.

Le second itinéraire, laissant à dr., cinq cents m. au delà de Saint-Vallier, le ch. direct de Thorenc (*V.* page 170), continue par la r. de Castellane. Celle-ci s'élève à travers une forêt de chênes, puis au milieu de prairies parsemées de pierrailles et de rochers. Après avoir décrit un grand lacet dans une région stérile, on atteint le *pas de la Faye*, point culminant d'où l'on embrasse un immense panorama sur le S. de la Provence.

La r. descend ensuite dans le *vallon de Nans* qu'on franchit près de l'auberge du Logis-de-Nans. Après avoir longé un moment la rive dr. du ravin, on s'en écarte et l'on s'élève, par des circuits, au milieu de sites austères pour passer, au-dessus des *sources de la Siagne*, à g.

Au delà d'Escragnolles, la r. monte puis descend rapidement pour gagner l'auberge de La Clue-de-Séranon. Ici, abandonnant la r. de Castellane (*V.* ci-dessous) on prend à dr. le ch. de Thorenc par Caille.

Le ch. de Caille serpente sur un plateau mamelonné, nu et triste, où l'on rencontre le petit village de Caille, au bord d'une plaine de prairies, à dr., qui se transforme parfois en lac, après les pluies. On passe au pied du *rocher de Dauroux*, à g.; puis, ayant gravi le *pas de Colle-Basse*, on descend par cinq lacets dans la vallée de la *Lane*.

La rivière franchie, on arrive, en vue du hameau de La Ferrière, au croisement du ch. du Logis-du-Pin au Haut-Thorenc. Ici, tournant à dr., on remonte la délicieuse vallée dont les sites agr[illegible]es contrastent avec l'aridité des paysages précédents. On dépasse le Bas-Thorenc, ancien château converti en *Grand-Hôtel*, à g.; quinze cents m. plus loin, se détache à g. le ch. qui monte à Thorenc-la-Barraque ainsi qu'au Grand-Hôtel climatérique.

De Grasse à Castellane (61 kil. 900 m.), par La Clue-de-Séranon (**37.4**), Notre-Dame de Séranon (**3**), Villante (**3.5**), La Bâtie (**10**), La Garde (**5.5**) et Castellane (**5.5** — *V.* page 202).

De Grasse à l'auberge de La Clue-de-Séranon, *V.* page 170, de *Grasse à Thorenc*, 2°.

Au delà de la chapelle de Notre-Dame de Séranon, la r. de Castellane descend le *vallon de Rioulourt* qui vient déboucher dans la vallée de l'*Artuby*; on traverse cette dernière rivière quinze cents m. après le hameau de Villante. La r. remonte le vallon du torrent des *Bons Fonts*, puis franchit le ravin de la *Souve* au village de La Batie. Parcours très intéressant jusqu'à Castellane sur la rive dr. du *Verdon*.

De **Grasse** à **Moustiers-Sainte-Marie** (**88** kil. **900** m.), par le carrefour des Terrassonnes (**23** — *V.* ci-dessous de *Grasse à Draguignan*), Fayence (**3.3**), Seillans (**5.2**), Bargemon (**13** — *V.* pages 173 et 174). Mathurines (**8.5**) et Moustiers-Sainte-Marie (**35.9** — *V.* de *Draguignan à Castellane*, page 177).

De **Grasse** à **Cannes**, *V.*, en sens inverse, page 126.

De **Grasse** à **Antibes**, *V.*, en sens inverse, page 132.

DE GRASSE A DRAGUIGNAN

Par Peymeinade, le pont de la Siagne, La Colle-Noire, Les Terrassonnes et Garron.

Distance : **56** kil. **800** m. *Côtes :* **4** h. **17** min.

Nota. — Route très accidentée. Nombreuses côtes et descentes, quelques-unes longues de trois à quatre kil.; paysages agréables et variés. Sur tout le parcours, il n'y a qu'au pont de la Siagne où l'on puisse s'arrêter pour déjeuner; c'est le seul endroit où se trouve une bonne auberge. Ailleurs, les maisons isolées qu'on rencontre n'offrent aucune ressource.

Au départ de Grasse, descendant le bd du *Jeu-de-Ballon*, on longera le *Cours* jusqu'à l'extrémité O., où s'élève une fontaine. Ici, on néglige à dr. l'avenue *Saint-Hilaire* pour continuer à descendre le bd *Victor-Hugo*, à g. Ce bd traverse le faubourg Sainte-Lorette et atteint, après l'octroi, la bifurcation (**1.2**) des r. de Cannes (*V.* page 126) et de Draguignan; suivre cette dernière à dr.

La descente, au milieu des champs d'oliviers, se prolonge jusqu'au pont du ruisseau des *Ribes* (**2.5**), où commence la première côte (12'); à celle-ci succèdent une descente, puis une autre montée (6'). La r., capricieuse dans son tracé, domine de beaux vallonnements; elle passe à Peymeinade (**2.2**), descend, ensuite remonte (13' et 2'). On laisse à dr. (**2.1**) le ch. de Cabris (4.2), village plaqué sur une haute colline, et l'on dévale la belle descente de trois kil. qui conduit au *pont de la Siagne* (**4.2** — bonne auberge ; truites).

Le pont de la Siagne, dans un paysage grandiose, sert de limite entre les départements des Alpes-Maritimes et du Var; il est suivi d'une rampe de quatre kil. et demi (1 h.). A mesure qu'on s'élève, la vue s'étend à g. sur d'agréables chaînons boisés, au delà desquels apparaissent les *montagnes de Tanneron* et de l'*Estérel*. Après deux raidillons (2'), la r., ayant gagné le sommet du passage, infléchit à dr. et prend la descente; on traverse l'ancien *manoir de la Colle-Noire* (**5.1**), par deux brèches ouvertes dans un mur.

Le paysage change complètement d'aspect : devant soi s'incline la plaine de Callian, bornée à l'horizon par les montagnes du Var aux crêtes mornes et tondues. Sur la colline, à dr., apparaissent successivement les deux groupes des villages de Montauroux et de Callian, qui possédaient jadis : le premier, un *fort* important, et le second, un vaste *château*.

Après deux courtes montées (6' et 4'), on arrive au lieu dit des Terrassonnes, au carrefour (**5.7**) des deux r. de Draguignan, soit par Seillans et Bargemon, soit par Garron.

Du carrefour des Terrassonnes, on peut aller rejoindre la r. directe de Draguignan, un peu avant le *défilé de la Clue* (*V.* page 175), en passant par le bas de Fayence, Seillans, Bargemon et Callas.

La r. de Seillans, à dr., ayant croisé deux fois la *ligne Sud-France*, laisse à dr., à l'angle de la *Gendarmerie* (**3.3**), le ch. qui mène à **Fayence** (1.5 — Ch.-l. de c. — 1.526 hab.), bourgade pittoresque tassée sur la hauteur. Plus loin, on coupe de nouveau la voie ferrée, près de la gare de Seillans, pour monter au village industriel de Seillans (**5.2** — Hôt. *Chabaud*).

La r., très accidentée et montueuse, zigzague en décrivant des boucles et des lacets jusqu'au bourg de Bargemon (**13** — Hôt. de *Paris*), qui a conservé des vestiges de tours et de remparts du moyen âge.

Le trajet entre Bargemon et Callas offre de très belles vues sur une contrée couverte de grandes forêts de pins maritimes.

Depuis **Callas** (**6.3** — Ch.-l. de c. — 1.346 hab. — Hôt. *Arnoux*) on descend vers la plaine du *Grand-Vallon*. La r. bifurque à quinze cents m. de Callas; ici, négligeant à g. le ch. du Muy, on continue à dr. pour rejoindre (**3.5**) la r. directe de Draguignan.

Continuant par la r. de Draguignan, à g., on s'élève légèrement; sur les hauteurs, à dr., les villages de Tourrettes et de Fayence massent leurs maisons. Entre ces deux localités, une étrange bâtisse, qu'on prendrait pour une forteresse, ou encore pour un bourg abandonné, attire le regard: c'est le *château du Puy*, énorme et baroque construction restée inachevée.

Après une côte (12') on franchit (**2.5**) le torrent du *riou Blanc*, puis l'on croise (**1.1**) le ch. de Fayence (4) à Bagnols (11). La r., serpentant à travers une région variée, au terrain maigrement cultivé, monte (20' et 10') et descend tour à tour. Au delà du pont sur le *riou de Meaux* (**6.5**), on s'élève (10' et 5') sur les versants pittoresques du *bois de Garron*, laissant à dr. (**0.2**) le ch. de Claviers (8.6) et de Bargemon (13); jolies échappées, à g., sur des montagnes verdoyantes. On passe au pied de la *villa des Taillades* (**1.1**); ensuite une ravissante descente en lacets, sous bois, mène au hameau de Garron (**2**), voisin du pont du *riou de Claviers*, dans un délicieux vallon.

Longue montée de quatre kil. (50'); à g., on découvre encore de beaux points de vue sur un paysage montagneux. Dépassé quelques maisons isolées, on descend au milieu d'une campagne agréable que ceignent des hauteurs. La r. croise (**6.1**) un premier ch. de Callas (5.5) et Bargemon (10) au Muy (12.6), puis longe à dr. une large plaine bornée par des collines et des montagnes plutôt arides. La montée reprend (10'), tandis qu'on rejoint à dr. (**2.3**) le second ch. qui vient de Fayence, par Bargemon et Callas (*V.* ci-dessus).

La r. qui, quoique tortueuse, suivait jusqu'ici la direction de l'O., tourne brusquement vers le S.; elle descend pendant un kil. à travers le petit *défilé de la Clue* pour venir déboucher sur la plaine inclinée qu'arrose le *Vaillon de Saint-Pons.* Ayant franchi ce cours d'eau (**2.6**), on s'élève de nouveau (25' et 10'). Successivement on coupe (**0.1**) le ch. de Figanières (3) au Muy (13.4) et la *ligne Sud-France;* ensuite, dominant à g. de larges vallonnements, plantés d'oliviers, on atteint le culmen du passage.

Une magnifique descente en pente douce, longue de quatre kil. et demi, succède à la montée ; à g., se déploie un panorama admirable sur le bassin de la *Nartuby*, embrassant toute la région comprise entre les montagnes de l'Estérel et des Maures, ces deux massifs séparés par la dépression de la plaine de l'*Argens*, au S. vers Fréjus.

A l'entrée de **Draguignan** (Ch.-l. du dép[t] du Var — 9.963 hab.) il suffit de se laisser guider par la r. dont le tracé suit le b[d] du *Jardin-des-Plantes*, pour tourner ensuite à g. avec le b[d] de la *Liberté.* Sur ce dernier b[d], se trouve à dr., au n° 15, l'hôtel *Bertin* (**8.7** — Café du *Commerce*, b[d] de l'*Esplanade.* — Ateliers de réparations pour les machines; garage d'automobiles à l'*Agence Automobile*, chez M. *C. Guérin*, 28 et 30, b[d] de la *Liberté*).

Visite de la ville de Draguignan (environ 1 h.). — A la sortie de l'hôtel *Bertin*, suivre à dr. le b[d] de la *Liberté.* Arrivé devant le portail du jardin de la Préfecture, à dr., tourner à g. sur le large b[d] de l'*Esplanade*, qui longe à dr. les beaux ombrages du *Jardin public* et des *Allées d'Azémar.* Après avoir dépassé la caserne, bâtiment à galeries, on prend à g. la rue de la *République*, entre la Prison et le Théâtre; au n° 9 de cette rue se trouve le **Musée** (ouvert tous les jours, excepté le lundi, de 2 h. à 4 h.).

La rue de la République aboutit à la place du *Marché.* Ici, tourner à g. et, parvenu à l'angle de la place, près d'une fontaine surmontée d'un obélisque, suivre à dr. la courte rue *Porte-d'Orange* ; celle-ci relie à la place voisine de la *Paroisse* où s'élève l'**église**, beau monument ogival.

Le prolongement de la rue Porte-d'Orange, l'étroite rue *Gansard*, mène à la petite place Gansard où se détache à dr. la rue du *Fabriguier* qui conduit dans la direction de la **tour de l'Horloge.** On atteint la roche de la tour en gravissant, au débouché de la rue du Fabriguier, une rampe à dr., ensuite quelques marches à g.

De la tour, revenir sur ses pas à la petite place Gansard et s'engager à dr. dans la ruelle de la *Vieille-Boucherie*. Plus loin, cette ruelle tourne brusquement à g. et rejoint la rue de la *Juiverie* qu'il faut suivre à dr. Ensuite, passant à g. sous une ancienne porte de la ville, ouverte sur la place du *Dragon*, on gagnera par la rue du Dragon, vis-à-vis, le b[d] de la *Liberté;* ce dernier à g. ramène vers l'hôtel.

Si l'on dispose encore d'une demi-heure, on pourra aller voir la **Pierre de la Fée,** beau dolmen situé à un kil. du b[d] de la Liberté. Pour s'y rendre, on suit de l'autre côté du b[d] de la Liberté, en face de la rue du Dragon, l'avenue de *Montferrat*, début de la r. de Castellane. Après la *borne 46.4*, se trouve à g. la propriété dans laquelle s'élève le dolmen, dit la Pierre de la Fée, à cent m. de la r.

Excursions recommandées au départ de Draguignan. — Les **gorges de Châteaudouble** (**23** kil., aller et retour —montée presque continuelle à l'aller), *V.* de *Draguignan à Castellane*, page 177.

La **cascade de Trans** (**10** kil., aller et retour), *V.* ci-dessous, de *Draguignan au Muy*.

Pour mémoire. — De **Draguignan** au **Muy** (**13** kil. **400** m.), par Trans (**5**) et Le Muy (**8.4** — *V.* page 109).

Le b[d] *Carnot*, prolongement du b[d] de l'*Esplanade*, commence la r. très roulante du Muy, qui descend la rive g. de la vallée de la *Nartuby*. On franchit cette rivière à l'entrée du gros village de Trans, près duquel la Nartuby forme un gouffre et des chutes pittoresques, dont la vue est fâcheusement gâtée par des constructions voisines dépendant d'une usine d'électricité.

A la place de la Mairie, la r. tourne à dr.; elle bifurque à la sortie de Trans. Laissant à dr. la direction des Arcs (*V.* ci-dessous), on continue à g. dans celle du Muy. La r., qui longe la ligne, croise deux fois la voie ferrée puis vient rejoindre, quatorze cents m. en deçà du Muy, la r. nationale de Toulon à Fréjus qu'on suit à g.

De **Draguignan** à **Vidauban** (**16** kil. **700** m.), par Trans (**5**), Les Arcs (**5** — Hôt. *Raybaud*), Les Quatre-Chemins (**2**) et Vidauban (**4.7** — *V.* page 108).

De Draguignan à Trans, *V.* ci-dessus de *Draguignan au Muy*. A la sortie de Trans, laissant à g. la direction du Muy, on traverse à dr. la ligne du ch. de fer et l'on continue dans la direction des Arcs.

La r., légèrement accidentée, s'éloigne de la vallée de la *Nartuby*, puis descend vers Les Arcs, gros bourg dont les marchés sont importants. Deux kil. au delà des Arcs, on rejoint, au *carrefour des Quatre-Chemins*, la r. nationale de Toulon à Fréjus qu'on suit devant soi pour traverser l'*Argens* et gagner Vidauban.

De **Draguignan** à **Castellane** (**61** kil.), par Rebouillon (**7**), Le Plan (**4.5**), Montferrat (**3.5**), Mathurines (**6**), **Comps** (**11** — Ch.-l. de c. — 613 hab. — Hôt. *Bain* — Belles grottes), Jabron (**3.5**), Soleils (**9.5**), le pont de Soleils (**4**) et Castellane (**12** — *V.* page 202).

Presque à l'extrémité N. du b[d] de la *Liberté*, l'avenue de *Montferrat*, à g., commence la r. de Castellane, très accidentée et longuement montante.

A un kil. de Draguignan, après la *borne 46.4*, on passe devant une propriété à g., dans laquelle s'élève le dolmen de la *Pierre de la Fée* (*V.* page 176).

La r. remonte la pittoresque vallée de la *Nartuby*, qui, se rétrécissant, devient grandiose au delà du hameau de Rebouillon. Plus loin, au hameau du Plan, on arrive au pied du rocher que couronne le village de Châteaudouble, perché à g., à cent m. de hauteur.

Trois kil. au delà de Montferrat, on laisse à dr. la r. de Grasse, par Bargemon (5.5), *V.* page 174.

A Mathurines, se détache à g. le ch. de Moustiers-Sainte-Marie, *V.* ci-dessous.

Au sortir des *gorges de Châteaudouble*, la vallée perd son caractère sauvage : on s'élève sur le plateau intermédiaire entre les bassins de la *Nartuby* et de l'*Artuby*.

La r. descend ensuite dans la vallée de l'Artuby ; elle franchit cette rivière en amont du hameau de Guent et longe la rive dr. d'une gorge dominée à l'O. par le *Mont-Chamail*.

On atteint Comps, village bâti sur le penchant d'un rocher, au pied duquel coule l'Artuby, au centre d'une région montagneuse encore peu explorée. La r. s'élève, puis descend ; elle franchit le *Jabron* près du hameau de ce nom. On descend la rive dr. du torrent, en laissant à g. le vieux pont en dos d'âne du ch. de Trigance. Dépassé le hameau de Soleils, on franchit le *Riou*, sur la limite des dép[ts] du Var et des Basses-Alpes, puis le *Verdon*, au *pont de Soleils*, un peu en amont du confluent du Jabron.

Du pont de Soleils à Castellane, *V.*, en sens inverse, page 201.

De **Draguignan** à **Moustiers-Sainte-Marie** (**56** kil. **900** m.), par Mathurines (**21**), Le Logis-d'Auveine (**5.5**), Aiguines (**21.3**), le pont d'Aiguines (**3.3**) et Moustiers-Ste-Marie (**5.8**).

De Draguignan à Mathurines, *V.* ci-dessus, de *Draguignan à Castellane*.

A Mathurines, on prend à g. le ch. de Moustiers-Sainte-Marie. Ce ch., qui traverse une contrée déserte et montagneuse, passe au pied du *piton* de *Peygros*, à g., puis à la maison isolée du Logis-d'Auveine. Il gravit le chaînon de la *montagne de Barjaude* avant de croiser la r. de Comps à Aups, parallèle à la *montagne de Lagne*, qu'on franchit également. Le ch. court ensuite entre le *grand* et le *petit Plan de Canjuers*, région peu habitée, jusqu'a Aiguines.

On descend traverser le *Verdon* au *pont d'Aiguines*, non loin du débouché des gorges du Verdon; puis, remontant la vallée de la *Maire*, on rejoint la r. de *Castellane à Moustiers-Sainte-Marie*, *V*. page 206.

De **Draguignan** à **Riez** (**62** kil. **900** m.), par Flayosc (**7.4**), Villecroze (**14**), **Aups** (**8** — Ch.-l. de c. — 1.892 hab.— Hôt. du *Cours*), Moissac (**6.5**), Baudinard (**8.5**), le pont Sylvestre (**5**) et Riez (**13.5** — *V*. page 207.)

De Draguignan à l'embranchement du ch. de Flayosc, *V*. de *Draguignan à Brignoles*, page 179.

Le ch. de Flayosc, à dr., traverse une région très mamelonnée et serpente au milieu des oliviers et des figuiers. Au delà de Flayosc, village sur la *Florièyes*, on franchit encore la rivière de la *Flarieille* avant d'atteindre la bifurcation du ch. de Salernes, à neuf kil. de Flayosc.

Le ch. de Salernes, à g., conduit à **Salernes** (**15** kil. de Flayosc — Ch.-l. de c. — 2.713 hab. — *Grand-Hôtel* — Ruines d'un château), ancienne cité romaine, située au confluent de la *Bresque* et du torrent de la *Braque*, puis à Sillans (**6**). Près de ce village on aperçoit la *cascade de Sillans*, haute de cinquante m., formée par la Bresque. Au delà de Sillans, la r. gravit le coteau de Ruety et, ayant traversé la plaine de Saint-Barnabé, atteint le plateau-col de Rognette (**7**) au croisement du ch. de Fox-Amphoux à Cotignac.

On descend ensuite le vallon du *Fovery*, dominé à g. par les monts du *Gros* et du *Petit-Bessillon*, pour gagner **Barjols** (**9.5** — Ch.-l. de c. — 2.413 hab. — Hôt. du *Pont-d'Or* — Ancien château fort), le *Tivoli de la Provence*, bâti en amphithéâtre sur le versant d'une colline au bas de laquelle coule la rivière du Fovery, au milieu d'une délicieuse région pleine d'ombrage et rafraîchie par de nombreux ruisseaux.

La r. de Riez, continuant accidentée, passe à Villecroze, village entouré de beaux sites et pourvu d'eaux abondantes, puis atteint Aups, sur un affluent de la *Bresque*, au pied de la *montagne des Espiguières*.

Huit cents m. avant Moissac se détache à g. la r. de Riez, par Regusse (**3.3**), Montmeyan (**6.5**) et Quinson (**7** — Hôt. *Gouin* — Vieux remparts). Ce dernier village est un excellent centre d'excursions pour parcourir à pied les **basses gorges** ou **barres du Verdon**, comprises au N.-O., entre Quinson et les bains de Gréoulx, et, au S.-E., entre Quinson et la Fontaine-L'Evêque (*V.* ci-dessous), qui complètent la visite des gorges du Verdon de Castellane à Moustiers-Sainte-Marie (*V.* page 201).

Entre Quinson et Riez (**20**), on rejoint, à mi-distance, devant Montagnac, la r. de Draguignan par Baudinard (*V.* ci-dessous).

Plus loin, après les villages de Moissac et de Baudinard, se détache à dr., à dix-huit cents m. au delà de Baudinard, le ch. qui descend près du *Verdon* à la magnifique **source de Fontaine-L'Evêque,** située à quatre kil. de la bifurcation.

On franchit le Verdon au *pont Sylvestre* pour s'élever ensuite sur le plateau de Montagnac où l'on rejoint la r. de Quinson à Riez qu'il faut suivre à dr.

DE DRAGUIGNAN A BRIGNOLES

Par Lorgues, Carcès et le Val.

Distance : **46** kil. **700** m. *Côtes :* **2** h. **57** min.
Pavé : **3** min.

Nota. — Route fortement ondulée, à travers une jolie région présentant une grande variété de sites; nombreuses côtes et descentes.

Au départ de l'hôtel *Berlin,* descendre à dr. le bd de la *Liberté;* puis, laissant à g. le bd de l'*Esplanade*, on continuera devant soi, en longeant à g. le Jardin public, pour prendre ensuite à dr. l'avenue du *4-Septembre*, début de la r. de Brignoles.

Après avoir franchi la *Nartuby*, on s'élève (25') sur le versant des collines O. de la vallée pour gagner, au sommet de la côte, l'embranchement (**3.4**) du ch. de Flayosc (4) et de Salernes (20 — *V.* de *Draguignan à Riez*, page 178). Laissant ce ch. à dr., continuer à g. dans la direction de Lorgues et franchir le pont sur la *ligne Sud-France*.

La r. parcourt un plateau mamelonné (Côtes : 3', 2', 2' et 5'), couvert d'oliviers, de vignes et de muriers; ensuite elle descend pendant deux kil. jusqu'au pont de la *Flarieille* (**6.2**); une forte rampe (8' et 15') précède **Lorgues** (**3.8** — Ch.-l. de c. — 3.196 hab. — Hôt. de la *Poste*), au pied de la colline boisée de Saint-Ferréol.

Dans Lorgues, la r., infléchissant à g., suit le *cours* ombragé par des ormeaux séculaires; puis, sortant du village, descend encore pendant plus de deux kil. Elle s'élève ensuite (Côtes : 5' et 10') et dépasse à g. (**3.7**) le ch. du Thoronet, par lequel on pourrait aussi se rendre à Carcès (*V.* page 181) si l'on voulait visiter l'*abbaye du Thoronet*.

Le ch. du Thoronet descend dans un pittoresque vallon boisé et traverse la *Nartuby* (**2.5**). Deux kil. au delà de cette rivière, on abandonne la direction du Luc et, tournant à dr., on prend le ch. du Thoronet et de Carcès. Dépassé le hameau du Thoronet (**2.5**) on parcourt une ravissante région, pleine d'ombrage, avant d'atteindre, au fond d'un val agreste, l'ancienne **abbaye du Thoronet** (**3.5** — Pour visiter l'église, le cloître, la salle capitulaire, s'adresser au concierge; gratification).

De l'abbaye du Thoronet à Carcès (*V.* page 181), on a le choix entre deux itinéraires : le plus direct, qui mesure seulement neuf kil., passe par Les Ferauds (**2.5**), Sainte-Croix (**2.5**) et Carcès (**4**), mais souvent le sol en est détérioré; le second itinéraire, meilleur, qui va rejoindre (4.5) la r. de Cabasse à Carcès, puis qui descend la vallée de l'*Issole* jusqu'à Carcès (8.5), allonge de quatre kil.

La r. de Brignoles descend pendant deux kil. et pénètre dans les gracieux vallons boisés, aux fraîches prairies entourées de roches, qui précèdent la vallée de l'*Argens*. On remonte en partie cette dernière jusqu'au delà de Carcès, en franchissant plusieurs petits affluents de l'Argens; deux raidillons (1' et 1').

La r. s'éloigne de la rivière; à g., le *château de la Marquise* (**6.3**), flanqué de tours, jalonne la plaine. Au delà d'un nouveau ruisseau, une côte (7') fait contourner un monticule; puis, après une descente, suivie d'une courte rampe (5'), on traverse un petit bassin vignoble, encadré de coteaux rocheux.

Entre deux montées (5' et 5'), se détache à dr. (**3.1**) le ch. d'Entrecasteaux (4.7) et de Salernes (13.1); ensuite, retrouvant l'Argens, on découvre bientôt Carcès, bourg bien situé, au confluent de l'Issole et de l'Argens, au milieu des vignes.

A l'entrée de Carcès (**2.6** — Hôt. *Amic* — Restes d'un ancien château), négligeant à dr. le ch. de Montfort (6), on franchit l'Argens, à g., et l'on traverse toute la localité (Côte : 7') par la rue *Hoche*, la place *Marceau*, la *Grande-Rue*, la place *Blanqui* et le cours de la *Liberté*.

Dépassé Carcès, la r. remonte la rive dr. de la vallée très élargie, plantée tout en vignes et limitée au loin par des collines basses; plusieurs raidillons (2', 1', 2', 2' et 2'). Après l'embranchement (**5.8**) du ch. de Correns (5.8) et de Châteauvert (12.3), à dr., on quitte la vallée de l'Argens pour s'engager au S. dans les pittoresques vallonnements d'un chaînon montagneux qu'il faut franchir par une montée presque continue (Côtes : 5', 5', 2', 15' et 15'). On atteint ainsi, après avoir rejoint (**3.4**) le ch. venant de Cotignac (12.4), à dr., le bassin élevé du Val, qu'arrose la *Ribeirotte*.

Dans le village du Val (**2.8**), la r., laissant à dr. le ch. de Barjols et de Tavernes (*V.* page 208), tourne à g., puis monte (2' et 3'); plus loin, après avoir traversé la vallée et la rivière, elle gravit (15') par deux lacets un second chaînon. On descend ensuite vers une plaine, environnée de montagnes, jusqu'à **Brignoles** (Ch.-l. d'arr. — 4.824 hab.).

A l'entrée de cette ville, on franchit le *Carami*. De l'autre côté du pont, la rue du *Docteur-Barbanoux* (Pavé : 3') conduit à la place *Carami* (Fontaine et cafés). En suivant, à g. de cette place, la *Grande-Rue*, on atteint l'hôtel *Fabre de Piffard*, situé à g., au n° 27 (**5.3**).

Pour mémoire. — De **Brignoles** au **Luc** (**23** kil.), par Flassans (**13.5** — Hôt. *Reynier*) et Le Luc (**9.5** — *V.* page 107.)

Cette r., qui sort de Brignoles, à l'E., par la *Grande-Rue*, s'élève doucement pendant trois kil. puis présente une série très accidentée de descentes et de côtes.

Une descente rapide de trois kil. précède le village de Flassans, dans la vallée de l'*Issole*, au pied d'une colline abrupte dont le sommet porte les ruines de l'ancien village et d'un château.

Au delà de Flassans, on rencontre une légère montée de trois kil., suivie d'ondulations, avant de descendre au Luc.

De **Brignoles à Hyères**, *V.*, en sens inverse, page 88.

De **Brignoles à Riez**, *V.*, en sens inverse, page 208.

DE BRIGNOLES A AIX

Par Tourves, Saint-Maximin, Pourcieux, La Grande-Pugère et Châteauneuf-le-Rouge.

Distance : **56** kil. **800** m. *Côtes :* **2** h. **4** min.
Pavé : **8** min.

Nota. — Forte étape ; trajet accidenté. Sur tout le parcours, on ne peut s'arrêter qu'à Saint-Maximin, soit pour déjeuner, soit pour coucher.

Quittant l'hôtel *Fabre de Piffard*, on suit à dr. la *Grande-Rue* (Pavé : 3'), puis, après la place *Carami*, la rue de la *République*, qui mène hors la ville.

La r. remonte insensiblement la jolie vallée du *Carami*, que dominent en amont, au S., de hautes collines au-dessus desquelles apparait bientôt la *montagne de la Loube*. A dr., se détache (**3.6**) le ch. du Bruc-d'Auriac (19.3) ; à g., s'éloigne (**1.3**) le ch. de Roquebrussanne (8.8).

Si l'on veut faire l'ascension de **la Loube**, montagne dont le sommet offre un point de vue superbe et dont la crête, découpée par des calcaires dolomitiques runiformes, rappelle la *cité pétrifiée* de Montpellier-le-Vieux dans les causses des Cévennes, on devra suivre à g. le ch. de Roquebrussanne. A deux cents m. de la r., on oblique à dr. pour rejoindre (**3.7**) le ch. de Tourves à Roquebrussanne. Ici, tournant à g. dans la direction de Roquebrussane, on remonte un vallon d'un caractère étrange. Après avoir dépassé la *ferme de Menpenti*, à g. (**3**), il faut encore parcourir quinze cents m. pour trouver à g. (**1.5**) le ch. muletier qui conduit au sommet de la Loube (**2**).

La r. dépasse la halte des Censiès, à dr. (**0.4**); plus loin, elle laisse encore à g. (**5.5**) un second ch. vers Roquebrussanne (10). Une côte (4') précède Tourves (**0.8**), gros village au pied de trois mamelons qui portent une belle chapelle, une statue de la Vierge, et les importantes ruines du *château de Valbelle*, voisines d'un obélisque.

On traverse Tourves par la rue *Rouguière*, la place de l'*Hôtel-de-Ville* et la rue *Nationale*. Sorti de la localité, on s'élève (12') sur un versant fertile d'où se détache à g. (**1.1**) un premier ch. vers Saint-Zacharie (19.5), par Rougiers (6.5). Après une nouvelle montée (4'), la r. descend vers la grande plaine de Saint-Maximin, que plissent cependant plusieurs dépressions de terrain ; série de côtes (4', 2', 3' et 3') et de descentes. A dr., les montagnes abaissées s'éloignent; à g., apparaissent les deux chaînes de la *Sainte-Baume* et du *Mont-Aurélien*, ou du *Mont-Olympe*, entre lesquelles se dirige (**6.2**) une seconde r. vers Saint-Zacharie (17 — *V*. ci-dessous).

On entre dans **Saint-Maximin** (Ch.-l. de c. — 2.419 hab. — Eglise remarquable) par le b[d] *Victor-Hugo*, qui descend à la place *Malherbe*, où l'on tourne à g. dans la rue d'*Aix*. Ici, s'arrêter à g. à l'hôtel de *France*, pour déjeuner (**0.6**).

Saint-Maximin, comme Aubagne (*V*. page 76), est un des deux points de départ pour l'excursion de la **Sainte-Baume** (**51** kil. **800** m., aller et retour).

Le trajet entre Nans et Saint-Zacharie (*V*. page 181), en passant par la Sainte-Baume, étant impraticable à bicyclette et en automobile, il sera préférable de faire toute l'excursion en voiture particulière (s'adresser à l'hôtel; prix : 20 fr.). Dans ce cas, bien spécifier au cocher qu'on désire monter par Nans et descendre par Saint-Zacharie.

Une voiture, attelée de deux chevaux, fait le trajet en six heures environ : trois heures à la montée et trois heures à la descente.

On prend la r. de Saint-Zacharie, à dr. (**0.6**), sur la r. de Brignoles, un peu avant Saint-Maximin. La r. de Saint-Zacharie remonte au S. la large vallée du *Cauron*, dominée à l'O. par les escarpements du *Mont-Aurélien*. A g., sur un fût de pilier, au bord de la r., remarquer le curieux groupe en pierre du *Saint-Pilon* (**1.3**).

Deux cents m. plus loin, on néglige à g. un ch. vers Rougiers et l'on continue à dr. par la r. de Saint-Zacharie jusqu'au carrefour suivant (**7**). A ce carrefour, laissant à g. la r. de Tourves, par Rougiers, on abandonnera à dr. la r. de Saint-Zacharie (8.2), pour prendre en face le ch. de Nans.

A partir du village de Nans (**4.1** — Aub. de la *Sainte-Baume* — Belle source de la Foux; ruines d'un château), le ch., qui est juste carrossable, gravit en lacets les flancs du majestueux cirque de la Taurelle; il serpente ensuite à travers bois pour gagner le plateau de l'*Hôtellerie de la Sainte-Baume* (**8.2** — *V*. page 77).

De l'Hôtellerie à Saint-Zacharie (**13.5**), *V*. page 78.

De Saint-Zacharie, retour à Saint-Maximin (**17.1**) par la r. directe.

A la sortie de Saint-Maximin, on laisse à dr. (**0.2**) le ch. d'Ollières (4.3) et de Rians (22.6). La r. traverse la plaine et longe à g. le pied du Mont-Aurélien; elle aborde ensuite une assez longue côte (35') pour franchir un chaînon de collines. Après le pont au-dessus de la *ligne de Marseille à Pignans*, on descend le large versant, parsemé de landes et de bois, où prend naissance la rivière de l'*Arc*; à g., se dresse une muraille à pic de rochers; petite montée (2') au ravin du *Jas*.

Dépassé le village sans intérêt de Pourcieux (**6.4** — Côte 3'), la r., continuant à descendre dans le large bassin de l'Arc, offre un horizon étendu et un paysage grandiose, entre la *montagne de Sainte-Victoire*, au N., et la *chaîne de l'Etoile*, plus éloignée au S.

A g., se détache (**2.1**) le ch. de Trets (7), jadis une des premières villes de la Provence, aujourd'hui un simple bourg; et, à dr., s'éloigne (**1.4**) le ch. de Pourrières (2.5), village tassé au pied d'une colline sévère.

On laisse à g. un autre ch. vers Trets (5.5) et l'on franchit l'Arc, qui n'est encore qu'un maigre ruisseau, au lieu dit de la Petite-Pugère (**2.1**). Ici, dans les champs, à dr., se trouve un amas de pierres qui proviendrait, croit-on, des ruines d'un *arc de triomphe*, élevé au général romain Marius, à la suite de la sanglante victoire qu'il remporta dans ces parages sur les Cimbres et les Teutons, en l'an 102 avant Jésus-Christ.

De l'autre côté du pont, vient rejoindre à dr. un second ch. de Pourrières (2.6); continuer à g. On passe (**1.3**) du département du Var dans celui des Bouches-du-Rhône un peu avant le hameau de la Grande-Pugère (**0.2**), à l'entrée d'une jolie avenue de pins; deux montées (2' et 2').

Après le croisement (**1**) du ch. de Puyloubier (4.9) à Trets (4.5), le paysage se modifie; la r. gravit une plaine inclinée de cultures, présentant une succession de rampes (10', 3', 2' et 5'), puis descend franchir le ravin de La Begude. Nouvelle montée (7'), ensuite pente douce au hameau des Bannettes (**6.8**).

On dépasse une ferme, à g., dont le portail sculpté dut enclore autrefois une propriété importante. Montée (4'), puis descente au hameau de Chateauneuf-le-Rouge (**3.2**), entouré de bois et de petits vallons, au pied des roches de la *montagne du Cengle*. Une côte (5') précède l'agréable et longue descente qui amène (**3.8**) à **l'embranchement de la route de Roquevaire** (19), à g.

Ici, on retrouve la rivière de l'Arc qui se fraye, parallèlement avec la r., un pittoresque passage dans un court défilé bordé de belles roches. Ensuite le vallon, très peuplé, s'élargit. Après le hameau de **Palette** (**3.5**), où se détache à dr. le ch. de Tholonet (*V.* page 187), la r., prenant l'aspect d'une avenue, ombragée de platanes, s'élève fortement (12') aux approches d'**Aix**, l'ancienne capitale de la Provence (Ch.-l. d'arr. — 28.913 hab. — Spécialités: les *calissons* et les *biscotins*).

On entre en ville par le cours *Sainte-Anne* que prolonge le cours *Gambetta*. Après avoir croisé la ligne des boulevards circulaires, on continue devant soi par l'étroite rue d'*Italie* (Pavé : 5').

A l'extrémité de cette rue, dans le voisinage d'un carrefour, s'ouvre à g. la petite place *Forbin* qui communique avec le beau cours *Mirabeau*, magnifique promenade, centre de l'animation de la ville.

Se dirigeant vers le cours, on dépasse une première fontaine, surmontée de la *statue du roi René*. Plus loin, après une seconde fontaine, dite *fontaine chaude*, qui verse de l'eau minérale chaude, on s'arrêtera à l'hôtel

Nègre-Coste, situé à dr. sur le cours, au n° 33 (4.7 — Cafés des *Deux-Garçons; Clément; Oriental*, tous trois sur le cours *Mirabeau*. au n°s 53, 44 et 43).

Visite de la Ville d'Aix (environ 3 h. 1/2). — Sortant de l'hôtel *Nègre-Coste*, suivre à g. le cours *Mirabeau* pendant cent pas; puis, arrivé à hauteur de la *fontaine chaude*, prendre à dr. la rue du *Quatre-Septembre*. Vers le milieu de cette rue, bordée, comme la plupart de celles d'Aix, de plusieurs vieux hôtels qui ont conservé leur cachet de grandeur, on atteint une petite place carrée, ornée de la fontaine dite *des Quatre-Dauphins*. Ici, se dirigeant à g. par la rue *Cardinale*, on gagnera une autre placette sur laquelle s'élève l'**église Saint-Jean de Malte**. A dr. de l'église se trouve le **Musée** (ouvert le dimanche et le jeudi, de 2 h. à 6 h. en été; de midi à 4 h. en hiver; en dehors de ces jours et de ces heures, s'adresser au concierge, pourboire).

En continuant, à g. du portail de l'église Saint-Jean de Malte, par la rue Cardinale, on aboutit sur la rue d'*Italie*. Celle-ci, (à g., prolongée au delà de la placette *Forbin*, par la rue *Thiers*, mène au **Palais de Justice**, bâti sur l'emplacement de l'ancien palais des Comtes de Provence.

Dépassé le Palais de Justice s'étend la place des *Prêcheurs*, décorée d'une belle fontaine avec obélisque, que couronne un aigle aux ailes éployées; sur cette même place, on voit à dr. l'**église de Sainte-Marie-Madeleine**.

Au N. de la place des Prêcheurs, la rue *Mignet* conduit à la place *Bellegarde*, ornée encore d'une fontaine, à l'intersection de la ligne des boulevards qui entourent la ville.

Suivant à g. le b^d *Notre-Dame*, on atteint le croisement du cours de l'*Hôpital*, à dr., et de la rue *Jacques-de-la-Roque*, à g. Après avoir vu, à l'entrée du cours de l'Hôpital, le *tombeau de Joseph Sec* (à dr. au n° 6), on prendra à g. la rue Jacques-de-la-Roque. Celle-ci aboutit à la place de l'*Université* que bordent la **cathédrale Saint-Sauveur**, à g., et la Faculté de Droit, à dr.

Ayant visité la cathédrale, ainsi que le charmant petit cloître attenant, on suit à g. la rue *Gaston-de-Saporta* pour arriver à la place de l'*Hôtel-de-Ville* précédée de la *Tour de l'Horloge*. La place est bornée au S. par la Halle aux grains et, à l'O., par l'**Hôtel de Ville** (dans la cour, *statue de Mirabeau*. Au premier étage, la bibliothèque Méjanes renferme 170.000 volumes et possède un livre d'heures du roi René enluminé par lui-même. Le musée d'Histoire naturelle, actuellement à l'Hôtel de Ville, ouvert le dimanche et le jeudi, de 1 h. à 3 h., doit être transféré b^d du *Roi-René*).

A la sortie de l'Hôtel de Ville, revenir sur ses pas à la place de l'Université, où l'on prendra à g., à l'angle de la Faculté de Droit, la rue du *Bon-Pasteur*. Celle-ci mène à une place, en contre-bas, où descendent des escaliers, devant le *Grand-Hôtel des Thermes Sextius* qui renferme l'Établissement thermal d'Aix (eau chaude bicarbonatée calcique).

Vis-à-vis l'établissement, le cours *Sextius* (à dr., église Saint-Jean-Baptiste) conduit au bd de la *République* qui, à g., débouche sur la place de la *Rotonde*. Cette magnifique place, au centre de laquelle s'élève une fontaine monumentale du plus gracieux effet, a pour aboutissant les r. de Paris, de Marseille, d'Italie et l'avenue *Victor-Hugo*; cette dernière, au S. de la place, mène à la gare du ch. de fer.

A l'E., entre deux groupes figurant : à dr., l'Industrie et l'Art décoratif; à g., les Sciences et les Lettres, s'ouvre l'entrée du cours *Mirabeau* par lequel on regagnera l'hôtel.

Excursions recommandées au départ d'Aix.— Roquefavour (28 kil., aller et retour).

Itinéraire : Au départ de l'hôtel *Nègre-Coste*, suivre à dr. le cours *Mirabeau* et, à la place de la *Rotonde*, prendre à g. l'avenue de *Marseille* (la 2e à g.). Après avoir franchi l'*Arc* (**2.3**), laissant à g. la r. de Toulon, on continue à dr. par celle de Marseille qui longe à une distance plus ou moins éloignée la rive g. de l'Arc.

Parvenu au village des Milles (**4.4**), on abandonne la r. de Marseille pour traverser à dr. le village et suivre le ch. de Roquefavour. On franchit la ligne du ch. de fer, et l'on parcourt une grande plaine ondulée; à g., *château de la Valette*, à dr., *château de Campredon*. La r. se rapproche de la rivière tandis que la vallée, rétrécie, devient très pittoresque jusqu'au hameau de Roquefavour (**7.3** — Hôtel-rest. *Arquier*), dans un site renommé pour ses agréments naturels.

Roquefavour doit sa célébrité au monumental *pont aqueduc* qui amène les eaux de la Durance à Marseille. Hardiment construit au-dessus de la vallée de l'Arc, il présente un triple rang d'arches de 80 m. de haut., sur 400 m. de longueur.

Tholonet (16 kil., aller et retour).

Itinéraire : D'Aix au hameau de Palette, sur la r. de Brignoles, (**4.7**). *V.*, en sens inverse, page 185.

Au hameau de Palette, on prend à g. le ch. de Tholonet qui passe au hameau des Artauds et conduit à Tholonet (Aub. *Thomé*). Dans ce village, but de promenade préféré des Aixois, une avenue mène jusqu'au *château* (**3.3**).

Au N. de Tholonet, se trouve le barrage du *canal Zola*, retenant le cours de l'*Infernet*, ruisseau qui, arrêté encore en aval par un second barrage, forme la *Petite-mer*, puis se précipite en cascades.

Vauvenargues et la **montagne de Sainte-Victoire** (**24** kil., aller et retour, plus 5 h. de marche si l'on fait l'ascension de la montagne).

Itinéraire : A l'extrémité E. du cours *Mirabeau*, traverser la petite place *Forbin* ; puis, ayant croisé la rue d'*Italie*, suivre en face la rue de l'*Opéra* qui aboutit à la place *Miollis*. Ici, monter à g. le Bd *Carnot*, pendant cinq cents m., pour tourner ensuite à dr. sur le cours des *Arts-et-Métiers*. A l'extrémité de ce cours, on rejoint la r. de Vauvenargues.

Celle-ci dépasse à g. la *tour de la Keyrié*, puis, à dr., le *château de Saint-Marc* (**8**); ensuite on traverse le hameau des Bonfillons avant d'arriver aux Cabassols (**4**).

C'est au hameau des Cabassols que se détache à dr. le ch. muletier par lequel on gravit (a pied 2 h.) la *montagne de Sainte-Victoire* pour atteindre l'*ermitage* et la *chapelle de Notre-Dame-de-la-Victoire* (pèlerinage). De la chapelle, on peut gagner (30') la pointe O. de la montagne, signalée par la *croix de Provence* (Alt. : 993 m.), d'où l'on découvre un panorama immense.

Au delà des Cabassols, la r. continue à remonter le vallon de l'*Infernet*, entre le *Mont-Lubaou*, à g., et la *montagne de Sainte-Victoire*, à dr., pour gagner Vauvenargues (**2**), au pied d'un mamelon que couronne le *château de Vauvenargues*.

Pour mémoire. — D'Aix au **pont de Mirabeau** (**30** kil.), par Les Logis (**9**), **Peyrolles** (**12** — Ch.-l. de c. — 1.005 hab. — Hôt. *Guitton*) et le pont de Mirabeau (**9** — *V.* page 212).

Cette r. traverse une plaine légèrement accidentée jusqu'aux Logis. Dix-sept cents m. au delà de ce hameau, se détache à g. la r. de Pertuis (10 — *V.* page 214); celle de Peyrolles, à dr., franchit un chaînon, puis descend vers Peyrolles, dans la vallée de la *Durance*. On remonte la rive g. de la rivière jusqu'au *pont de Mirabeau*.

D'Aix à **Aubagne** (**34** kil. **800** m.), par La Détrousse (**23.7**), Pont-du-Jour (**1.5**), **Roquevaire** (**2** — Ch.-l. de c. — 3.012 hab. — Hôt. *Camoin*), Pont-de-l'Etoile (**2.8**) et Aubagne (**4.8**).

D'Aix à l'embranchement de la r. de Roquevaire, *V.*, en sens inverse, page 185.

La r. d'Aubagne, laissant à g. celle de Brignoles, traverse la vallée de l'*Arc*, puis croise successivement le ch. de Trets à Gardanne ainsi que la *ligne de Marseille à Brignoles*. On pénètre ensuite dans la région accidentée comprise entre le *mont de l'Etoile*, à dr., et la *montagne de Regaignas*, à g., avant de descendre le vallon du *Merlançon*, après avoir coupé la *ligne d'Aubagne à La Barque-Fuveau.*

Au hameau du Pont-du-Jour, on rejoint la r. de Saint-Zacharie dans la vallée de l'*Huveaune*.

Du Pont-du-Jour à Aubagne, *V.* page 78.

D'**Aix** à **Marseille** (**28** kil. **400** m.), par Luynes (**6**), Le Pin (**8.5**), Septèmes (**2.5**), Saint-Antoine (**3**) et Marseille (**8.5**).

Cette r. franchit l'*Arc*, à deux kil. et demi d'Aix, puis traverse la région légèrement accidentée qu'arrosent les ruisseaux de *Luynes* et du *Grand-Vallat*. Après le Pin, on passe à Septèmes, village dont les anciennes redoutes défendaient autrefois le défilé qu'environnent des collines calcinées.

La r. descend, franchit le *canal de Marseille*, puis rejoint à Saint-Antoine la r. de Salon à Marseille.

De Saint-Antoine à Marseille, *V.* page 42.

D'**Aix** à **Salon**, *V.*, en sens inverse, page 39.

D'AIX A CAVAILLON

Par Saint-Cannat, Lambesc, Cazare, Pont-Royal et Mallemort.

Distance : **52** kil. **300** m. *Côtes :* **1** h. **41** min.

Nota. — Cette magnifique route présente une forte côte de trois kil., à la sortie d'Aix; ensuite elle ondule légèrement. Après trois montées, longues chacune d'environ un kil., elle descend puis s'aplanit définitivement.

Au départ de l'hôtel *Nègre-Coste* on suit à dr. le cours *Mirabeau* et, parvenu sur la place de la *Rotonde*, on prend à dr. le bd de la *République*. Plus loin, au rond-point, situé à la sortie de la ville (**0.9**), négligeant à g. le ch. de La Fare (21), on continue devant soi la r. qui, bordée de superbes platanes, s'élève sous une arcade de verdure.

Longue côte de trois kil. (45'); à dr., dans le lointain, se dresse le haut promontoire de la *montagne Sainte-Victoire*; à g., s'étend la riche plaine d'Aix. La montée cesse au hameau de Célony (**3.6**) et une descente douce, de deux kil., conduit au passage à niveau de la gare de La Calade (**2**). On traverse une campagne onduléo; à g., petit *manoir de La Calade*. Plus loin, au hameau de Lignane (**3**), se détache à dr. le ch. de Rognes (10.2) et de Cadenet (20).

La r. s'élève légèrement (Côtes : 2' et 3') puis descend au village de Saint-Cannat (**7** — Hôt. *Boutière*), où s'éloigne à g. la r. d'Avignon (64), par Salon (18 — *V*. page 39); continuer à dr. On franchit deux collines (Côtes : 7' et 12'), la seconde, très rocheuse, avant de descendre vers **Lambesc** (**5** — Ch.-l. de c. — Hôt. de l'*Ecu-de-France*), au fond d'une petite plaine. On traverse la localité par la *Grande-Rue* qui passe devant la tour du beffroi, surmontée d'un beau Jacquemart.

Après Lambesc, la r. gravit le versant d'un chaînon en partie boisé (Côtes : 2', 15' et 15'). Au point culminant du passage (**4.5** — Alt. : 219 m.) la vue est très belle : en arrière, sur la plaine de Lambesc et le bassin de la *Touloubre* et, devant soi, sur la vallée de la *Durance* que limite au N. la sévère *montagne du Luberon*. On descend assez rapidement vers le bassin de la Durance, entouré de monts arides au pied desquels s'étend une campagne bossuée, tachetée de la pâle verdure des oliviers.

A mi-pente, on rencontre le hameau de Cazare (**2**). Plus bas, le *carrefour de la Vieille-Poste* (**2.8**), où croise le ch. de Charleval (4.2) à Eyguières (14.9), précède le hameau de Pont-Royal (**0.7**). Ici, abandonnant la r. de Senas (10.5 — *V*. page 38), on prendra, près du pont du *canal de Craponne*, le ch. de Cavaillon, à dr.

Ce ch., qui se dirige vers le N.-O. de la plaine, croise la *ligne d'Eyguières à Meyrargues* et passe au pied du rocher conique qui porte à dr. le village de Mallemort (**2** — Ancien château des évêques de Marseille); un peu plus loin, on franchit le pont sur le *canal Boisgelin*, puis le pont suspendu sur la Durance. A l'extrémité de ce dernier, on rejoint (**3**) la **route de Pertuis à Cavaillon** (*V*. page 215); tourner à g.

La r. de Cavaillon, toute droite et à peu près plate, longe le *canal de Carpentras*, à g. ; ensuite elle passe devant une ancienne auberge (**1**). A dr., s'étendent les escarpements boisés du Luberon entre lesquels s'ouvre à dr. (**0.9**) le ch. des *gorges du Régalon*.

Le ch. des gorges s'élève au-dessus de la vallée de la Durance et conduit au lieu dit du *Rieufred*, à l'entrée des **gorges du Régalon** (à pied : 2 h., aller et retour). On quitte le ch. à quatre cents m. de la r. de Cavaillon, pour suivre le sentier, à dr., qui pénètre dans un étroit défilé, très intéressant à parcourir, d'une profondeur moyenne de cinquante m. et d'une longueur de deux kil. entre des roches à pic. Un ruisseau, arrosant une végétation luxuriante, entretient une agréable fraîcheur dans les gorges au milieu desquelles se trouve une petite grotte assez curieuse d'où jaillit une belle source.

Dépassé le hameau du Logis-Neuf (**0.3**), à dr., on aperçoit du côté de la montagne un beau rocher ruiniforme. La r. franchit deux fois le canal et s'élève légèrement pour gagner le hameau de Bel-Hôte (**3.8**) ; au loin, sur l'une des collines de la rive g. de la Durance, apparait la *chapelle de Notre-Dame de Beauregard*, située au-dessus d'Orgon (*V.* page 38.)

La chaussée, bordée de rideaux de roseaux, ou de haies, double les contreforts, en partie couverts de bois, du Luberon, puis elle se développe à travers la plaine fertile, en négligeant à g. (**3.5**) un premier ch. dans la direction du village de Cheval-Blanc (2). Un peu plus loin, on passe au hameau des Beylons (**1.5**), à la croisée du ch. de Cheval-Blanc (1) à Robions (6).

Deux cents m. au delà des Beylons, se détache à g. un ch. vicinal par lequel on pourrait également se rendre à Cavaillon ; la r., à dr., d'égale longueur, est aussi avantageuse à suivre. Elle rencontre le passage à niveau de la *ligne d'Apt et de Volx* (**3.2**) ; puis, en approchant de Cavaillon, elle vient côtoyer un moment la voie ferrée, avant d'atteindre la bifurcation du ch. du Costellet (9.2), devant le passage à niveau de la gare de Cavaillon. Ce passage à niveau, à g., étant souvent fermé, on peut aussi passer sous la ligne par une voûte située quelques m. plus loin.

De l'autre côté de la ligne, le fg de l'*Abreuvoir* mène dans **Cavaillon** à la place *Gambetta*. Sur cette place se trouve à g. l'hôtel *Moderne*, ou bien, tournant à dr. sur le cours *Gambetta*, on arrive presque aussitôt à l'hôtel *Arnaud*, situé à dr. au n° 12 (**1.6**).

Nota. — Pour la visite de la ville de Cavaillon, *V.* page 32.

DE CAVAILLON A AVIGNON

Par Caumont.

Distance : **21** kil. **900** m. *Pavé :* **8** min.

Nota. — Route plate sur tout le parcours.

A la sortie de l'hôtel, suivre à dr. le cours *Gambetta*, ensuite le cours *Saint-Michel*. Parvenu à hauteur de la *porte Notre-Dame*, surmontée d'une statue de la Vierge, à g., on prend à dr. le fg *Saint-Julien* qui commence la r. d'Avignon.

Le fg Saint-Julien, prolongé par le fg *Montrevel*, contourne le rocher du *Mont-Saint-Jacques*, à g.; puis la r., entre une double bordure de roseaux, se déroule à plat à travers une plaine d'une grande fertilité. A dr., se détache (**1.7**) le ch. de l'Isle (8).

Après avoir franchi le *Coulon* (**2.5**), le paysage ne varie pas jusqu'à Caumont (**6.5**), où vient rejoindre le ch. du Thor (5.7).

Dépassé Caumont, village bâti en partie sur le penchant d'un colline calcaire, la r. longe, ensuite double d'assez hautes falaises pour gagner la rive dr. de la *Durance*, rivière au large lit, semé d'îles limoneuses.

On rejoint la r. nationale d'Antibes à l'entrée du **pont suspendu de Bonpas** (**2.5**), laissé à g. La chaussée, superbe avenue abritée sous un dôme de verdure, s'éloigne de la rivière et court à travers des fraîches prairies et des champs bien cultivés; on dépasse quelques habitations isolées, ainsi que plusieurs maisons de campagne, entourées de parcs.

Aux abords d'Avignon, le faubourg clairsemé du Grand-Trillade croise les *lignes de Cavaillon et de Lyon* (deux voûtes) et aboutit aux boulevards extérieurs, qui longent les remparts d'**Avignon**, devant la *porte Limbert* (**10.6**).

Tournant à g., suivre le bd *Saint-Michel*, puis le bd *Saint-Roch* (Pavé : 8'), jusqu'à la porte de la ville située vis-à-vis la gare. Ici, entrer en ville, à dr., par le cours de la *République*; sur le prolongement de ce cours, dans la rue de la *République*, se trouve situé à g. le *Grand-Hôtel d'Avignon*, au n° 24 (**1,1**).

Nota. — Pour la visite de la ville d'Avignon, *V.* page 19.

DE NICE A PUGET-THÉNIERS

Par Colomars, Saint-Martin-du-Var, Vésubie, le pont de la Mescla, Malaussène-Massoins, Villars-du-Var et Touët-de-Beuil.

Distance : **65** kil. **400** m. *Côtes :* **33** min. *Pavé :* **3** min.

Nota. — Route, à peu près plate, qui remonte insensiblement l'intéressante vallée du Var. Traversée de magnifiques gorges. Beaux paysages; sites sévères.

Dans le cas où le trajet de Nice à Castellane (*V.* page 202), en deux étapes, paraîtrait trop fatigant, on pourrait le partager ainsi en trois étapes: le premier jour, coucher au Touët-de-Beuil; le second jour, déjeuner à Puget-Théniers et coucher à Annot, en faisant un léger détour de quatre kil. (*V.* page 199); le troisième jour, déjeuner à Vergons et coucher à Castellane.

Au départ de l'hôtel des *Etrangers*, suivre à dr. la rue du *Palais* (Pavé : 3'), puis tourner aussitôt à g. dans la rue de l'*Hôtel-de-Ville* qui aboutit à la rue *Saint-François-de-Paule*. Prenant celle-ci à dr. on tourne aussitôt dans la rue *Sulzer*, la première à g., pour rejoindre le quai du *Midi*.

Suivre à dr. le quai, puis, après avoir dépassé le Jardin public, à dr., et la Jetée-promenade, à g., continuer par la *promenade des Anglais* jusqu'au delà du faubourg de Sainte-Hélène qu'on longe à dr. Trois cents m. environ après les dernières maisons de ce faubourg, on abandonne (**5**) la promenade des Anglais pour rejoindre à dr. la r. de Cannes, sillonnée par la ligne du tramway, vis-à-vis le poteau portant le n° 100.

Négligeant à g. l'ancien chemin de la Californie, on suit la r. de Cannes pendant un kil. (bas-côté g.) jusqu'au hameau de la Californie (**1**), situé près de la *gare du Var*. A cet endroit, on quitte la r. de Cannes pour prendre à dr. celle de Saint-Martin-du-Var et de Puget-Théniers qui passe sous la voûte du ch. de fer. Un kil. plus loin, près de cafés restaurants champêtres, la r., prenant la direction du N., laisse à g. l'avenue des *Vernes* et remonte insensiblement la vallée du *Var*. Des arbres et des haies de roseaux ombragent le début du parcours; puis la vue se dégage sur la vallée et l'on vient longer la rivière au large lit pierreux.

On franchit un torrent canalisé, ensuite un premier passage à niveau de la *ligne Sud-France* (**6.9**), celle-ci accompagnant parallèlement la r. Belle vue devant soi, vers le N., sur de hautes montagnes dénudées qui semblent former la vallée, et, à g., au delà du Var, sur les rochers à pic de Saint-Jeannet; plus loin, du même côté, les villages de Gattières et de Carros, couronnent des sommets escarpés.

Après la gare de Colomars, à dr. (**5.1** — Café-rest. de *Colomars*), on passe sous le pont tubulaire de la *ligne de Grasse*, en négligeant à g. le ch. de Gattières et de Carros. Le paysage, montagneux, devient grandiose tandis qu'aux flancs des pentes arides, apparaissent des villages, disséminés à dr. et à g.

Dépassé la gare de Saint-Martin-du Var (**7.7** — Aub. *Lestrade*), on aperçoit le confluent du Var et de l'Estéron, puis on laisse à g. (**1.6**) le beau pont suspendu *Charles-Albert*, sur lequel s'éloigne la r. de Roquestéron.

La r. de Roquestéron permet de visiter la vallée très intéressante de l'*Estéron*. De l'autre côté du pont Charles-Albert, on s'élève par quatre interminables lacets, dans les oliviers, pour contourner la *montagne de Vallonge*. Au delà du village de Gilette (**7.5**), sur une terrasse avec ruines d'un ancien château, la r. continue à zigzaguer au-dessus de la rive g. de l'Estéron; elle traverse un ravin, passe sous une galerie, puis fait plusieurs brusques circuits, laissant à dr. le ch. de Pierrefeu, village perché à près de sept cents m. d'alt. On descend ensuite vers la rivière, dont on remonte à peu de distance la rive g. Sur la montagne de la rive dr., se montrent les villages des Ferres et de Conségudes.

Plus loin, la r. atteint **Roquestéron** (**21.8** — Ch.-l. de c. — 431 hab. — Hôt. *Garnier*), village situé au pied du *Mont-Long*, au confluent pittoresque de l'Estéron et du ruisseau de *Cuébris*.

La vallée se resserre; de toutes parts, des montagnes ou des rochers hérissent leurs cimes nues et escarpées. A g., le village de Bonson, suspendu au-dessus d'un abîme, enguirlande un pic rocheux. Petite montée (5') suivie d'une descente; à g., un pont métallique relie la r. à une importante usine de carbure de calcium. On passe au gros hameau de **Vésubie**, dit aussi du Plan-du-Var, près de la gare Levens-Vésubie (**2.2** — Hôt. de la *Vésubie*), puis l'on franchit la rivière de la *Vésubie*, qui vient ici se jeter dans le Var. De l'autre côté du pont, se détache à dr. (**0.0**) le ch. de Saint-Jean-la-Rivière et de Saint-Martin-Vésubie (*V.* page 139).

La r. s'engage dans les **gorges du Var**, débutant par le *défilé du Ciaudan*, tellement étroit qu'il n'y a de place que pour la chaussée, la voie ferrée et la rivière; légère rampe. Au delà du hameau de Ciaudan (**1.2**), la r., tracée en corniche, au pied de parois abruptes, passe sous trois petites galeries percées dans le roc; elle descend un peu en approchant de la gare de La Tinée (**2.3**).

Après un nouveau tunnel, on pénètre dans les *gorges de la Mescla*, vrai gouffre, étranglé entre des roches nues et perpendiculaires, où deux autres galeries livrent encore passage; à dr. (**2.0**), une petite cascade tombe du haut d'une paroi à pic. La r. se faufile et serpente à travers un véritable couloir, entouré de roches énormes, disposées de telle sorte que toute issue semble impossible. A g., dans une grotte, est installée une des usines électriques qui alimentent les tramways de Nice et les villes du littoral. Plus loin, on atteint le **pont de la Mescla** (**1.2**), à g., sur le Var, qu'il faut franchir; tandis qu'on abandonne devant soi la r. de Saint-Sauveur, qui passe sous un petit tunnel. (*V.* page 141.)

De l'autre côté du pont, la r. de Puget-Théniers traverse aussi une courte galerie, au débouché de laquelle on aperçoit, sur la rive g. opposée, les assises de l'ancien pont suspendu, en aval du confluent où les eaux bleues de la *Tinée* viennent se mélanger (*mescla*) aux flots grisâtres du Var.

La vallée, très sévère, s'élargit; aux gorges succèdent des pentes incultes ou tondues que creusent plusieurs ravins contournés par la r. On passe encore sous une galerie, puis on laisse à dr. (**5**) le pont de la route stratégique du *fort de Picciarvet*, commandant les vallées du Var et de la Tinée. Après la halte gare de Malaussène-Massoins (**2.7**), un peu de verdure tapisse le pied des montagnes et quelques champs cultivés, entrecoupés de prairies, égayent la vallée. La chaussée franchit de nouveau le Var pour en remonter la rive g. jusqu'à Puget-Théniers, de conserve avec le ch. de fer; on traverse le torrent de l'*Abbé*.

Aux alentours de Villars-du-Var (**3**) le bas des versants, à dr., se couvre d'oliviers et de vignobles; deux cents m. après la gare, se détache à dr. (**0.2**) le ch. qui dessert Villars (2.3). La r., ayant franchi un nouveau torrent, contourne une falaise et monte (8'); elle atteint une assez grande élévation d'où l'on domine la voie ferrée, le Var et le *pont de Sainte-Pétronille* (**1.5**). Au delà d'un passage aride, une légère descente conduit vers le bassin plus verdoyant du Touët-de-Beuil; à dr., s'étalent les grands éboulis d'un torrent.

On s'élève progressivement (15'); à dr., l'étonnant village de Touët-de-Beuil apparaît, plaqué dans l'anfractuosité d'un rocher presque vertical, et donne l'impression, avec ses maisons superposées, bizarrement construites, d'un gigantesque nid d'abeilles. Dans la partie inférieure de Touët-de-Beuil (**5.5**), on laisse à dr., entre le débit de tabac et le bureau de poste, le ch. à degrés qui conduit à l'église.

On gagne l'église de Touët-de-Beuil (à pied : 45', aller et retour) par des escaliers et des ruelles, pratiqués en couloirs couverts, si étroits que le jour y pénètre à peine. L'église est construite, au-dessus d'un torrent, sur une arche dont la hauteur peut s'apprécier de l'intérieur même du monument, en regardant par une lucarne percée dans le sol. A la sortie de l'église, ne pas manquer de contourner le chevet à g. pour se rendre sur la terrasse qui domine la vallée; vue splendide.

Aux dernières maisons de Touët-de-Beuil, se détache à g. l'avenue *Bischoffsheim* qui descend à l'hôtel *Latty* (0.2). La r. franchit le large torrent du *Cians* et laisse à dr. (**1.6**) le ch. de Rigaud (8) et du Beuil (25), par les *gorges de Cians*.

L'excursion des gorges de Cians ne saurait être trop recommandée. Si l'on ne peut disposer de tout son temps pour aller jusqu'au Beuil (Hôt. *Continental*), on devra remonter les **gorges de Cians** au moins jusqu'au *moulin de Rigaud*, situé à cinq kil. de la r. de Puget-Théniers (à pied : 1 h. 15'). Ces gorges forment un étroit défilé, entouré de magnifiques parois très diverses de teintes, ce qui en fait la curiosité. Dépassé le moulin de Rigaud (**5**— petit restaurant) la gorge s'élargit un moment; on passe ensuite au hameau du Pradastié, puis le défilé se resserre et devient un tortueux couloir à travers des roches, affectant des formes étranges. Cette partie du passage, la plus belle, prend le nom de gorge supérieure du Cians et précède le village du Beuil (**19**).

Après une petite rampe (5') la r., parallèle à la ligne du ch. de fer, longe le front d'un vaste amoncellement d'éboulis provenant du torrent du *Gralet*, écroulé des flancs du *Mont-Mairola*, puis elle court, presque plate, jusqu'à **Puget-Théniers** (Ch.-l. d'arr. — 1.224 hab.).

Aux premières maisons de cette sous-préfecture, à peine un gros village sans intérêt, on laisse à dr. (**8**) le ch. de La Croix (8.5), et, à g., celui de Sigale (20) et de Roquestéron (25) qui traverse le Var.

Continuant le long de la ligne, on franchit le torrent de la *Roudoule* qui partage la localité en deux. De l'autre côté du pont, tourner à dr. sur la petite place plantée d'arbres; en face, se trouve l'hôtel *Laugier* (**0.2**).

DE PUGET-THÉNIERS A CASTELLANE

Par Entrevaux, Les Scaffarels, Rouaine, le col de Toutes-Aures, Vergons, Saint-Julien et le pont de Castillon.

Distance : **48** kil. **600** m. *Côtes :* **4** h. **33** min.

Nota. — Superbe trajet à travers les montagnes des Basses-Alpes. La route facile jusqu'au hameau des Scaffarels, où l'on déjeune, présente ensuite une côte de dix kil. entre les Scaffarels et le col de Toutes-Aures. Du col de Toutes-Aures au pont de Castillon, descente continuelle. Après le pont de Castillon il y a encore trois kil. de montée, puis la descente reprend jusqu'à Castellane.

Aux Scaffarels, on peut trouver à louer une voiture légère, attelée d'un mulet, pour gravir le col de Toutes-Aures (prix : 6 fr.).

Au départ de Puget-Théniers, la r. d'Entrevaux, à dr., longe la *ligne de Puget-Théniers à Digne,* puis franchit le *Var* sur un pont en pierre de trois arches (Montée : 3'); on entre dans le département des Basses-Alpes (**1.9**).

La r. remonte insensiblement la rive dr. de la vallée qui, quoique entourée de montagnes, plutôt arides, conserve un beau caractère. Bientôt apparait **Entrevaux** (**5.2** — Ch.-l. de c. — 1.391 hab.), petite place forte, sur la rive g. de la rivière, curieusement située au pied de hautes crêtes que domine un fort. Remarquer à g. le vieux pont aqueduc, très pittoresque, jeté au-dessus du torrent de *Chalvagne,* et, à dr., le pont fortifié qui donne accès dans la ville.

Après une montée (5'), on descend vers le Var dont la boucle baigne le rocher bizarre qui porte la forteresse d'Entrevaux. Deux fois la ligne du ch. de fer croise la chaussée; celle-ci s'élève (10') pour franchir un torrent (**1.8**). Plus loin, on s'engage dans un étranglement sauvage précédant le *pont Noir* (**2**) sur lequel on traverse la rivière; une côte (5').

La r. passe sous une courte galerie et franchit aussitôt, pour la dernière fois, le Var au *pont de Gueydan* (**1.7**), à côté d'un ancien pont ruiné, en dos d'âne. Ici, se détache à dr. la r. de Guillaumes (20), à l'entrée de la vallée supérieure du Var.

Continuant à g., on remonte à présent la vallée du *Colomb* (Côte : 8') en se dirigeant vers un cirque sauvage, entouré de grandes roches aux formes étranges, où la r. semble devoir s'arrêter; mais celle-ci, obliquant à dr., descend, contourne le promontoire de la *grotte Saint-Benoît* (ouverte à une certaine hauteur au-dessus de la r.; longue de 300 m., peu fréquentée), puis débouche, au delà d'une galerie, dans un bassin plus riant.

On franchit un ruisseau; à dr., sur un mamelon, est juché le village de Saint-Benoît. La r., bordée de rares peupliers, remonte toujours la rive g. de la rivière (Côtes : 3', 3' et 3'); à dr., se montrent des vignes dans un vallon complanté de quelques noyers.

Une rampe plus longue (13') mène au *pont de la Donne* (**5.8**), où l'on traverse le Colomb près de sa jonction avec la *Vaire*. La r. pénètre par une brèche pittoresque dans l'étroit défilé où mugit le torrent de la Vaire; au delà d'un petit tunnel, on atteint le hameau des Scaffarels (**1.1** — Aub. *Honnoraty*), situé à la bifurcation des r. d'Annot et de Saint-André, au milieu d'un beau bassin.

Nota. — On peut déjeuner modestement aux Scaffarels, à l'auberge *Honnoraty* (bonnes truites et bon vin blanc), où l'on trouvera également une voiture pour se faire conduire (prix : 6 fr.) jusqu'au col de Toutes-Aures, si l'on veut éviter de gravir à pied une côte de dix kil.

Le cycliste qui voudrait faire étape à Annot prendra aux Scaffarels la r. d'Annot à dr. Celle-ci remonte la rive g. de la vallée de la Vaire, entourée de hautes roches (Côte : 20'), et gagne **Annot** (**2.2** — Ch.-l. de c. — 1.015 hab. — Hôt. *Philip*; *Grac*), bourg très fréquenté l'été, situé entre des monts sauvages.

Laissant à dr. la r. d'Annot, on tourne à g. sur celle de Saint-André, qui franchit la *Vaire*, et s'engage dans la sauvage gorge de la *Gallange*, ou *clue de Rouaine*. La r. s'élève en corniche, suspendue au flanc aride de la montagne (Côte : 3 h.), et traverse le torrent au *pont Saint-Joseph* (**2.2**), dont l'unique arche est d'un aspect des plus hardis. Des deux côtés de la r. se dressent de magnifiques escarpements ou des murailles perpendiculaires de roches. La verdure reparait dans les bas-fonds du petit cirque de Rouaine, vers lesquels descend (**2.2**) le ch. d'Ubraye (5) et de Montblanc (12); à g., les puissants contreforts de la montagne s'arrondissent en croupes dénudées.

Dépassé le hameau de Rouaine (**0.1**), sur un tertre, on domine l'ensemble du bassin qu'entr'ouvre à l'E. la vallée d'Ubraye, arrosée par la *Bernarde ;* tandis qu'au S. le petit village de Rouainette peuple un versant maigrement cultivé.

Après un tunnel, percé dans le roc (**0.8**), la r. descend pendant six cents m.; puis, s'élevant à nouveau, remonte l'aride *clue de Rouaine*, creusée par le torrent de *Chanillières*. Plus loin, à un tournant, la gorge s'élargit et débouche dans un majestueux cirque où l'on aperçoit le village de l'Iscle, à g., en contre-bas.

La r., contournant la vallée par une immense courbe, traverse (**2.2**) le large lit du torrent dévastateur et monte, au milieu d'un paysage de grande allure, encadré de hautes cimes, jusqu'au **col de Toutes-Aures** (**3** — Alt. : 1.124 m.), sur la ligne de partage des eaux du Var et du Verdon.

La descente du col s'effectue modérée sur des versants de pâturages, étendus entre la *montagne de Chaumatte*, à dr., et la *montagne Bernarde*, à g. On passe à côté de la vieille petite église de *Notre-Dame de Val-Vert* (**1.8**), avant d'atteindre le village de Vergons (**0.8** — Aub. *Saint-Jean*), au pied d'un curieux rocher stratifié que couronne une chapelle.

La r. longe le ruisseau du *Vergons*, puis pénètre dans la **clue de Vergons** (**2.2**), sinistre défilé où le torrent s'effondre dans un abîme. Ici, le passage tortueux, étroit, présente des tournants brusques, très dangereux, tandis que la pente devient excessivement rapide. Au sortir de la gorge, on jouit d'un paysage grandiose sur la vallée du *Verdon*, vers laquelle la r., en corniche, dégringole pour gagner le petit village de Saint-Julien (**1.8**), laissé à g., sur une colline plantée de châtaigniers.

Deux cents m. au delà de Saint-Julien, abandonnant devant soi (**0.2**) la r. de Saint-André-de-Méouilles et de Barrême, on prend à g. le ch. de Castellane.

La r. de Saint-André descend, puis remonte la rive g. du Verdon ; elle franchit successivement le torrent d'*Angles*, ensuite le Verdon, sur le *pont de Saint-Julien* (**2.5**), dans un site pittoresque et sauvage, entre la *montagne de Pinadoux*, à dr., et la *montagne de Courchons*, à g. On côtoie la rive dr. de la rivière, défendue par une digue de blocs énormes, jusqu'à **Saint-André-de-Méouilles** (**4.5** — Ch.-l. de c. — 667 hab. — Hôt. *Trotabas* — Fruits renommés), village au milieu d'une plaine, où le Verdon et l'*Issole* confondent leurs cours.

La r., décrivant deux coudes à g., s'élève durement pour gagner le *col de Moriez* (**2** — Alt. : 1.001 m.), sur la ligne de séparation des bassins du Verdon et de l'Asse. On passe à Moriez (**1.5**), puis l'on descend longer la rive dr. de l'*Asse-Morte*, dans laquelle se précipite le torrent d'*Hyèges* qu'on traverse (**2**).

La r. continue à descendre entre des rochers aux sommets dentelés, à dr., et une cime couronnée de croix, à g.; ensuite elle franchit (**5.6**) l'*Asse de Clumanc* près de son confluent avec l'Asse Morte. Ici, la r. infléchit brusquement au S.-O. pour gagner **Barrême** (**1.7** — Ch.-l. de c. — 865 hab. — Hôt. *Abbès*), situé près de la jonction de l'Asse de Clumanc et de l'Asse proprement dite, au point de rencontre de la r. de Castellane à Digne (*V.* page 202).

Le ch. de Castellane descend encore rapidement pour contourner le promontoire de Saint-Julien, puis il s'aplanit en venant rejoindre le niveau du Verdon qu'on longe à dr. Des cimes sévères enveloppent la vallée, qui, en aval, se hérisse d'un rocher hautain semblant la barrer. On franchit le Vergons (**1.1**), affluent du Verdon, et l'on suit le large lit pierreux de ce dernier jusqu'au *pont de Castillon* (**1.9**), dans un paysage encadré de superbes roches.

De l'autre côté du pont, le ch. de Castellane, à g., s'engage dans un court défilé qui précède un cirque remarquable où plusieurs torrents viennent grossir le Verdon; à g., sur un tertre de la rive opposée, la statue de *Saint-Pierre*.

Le ch., s'écartant du Verdon, qui décrit une grande boucle à l'E. autour de la *montagne de la Blache*, s'élève (25') dans le vallon du *Descouère* et gagne, par une courbe, le pont de ce torrent. Dans ces parages, le sol, à g., curieusement tourmenté, donne l'impression d'un glacier avec ses crevasses et ses moraines. Parvenu au sommet de la côte, on voit apparaître au-dessus des montagnes la belle cime du *Pré-Chauvin*. Le ch. atteint une vallée supérieure, solitaire, et dévastée par le torrent du *Chairon*, entre des chaînes arides; nouvelle montée (15').

Plus loin, obliquant vers le S., on s'éloigne de ces sites désolés pour passer, entre deux collines rocheuses, au milieu d'un champ cultivé, et gagner le bord du magnifique bassin de Castellane, environné de toutes parts de montagnes. Le ch. dévale en zigzags, pendant trois kil. et demi sur des penchants où la culture lutte péniblement contre l'ingratitude du sol, et rejoint, au bas de la descente (**7.6**), la r. de Senez (*V.* ci-dessous).

Tournant à g., on entre dans **Castellane** (Ch.-l. d'arr. — 1.782 hab.) par le b[d] ombragé *Saint-Michel*, prolongé en ville, après la Mairie, par la rue *Nationale*, à dr., qui débouche sur la place. A dr. de cette place, se trouve l'hôtel du *Levant* (**0.6**).

Visite de la ville de Castellane. — Cette sous-préfecture, un vieux bourg, jadis fortifié, n'est intéressante que par sa situation au bord du Verdon. Au fond de la place *Nationale*, ornée d'une fontaine avec obélisque, élevée à la mémoire de trois membres de la famille de Castellane, se trouvent : à dr., une antique chapelle avec porche et, à g., l'église paroissiale, de style gothique.

Derrière l'église, un mauvais sentier rejoint le ch. qui monte à dr., en zigzags (35'), vers la **chapelle de Notre-Dame du Roc**, construite sur le magnifique rocher auquel est adossée la ville.

A l'angle E. de la place Nationale, en suivant pendant cinq cents m. la r. de Grasse, on arrive au pont d'une seule arche jeté au-dessus du Verdon ; beau paysage.

Pour mémoire. — De **Castellane** à **Digne** (**54** kil. **200** m.), par Taulanne (**11.5**), **Senez** (**7.2** — Ch.-l. de c. — 488 hab. — Hôt. *Sommer* — A voir : l'église), **Barrême** (**5.2** — Ch.-l. de c. — 865 hab. — Hôt. *Abbès*), Norante (**5**), Chabrières (**6**), Châteauredon (**5.5**) et Digne (**13.8** — Ch.-lieu du dép[t] des Basses-Alpes — Hôt. *Rémusat* ; *Boyer-Mistre* — A voir : le Cours Gassendi, le Musée départemental, la Basilique de Notre-Dame-du-Bourg, la Cathédrale, le Château d'eau).

Cette r., à quinze cents m. de Castellane, s'élève par de multiples lacets, pendant huit kil., pour atteindre le *col Saint-Pierre* (Alt. : 1.148 m.), puis descend vers Taulanne dans un petit bassin cultivé. On pénètre ensuite dans un curieux et sauvage défilé, entre la *montagne Saint-Vincent*, à dr., et l'extrémité de la longue arête du *Pré-Chauvin*, à g. La r. passe sous une roche percée en arcade ensuite descend par de nombreux circuits, au-dessus d'un immense ravin, pour franchir plus bas le torrent du *Boadès*. Pente très rapide dans le vallon qui débouche bientôt au confluent de la vallée de l'*Asse*. La r. suit à une certaine distance la rive dr. de cette rivière, laissant à g. le pont de Senez, au-dessous du bourg du même nom, jadis pourvu d'un évêché.

On côtoie toujours la rivière, que dominent des versants dénudés, à g., revêtus de bois, à dr.

A l'entrée de Barrême, la r. franchit la branche de l'*Asse de Clumanc* et néglige à dr. la r. de Saint-André-de-Méouilles (*V.* page 201).

Au delà de Barrême, continuant le long de l'Asse, dans une vallée resserrée, on passe au pied de curieuses roches runiformes, à dr. Plus loin, à Norante, on franchit le ravin de Chaudon ; ensuite la r. s'engage dans la belle *clue de Chabrières*, où viennent aboutir à dr. plusieurs ravins. A la sortie de la clue, l'Asse s'éloigne dans la direction du S.-O., tandis qu'on traverse le village de Châteauredon, où se détache à g. la r. de Riez (*V.* page 207).

La r., sinueuse, serpente sur les contreforts O. du *mont de Cousson*, à dr., puis descend vers la vallée de la *Bléone*. On côtoie la rive g. de cette rivière pendant deux kil. jusqu'à Digne.

De **Castellane** à **Grasse**, *V.*, en sens inverse, page 171.

De **Castellane** à **Draguignan**, *V.*, en sens inverse, page 177.

DE CASTELLANE A MOUSTIERS-SAINTE-MARIE

Par La Palud.

Distance : **11** kil. *Côtes :* **3** h. **1** min.

Nota. — Ce magnifique trajet à travers les gorges du Verdon, qui sont des merveilles, présente deux côtes pénibles jusqu'au delà du village de La Palud : la première est longue de trois kil., la seconde mesure sept kil. On descend ensuite presque continuellement, à part deux montées, de un kil. et de deux kil., précédant Moustiers-Sainte-Marie.

Au sortir de l'hôtel du *Levant*, tourner à dr., puis prendre, à l'angle O. de la place *Nationale*, le bd du *Midi*, à dr., qui commence la r. de La Palud. Celle-ci franchit un ruisseau, au milieu des vergers ; ensuite, montant légèrement, elle pénètre dans le pittoresque vallon du Verdon, ici en partie boisé (**3.3**). On serpente à mi-colline, tandis qu'à dr. et à g. se dressent d'élégantes cimes dentelées. Ayant rejoint le niveau de la rivière, on descend insensiblement, le long de la rive, pour arriver bientôt à l'entrée des magnifiques **gorges du Verdon** que précède un étranglement majestueux défendu par des roches menaçantes (**3.4**).

Le vallon s'élargit au bassin de Brans (**1.6**), petit hameau laissé à dr. De belles éminences coniques et des aiguilles rocheuses surgissent isolées, au-dessus de la verdure, sur la rive g. ; puis, le vallon se resserrant, la r. pénètre dans un sombre défilé (**2.2**) et passe sous des roches en surplomb. Cette première partie des gorges s'entr'ouvre ensuite pour faire place à un délicieux paysage de collines, plantées de pommiers, de noyers, alternant avec des prairies, au delà du *pont de Soleils* (**1.5**), qu'on laisse à g. avec la r. de Comps et de Draguignan (*V.*, en sens inverse, page 177).

La r. de Moustiers, à dr., traverse le bassin enchanteur qu'arrosent le ruisseau du *Riou* et la rivière du *Jabron*, à g., avant de venir se jeter dans le Verdon. Négligeant encore à g. le *pont de Carjuan* (**2**), on pénètre dans la seconde partie des gorges, d'un cachet tout différent, entre des parois presque verticales. Ici commence une première côte, longue de trois kil. (40'), qui élève à une hauteur prodigieuse au-dessus du torrent dont la profonde trouée offre une perspective saisissante (**2**) ; en face de soi, au sommet de pentes boisées se perche le village de Rougon adossé contre un piton rocheux.

La r. passe au bas du vallon qui descend presque à pic de Rougon et dont la verdure contraste avec les monstrueuses roches de la rive opposée. Plus haut, après avoir gravi de larges escarpements, on traverse un tunnel percé dans le roc.

Immédiatement après le tunnel, d'un petit monticule [illegible] à cinq cents m. à g. de la r., et au bord même de la gorge, on a [illegible] point de vue extraordinaire du site grandiose de cette partie d[illegible] n *du Verdon*, où viennent se réunir à l'O. les eaux du to[illegible] *Baoux*.

Dépassé le ch. de Rougon (3), à dr. (**1.5**), une descente rapide, dominant les formidables coupures des gorges, mène au pont du torrent de *Baoux* (**2.8**), qu'on franchit au milieu d'un bassin planté d'arbres et tapissé de prairies.

De l'autre côté du pont, on attaque une nouvelle côte de sept kil. (1 h. 40') qui se prolonge jusqu'au delà du village de La Palud. La r. s'élève par deux grands lacets, traverse un bois de pins et côtoie u[illegible] ravin pour gagner les hauts versants du plateau-c[illegible] de La Palud (**4.7** — Aub. *Turel*), ce petit village au pied de la *montagne de Barbin*, à dr.

Après La Palud la montée continue, pendant deux kil. et demi environ, sur un terrain médiocre ; puis, à partir de la *borne 27.6*, commence une descente de dix kil., en partie rapide et entrecoupée de mauvais cassis.

La r., environnée d'un paysage incomparable, sauvage et grandiose, dévale à mi-flanc de la montagne de Barbin, et côtoie à une faible distance l'abime que creuse, à g., le cours du Verdon, celui-ci ayant décrit, depuis le confluent du Baoux, un immense détour vers le S.

Parvenu à la maison isolée de Mayreste (**8**), de gigantesques rochers et des monticules, qui soulignent la sublimité du site, surgissent du gouffre; tandis qu'à g. tombent de colossales murailles à pic dont la base ne peut s'apercevoir ; une montée (2'). Plus loin, le ruban argenté du Verdon éclaircit la troublante profondeur du sombre couloir où le torrent se glisse, entre de superbes roches teintées de gris perle et d'orangé.

La pente s'adoucit et l'on roule un moment presque à plat. On dépasse : à g., une maison cantonnière (**1.8**), située au-dessus d'une petite terrasse de prairie, puis, à dr., une grotte, sorte de remise, creusée dans une roche spongieuse.

Après une brève montée (2'), la r., passant entre sept entailles consécutives, sort définitivement des gorges (**0.9**) mais continue en balcon, toujours à une grande élévation ; magnifique vue au S.-O. sur la vallée élargie où le Verdon s'étale en une courbe majestueuse.

La r. décrit un grand circuit au-dessus d'un vallon solitaire et monte encore (10') pour atteindre un petit col (**2.5** — Alt. : 661 m.) ; elle descend ensuite vers la large vallée de la *Maire* et rejoint (**3.3**), au bas de trois lacets rapides, la r. du pont d'Aiguines (*V.* page 177) à Moustiers. Celle-ci, à dr., franchit un ruisseau, puis s'élève de nouveau, pendant deux kil. (30'), à travers des oliviers bien taillés, pour gagner **Moustiers-Sainte-Marie** (Ch.-l. de c. — 1.001 hab.).

Cet étrange village, situé sur une petite terrasse, à l'issue d'une gigantesque crevasse encadrée de roches perpendiculaires, apparait subitement à un détour, aux premières maisons. Quelques m. plus loin, s'arrêter à dr. à l'hôtel *Taxil* (**2.5** — Café *Belle-Vue*).

Visite de Moustiers-Sainte-Marie (environ 1 h.). — Au delà de l'hôtel, entre les deux groupes d'habitations qui composent Moustiers, on franchit le *Rioul*, frais ruisseau tombant en cascades de la fissure de la montagne. Du pont, on aperçoit à dr., dans le haut de la crevasse, la chapelle de Notre-Dame de Beauvoir, et, au-dessus de la gorge, reliant ses deux bords, la *chaîne de l'Etoile*, au milieu de laquelle est suspendue une étoile dorée (ex-voto, parait-il, d'un chevalier de Blacas). Après le pont, un passage voûté, à dr., donne accès à la place où s'élève l'église, encastrée dans des bâtiments qui dépendaient d'un ancien monastère. Traversant la place, on franchit à dr. un autre pont sur le Rioul, et par le premier ch. montant à g. on peut gagner **la chapelle de Notre-Dame de Beauvoir** (clé chez M. le curé de Moustiers).

De la chapelle, on distingue le sentier qui monte à la chaine de l'Etoile (*V.* ci-dessus). Pour redescendre à Moustiers, prendre le ch. à dr., qui passe devant la *chapelle de la Madeleine*, creusée dans une grotte.

Moustiers possédait jadis des fabriques de faïences dont les produits, aujourd'hui très rares, sont recherchés par les amateurs.

Pour mémoire. — De Moustiers-Sainte-Marie à Grasse, *V.*, en sens inverse, page 172.

De **Moustiers-Sainte-Marie** à **Draguignan,** *V.*, en sens inverse, page 177.

DE MOUSTIERS-SAINTE-MARIE A GRÉOULX

Par Rémoules, Riez, Allemagne et Saint-Martin-des-Bromes.

Distance : **36** kil. **400** m. *Côtes :* **1** h. **36** min.

Nota. — A part une côte de trois kil., après Moustiers-Sainte-Marie, et deux montées d'un kil. environ chacune, dans les environs de Gréoulx, tout le reste du parcours est en descente agréable.

Quittant Moustiers-Sainte-Marie, on traverse le pont pittoresque du *Rioul*, qui partage le bourg en deux, puis l'on descend rapidement vers le fond de la vallée, après avoir franchi un second ruisseau échappé d'une autre entaille de la montagne.

Au bas de la pente, la r. ondule (Côtes : 2' et 5'); ensuite, au delà du pont du ruisseau d'*Embourguès*, affluent de la *Maire*, elle grimpe une côte dure de trois kil., en lacets (45'); belle vue sur l'ensemble du paysage, dominé au S. par les superbes profils des montagnes qui enserrent les gorges du Verdon.

Au faîte de la côte (**5.5**), on gagne un plateau cultivé qui, s'inclinant progressivement entre des collines de faible hauteur, occasionne une agréable descente. Plus bas, on laisse à dr. (**2.9**) le ch. de Puimoisson (5) et l'on franchit (**0.1**) le ruisseau d'*Aigues-Bonnes*. Celui-ci, grossi de la *Subeiranne*, se réunit à la rivière du *Colostre*, un peu en amont de Roumoulès.

On passe près du village de Roumoulès (**3.5**), ensuite la r. vient sur la rive dr. du Colostre et atteint l'entrée de **Riez** (**3.1** — Ch.-l. de c. — 1.961 hab.), petite ville déchue, où se détache à g. le ch. de Quinson (*V.* page 208).

Pour mémoire. — De **Riez** à **Draguignan**, *V.*, en sens inverse, page 178.

De **Riez** à **Digne** (**42** kil. **300** m.), par Puimoisson (**6**), La Bégude-Blanche (**8.7**), Estoublon (**4.3**), **Mézel** (**7** — Ch.-l. de c. — 695 hab. — Hôt. des *Alpes*), Châteauredon (**2.5**) et Digne (**13.8**).

Cette r. remonte, au début, la rive dr. de la vallée de l'*Auvestre*, puis gagne le plateau de Puimoisson Trois kil. au delà de ce village, on franchit le ruisseau de *Mauroue* et l'on atteint, un kil. plus loin, le ch. de Valensolle à g. Ici, continuant à dr., on descend bientôt vers la vallée de l'*Asse*.

Au hameau de La Bégude-Blanche, la r. de Digne, à dr., remonte la rive g. de la vallée de l'Asse et traverse l'*Estoublaise* à Estoublon. Elle passe ensuite sur la rive dr. de l'Asse, un peu avant Mézel.

A Châteauredon, on rejoint la r. de *Castellane à Digne* (*V*. page 202).

De **Riez** à **Brignoles** (**63 kil. 300 m.**), par Quinson (**20** — *V*. page 178), Montmeyan (**7**), **Tavernes** (**9.5** — Ch.-l. de c. — 822 hab. — Hôt. *Rougier*), **Barjols** (**4.5** — *V*. page 178), Châteauvert (**7.5**), Le Val (**0.5**) et Brignoles (**5.3**).

Cette r. remonte un moment la rive g. du ravin de *Valvachères*, puis gagne un plateau sur lequel elle infléchit brusquement au S., après avoir traversé le ruisseau du *Grand-Vallon*. On dépasse le village de Montagnac, laissé à dr., en dehors de la r., ensuite l'on descend vers Quinson, dans la vallée du *Verdon*, à proximité des *basses gorges* ou *barres du Verdon* (*V*. page 178).

La r. franchit le Verdon, un kil. au delà de Quinson, puis s'élève sur le plateau de Montmeyan. Entre Montmeyan et Tavernes, on gravit le petit *col de la Curnière* (alt. : 488 m.). Après Tavernes, descente du vallon du ruisseau des *Ecrevisses*, pour gagner Barjols.

En quittant Barjols la r. suit la rive g. de la vallée du *Fovery*, rivière qui se réunit à l'*Argens* un kil. en deçà de Châteauvert, village pittoresquement situé au pied de deux rochers dont l'un porte les ruines d'un château. Ayant franchi l'Argens, qui s'éloigne à l'E, à travers le délicieux *Vallon-Sourd*, on remonte un autre vallon, dont le ruisseau est tributaire de l'Argens, avant de descendre vers le Val.

Du Val à Brignoles, *V*. page 181.

On suit la ligne des boulevards en laissant à dr. le gros du bourg que traverse une rue curieuse, bordée de vieilles maisons, et défendue aux deux extrémités par des portes fortifiées. Au bout de la promenade, devant l'hôtel des *Alpes* (**0.3**), négligeant à dr. la r. de Puimoisson (*V*. page 207), on continue à g. dans la direction de Gréoulx.

Cent m. plus loin, apparaissent à dr., au milieu d'une

prairie, *quatre colonnes corinthiennes* supportant un entablement; ce sont les derniers restes de l'ancienne ville gallo-romaine.

Après le pont sur le Colostre, au tournant de la r., s'élève, encore à dr., le *temple antique*, édicule carré, sans caractère à l'extérieur mais dont la disposition intérieure est intéressante.

La r. continue à descendre la vallée, ne rencontrant que des ondulations peu importantes (Raidillons : 2', 2', 2', 2', 1', 2' et 2').

En arrivant au village d'Allemagne (**8.5** — à dr., château à tourelles et fenêtres à meneaux du xve s.) on franchit le *Tartavel* et on laisse à g. le ch. de Montagnac (7.5); à la sortie du pays, s'éloigne à g. le ch. de Quinson (15).

La r. repasse (**1**) sur la rive dr. du Colostre dont la vallée s'égaye de peupliers, d'oliviers et de noyers; deux montées (2' et 2'). Après Saint-Martin-des-Bromes (**4** — Montées : 2' et 2'), qui possède un beau donjon carré à machicoulis, le paysage change complètement d'aspect et la vallée se resserre. On descend franchir un ravin, puis, ayant gravi une côte (3'), une légère rampe conduit au-dessus de l'agreste vallon du Colostre, ici profondément encaissé.

La r. descend ensuite en épousant toutes les sinuosités d'une sorte de gorge qui vient déboucher (**3.6**) dans la vallée sauvage du *Verdon*, qu'on retrouve en vue du pont aqueduc du *canal de Pontoise*, à g., en contre-bas.

Les **basses gorges** ou **barres du Verdon** peuvent se visiter, mais seulement à pied. On suit le canal de Pontoise jusqu'au pont d'Esparron, en longeant le flanc des montagnes; puis, par les Rouvières et les beaux bois de Malassoque, on gagne la *chapelle Sainte-Maxime*, ensuite la r. qui mène au village de Quinson où il est loisible de coucher (*V.* page 178). Le lendemain, par Artignosc, le pont Saint-Laurent, et le pont Sylvestre, on se rend à la belle source de Fontaine-L'Evêque (*V.* page 179).

La vallée, à présent du Verdon, s'élargit de nouveau; mais il faut monter encore une forte côte (10') avant de descendre passer devant l'*Etablissement thermal des bains de Gréoulx* (**2.1** — Eaux sulfurées calciques présentant beaucoup d'analogie avec celles de Barèges), situé à g. de la r., et précédé d'une magnifique esplanade de platanes en quinconce.

Quelques m. plus loin, ayant traversé le ruisseau de *Laval*, se trouve à g. (**0.1**) l'hôtel du *Grand-Jardin;* on pourra s'y arrêter, à moins qu'on préfère aller jusqu'au bourg de **Gréoulx** où il y a deux autres petits hôtels, plus simples mais bons. Dans ce cas, continuant la r., on monte (5') une avenue, que bordent quelques villas, pour arriver à un carrefour (**0.4**) où se détachent : à dr., le ch. de Valensolle (*V.* ci-dessous) ; à g., celui de Saint-Julien (13.8) et la r. de Vinon. Ici, laissant devant soi le ch. qui mène directement au village (sur ce ch., à deux cents m., l'hôtel des *Colonnes*), on prendra à g. la r. de Vinon. Celle-ci contourne la colline de Gréoulx que couronnent les restes imposants d'un château, ou couvent fortifié des Templiers, et s'élève (5') jusqu'à une arcade. D'ici l'on gagne, à plat, la sortie opposée du bourg, vis-à-vis l'hôtel des *Alpes* (**0.7**).

Pour mémoire. — De **Gréoulx** à **Digne** (**59** kil. **100** m.), par **Valensolle** (**13** — Ch.-l. de c. — 2.624 hab. — Hôt. *Ferrat*), Le Grand-Logisson (**7.5**), La Bégude-Blanche (**11**) et Digne (**27.6**).

Cette r. remonte le vallon du ruisseau de *Laval*, tributaire du Verdon, jusqu'à Valensolle ; elle parcourt ensuite un long plateau, dominant la vallée de l'*Asse*, à g. Ayant atteint l'embranchement du ch. de Riez, à dr., on continue tout droit pour descendre bientôt vers la vallée de l'Asse au hameau de La Bégude-Blanche.

De La Bégude-Blanche à Digne, *V.*, de *Riez* à *Digne*, page 207.

DE GRÉOULX A PERTUIS

Par Hameaux, Vinon, Saint-Paul-les-Durance, Mirabeau et La Bastidonne.

Distance : **38** kil. *Côtes* : **2** h. **27** min.

Nota. — Si l'on doit déjeuner en route, on fera bien d'emporter des provisions, à moins de se contenter des très modestes ressources qu'offre l'auberge *Boutière* à Mirabeau.

Entre le pont de Mirabeau et La Bastidonne, longue côte de six kil. et demi.

De Gréoulx, une descente rapide mène dans la vallée du *Verdon*, environnée de collines boisées, où la r. ondule (Raidillons : 1', 2' et 1').

Après avoir escaladé un petit monticule (8'), on découvre un beau panorama sur la vallée-plaine où viennent se réunir les rivières du Verdon et de la *Durance* ; descente au village des Hameaux (**7**), à l'embranchement de la r. de Manosque et de Digne, laissée à dr.

Pour mémoire.— Des **Hameaux** à **Digne** (**65** kil. **300** m.), par Le Rousset (**7.3**), le chalet Viton (**1.7**), Oraison (**16.3** — Hôt. *Nègre*), Dabisse (**9**), **Les Mées** (**7** — Ch.-l. de c. — 1.922 hab. — Hôt. *André*), Malijai (**4** — Hôt. des *Alpes*) et Digne (**20** — *V.* page 202).

La r. de Digne, à dr., longe le pied des collines et traverse une large plaine, légèrement inclinée vers la *Durance*, à g. Au carrefour du chalet Viton, se détache à g. le ch. de Manosque, ville située à cinq kil. et demi, sur la rive dr. de la rivière (*V.* page 213).

La r. de Digne, se rapprochant de la Durance, continue à remonter la rive g. de la vallée. On franchit plusieurs ravins, qui occasionnent de fréquentes descentes et montées, puis les rivières de l'*Asse* et de la *Rancure*, cette dernière un peu avant le bourg industriel d'Oraison. Un kil. plus loin, on laisse à g. la r. de Forcalquier, qui traverse la Durance au pont de La Brillanne (*V.* page 24), et l'on atteint les Mées, autre bourg, bâti au bas des extraordinaires *rochers des Mées*, s'alignent, semblables à des menhirs, sur une longueur de près de un kil.

S'écartant de la Durance, la r. franchit la *Bléone*, au pont de Malijai ; elle remonte ensuite la rive dr. de cette rivière jusqu'à Digne. Sur le parcours, on traverse l'*Escluye*, à six kil. de Malijai, puis on laisse successivement à g., à une certaine distance, les villages de Mallemoisson, d'Aiglun, de Champtercier et de Siéyes, sur le penchant des hauteurs. Bientôt Digne apparaît dans un entonnoir, sur la rive g. de la Bléone.

Suivant la r., à g., on franchit le Verdon pour monter (3') dans Vinon (**0.5**), bourgade bâtie en amphithéâtre sur un rocher. A la sortie du village, se détache à g. le ch. de Ginasservès (7.6) et de Rians (20). Continuant à dr., on descend, au pied des collines, la rive g. du Verdon, non loin de son confluent avec la Durance (Montées : 2' et 2') ; à dr, s'étend la large vallée que bornent à l'horizon les *montagnes du Dévoluy* et de *Lure*.

La r. gravit une longue côte (20') sur des versants, boisés en taillis, et gagne un plateau d'où la vue est superbe ; puis elle descend vers la vallée de la Durance. Après deux côtes (5' et 3'), on domine le cours grisâtre de la rivière, entouré de collines rocheuses, couvertes d'une pâle verdure, au milieu d'un paysage assez grandiose mais empreint d'un caractère mélancolique. A dr. de la r., dans les champs, des ruines informes rappellent le souvenir d'un ancien monastère de Templiers.

Au delà du village sans intérêt de Saint-Paul-lès-Durance (**10.1**), la r. s'élève (Côtes : 3' et 3') et longe le pied de belles roches qui précèdent l'étranglement de la vallée où est suspendu le *pont de Mirabeau* (**3.4**).

Pour mémoire. — Du pont de Mirabeau à Aix, *V.*, en sens inverse, page 188.

Ici, abandonnant la direction de Peyrolles et d'Aix, on traversera la Durance à dr. De l'autre côté du pont, le ch., à dr., monte (2') et dépasse la *chapelle de Sainte-Madeleine*, posée sur un éperon rocheux, à dr. ; on franchit la tranchée de la *ligne de Digne et de Sisteron à Cavaillon;* puis, négligeant à dr. le ch. de la gare, on atteint, au *carrefour du Grand-Logis* (**1.5**), le croisement de la r. de Manosque à Pertuis. Suivre cette dernière à g.

Pour mémoire. — Du **Grand-Logis** à **Digne** (**77** kil. **800** m.), par Corbières (**12**), Sainte-Tulle (**3.5**), **Manosque** (**5.8** — Ch.-l. de c. — 5.265 hab. — Hôt. de la *Poste* — A voir : les églises Saint-Sauveur et Notre-Dame, les portes Sauneries et Soubeyran, anciens remparts), Volx (**8**), La Brillanne (**7**), Oraison (**2.5**) et Digne (**30**).

Cette r., se tenant à la base des collines, remonte la rive g. de la vallée de la *Durance;* on traverse le torrent de *Sainte-Marie* avant de doubler le promontoire boisé de Saint-Cucher. Successivement la r. franchit les torrents de l'*Aillade*, de *Corbières* et la rivière de *Chaffère*. On s'éloigne progressivement de la Durance pour monter vers Manosque, ville animée, bâtie au bas du *Mont-d'Or*, couvert d'oliviers.

Au delà de Manosque, la r., toujours au pied des collines, longe la plaine élargie de la vallée. On laisse à g. Volx, pittoresquement situé sur une colline, puis on franchit le *Largue*, ensuite le *Lauzon*. La r., qui s'est rapprochée de la Durance, atteint La Brillanne, village où aboutit à g. la r. venant d'Avignon par Apt et Forcalquier (*V.* page 24.)

A La Brillanne on abandonne la r. de Sisteron, qui continue sur la rive dr. de la Durance, et l'on tourne à dr. pour franchir cette rivière sur un beau pont en pierre de sept arches. Deux kil. et demi plus loin, on rejoint, en deçà d'Oraison, la r. des *Hameaux à Digne* *V.* page 211.

La r. de Pertuis, à g., remonte pendant six kil. et demi, en rampe plus ou moins accentuée (1 h. 1/2), le vallon de Mirabeau. Le village de ce nom, situé à g. (**1.5** — Aub. *Boutière*), à deux cents m. de la r., possède un château, entouré d'un joli parc, qui fut le berceau de la famille du fameux orateur.

La côte, qui paraissait interminable, cesse à hauteur de la *borne 67*, près de l'embranchement (**5**) du ch. de La Tour-d'Aigues (4.9 — *V.* page 214). A partir d'ici, la descente, assez modérée, commence. Splendide panorama, d'une ampleur immense : d'abord, à dr., sur la vallée de l'*Eze*, largement étalée au pied de la *mon-*

tagne du Luberon ; ensuite, après un tournant, à g., sur la vallée de la Durance qui reparait. Plus loin, le petit village de La Bastidonne (**3**), à dr., se tasse autour d'un tertre. La r. serpente entre des mamelons, puis elle dévale en ligne droite sur un versant cultivé. Après une plaine, on voit apparaître à dr. la ville de **Pertuis** (Ch.-l. de c. — 4,910 hab.), couronnant une éminence.

L'entrée en ville s'effectue par le b^d *Ledru-Rollin* que prolonge le b^d *Jean-Baptiste-Pécout*. Arrivé au croisement du *Cours* (**5.7**), si l'on fait étape à Pertuis, laissant devant soi le b^d *Victor-Hugo*, début de la r. de Cavaillon (*V.* page 215), on montera à dr. (2') le cours de la *République* qui aboutit à la place du *Quatre-Septembre*, sur laquelle se trouve à g. l'hôtel de *Provence* (**0.3**).

Au N. de la place du *Quatre-Septembre*, s'ouvre la rue *Danton* qui mène à la place *Mirabeau*. Sur cette place s'élèvent la tour de l'Horloge, l'église Saint-Nicolas et la Halle.

Les ruines du *château de La Tour-d'Aigues* (5 kil. — *V.* ci-dessous) sont un des buts d'excursion aux environs de Pertuis.

Pour mémoire. — De **Pertuis** à **Forcalquier** (**44** kil. **500** m.), par La Tour-d'Aigues (**5** — Hôt. de la *Croix de Malte* — Ruines d'un magnifique château du XVIe s.), Grambois (**6**), La Bastide-des-Jourdans (**4.5**), Déribarde (**4**), Les Granons (**9**) et Forcalquier (**16**).

Cette r. franchit l'*Eze*, à la sortie de Pertuis, puis remonte la rive dr. de la rivière. Dépassé Grambois, village situé à dr. sur un coteau escarpé, on traverse un affluent de l'Eze et l'on gagne La Bastide-des-Jourdans où se détache à dr. un ch. vers Manosque (16 — *V.* page 213.)

Entre La Bastide-des-Jourdans et Les Granons, la r., accidentée, s'élève sur le versant S. puis descend sur le versant N. du *Mont-Luberon*.

Des Granons à Forcalquier, *V.* d'*Avignon à Digne*, page 24.

DE PERTUIS A CAVAILLON

Par Villelaure, Cadenet, Lauris, Le Puget, Mérindol, Le Logis-Neuf et Cheval-Blanc.

Distance : **15** kil. **500** m. *Côtes :* **53** min.

Nota. — Cette route, qui descend la vallée de la Durance, ondule à flanc de colline, mais se tient éloignée de la rivière. Terrain assez accidenté jusqu'au bas de la descente de Lauris, ensuite à peu près plat.

Le cours de la *République*, au S. de la place du *Quatre-Septembre*, ramène, dans le bas de la ville, au croisement **(0.3)** de la ligne des b^ds^. Ici, abandonnant le *Cours*, prendre à dr. le b^d^ *Victor-Hugo*. Celui-ci aboutit, un peu plus loin, à la r. de Pertuis à Avignon qu'il faut suivre à g. Après une brève descente, arrivé à une bifurcation, on traverse à dr. un petit canal et l'on continue la r., bordée du télégraphe.

Cette r. franchit la *Lèze*, puis ondule sur une plaine de cultures. Trois petites côtes (3', 4' et 3') précèdent Villelaure **(5.7)**, village à la sortie duquel se détache à dr. le ch. d'Ansouis (5) et de Cucuron (10.6). Ayant traversé le torrent de la *Marderie* **(1.7)**, après une plaine couverte de mûriers, on s'élève de nouveau (Côtes : 3' et 4') pour apercevoir bientôt, au delà d'un tournant, le gros village de **Cadenet** (**1.5** — Ch.-l. de c. — 2.522 hab. — Hôt. du *Commerce*), adossé au penchant d'une colline.

Forte montée (8'), dans Cadenet, se prolongeant jusqu'à la bifurcation **(0.7)** de la r. d'Avignon à g. Celle-ci, s'écarte de la r. d'Apt (20) et de Sault (61), à dr., pour descendre une petite côte, au bas de laquelle vient rejoindre **(0.6)** le ch. d'Aix (30.7), à g.

Après une courte montée (2'), la r. passe au hameau de Puyvert, dans le voisinage du pont sur l'*Aiguebrun* **(1.8)** ; à g., un vieux pigeonnier, sur un tertre, donne l'impression d'une tour en ruine; nouvelles montées (3', 5' et 6').

Plus loin, à l'embranchement (**1.1**) d'une autre r. vers Apt (22), à dr., celle d'Avignon infléchit à g. pour gagner le bourg de Lauris (**1.3** — Hôt. *Roman*), traversé par l'avenue *Joseph-Garnier*. Dans le milieu du village, une descente rapide fait tourner à dr. avec la rue *Philippe-de-Girard*. Parvenue aux dernières maisons, la r. d'Avignon, décrivant deux coudes à g., néglige deux ch. à dr. et contourne le promontoire abrupt sur lequel subsistent encore les vestiges des anciens remparts de Lauris. Devant le ch. de la gare et de la Durance (0.7), la chaussée fait un angle droit et longe la ligne du ch. de fer, à g. Dans la vallée-plaine, largement ouverte, les vignes alternent avec les plantations de mûriers et des champs ; au S. et au N. se profilent de belles montagnes.

On dépasse (**1.5**) le ch. du Puget (0.8), à dr. Du même côté, d'agréables chaînons, en partie boisés, s'allongent parallèlement à la r. Après le hameau des Borrys (**2.7**), le cours de la Durance, à g., qui se perd entre des îles sans nombre, se laisse entrevoir un moment ; on franchit le *Cabédan*. La r. monte (10') au milieu des oliviers ; à dr., le village de Mérindol (**2.8** — Aub. *Passa*) occupe le pied d'escarpements rocheux.

On traverse un taillis de pins (Côte : 2'), en négligeant à dr. le tracé de la vieille r., puis descente ; une échappée permet d'apercevoir vers le S.-O. la chaîne dentelée des *Alpilles*. On rejoint (**2**) le ch. qui vient de Mallemort, à g.

De cet embranchement à **Cavaillon** (**15.8**), V. page 190.

PARIS. — IMP. G. MAURIN, RUE DE RENNES, 71.

www.ingramcontent.com/pod-product-compliance
Ingram Content Group UK Ltd.
Pitfield, Milton Keynes, MK11 3LW, UK
UKHW020454200726
13857UKWH00002B/701

9 782012 859258